高等职业教育公共课程"十三五"规划教材

信息技术基础项目化教程

裴来芝　宁云智　主　编

王　云　刘东海　李清霞　颜珍平　副主编

U0316605

中国铁道出版社有限公司

CHINA RAILWAY PUBLISHING HOUSE CO., LTD.

内 容 简 介

本书精心设计了 6 个模块共 17 个项目，主要包括配置、优化个人计算机，Word 2010 文档制作、Excel 2010 图表制作，PowerPoint 演示文稿制作、Photoshop CS6 的应用以及 IT 新技术的使用。每个项目都选择来自学习和实际工作岗位的典型案例为教学内容，在真实的工作情境中构建完整的教学设计；每个项目都设置了操作实战、课堂实践和课外拓展 3 个实践训练环节，能有效地提高学习者的操作技能。每个项目面向课堂教学全课程设置教学环节，将讲解知识、训练技能和提高能力三者有机结合。

本书采用"案例导向、项目驱动"的方法编写，体系结构合理，图文并茂，既符合高职高专教学的要求，同时可兼顾计算机等级考试和技能等级鉴定的需求。

本书适合作为高等职业院校计算机公共基础课的教材，也可以作为计算机等级考试和技能等级鉴定的培训教材，还可作为计算机培训教材或自学用书。

图书在版编目（CIP）数据

信息技术基础项目化教程/裴来芝, 宁云智主编.
—北京：中国铁道出版社，2018.8（2019.12 重印）
高等职业教育公共课程"十三五"规划教材
ISBN 978-7-113-24700-3

Ⅰ.①信… Ⅱ.①裴… ②宁… Ⅲ.①电子计算机-高等职业教育-教材 Ⅳ.①TP3

中国版本图书馆 CIP 数据核字(2018)第 185465 号

书　　名：信息技术基础项目化教程
作　　者：裴来芝　宁云智　主编

策　　划：祁　云　刘梦珂　　　　　读者热线：(010) 63550836
责任编辑：祁　云　冯彩茹
封面设计：付　巍
封面制作：刘　颖
责任校对：张玉华
责任印制：郭向伟

出版发行：中国铁道出版社有限公司（100054，北京市西城区右安门西街 8 号）
网　　址：http://www.tdpress.com/51eds/
印　　刷：北京柏力行彩印有限公司
版　　次：2018 年 8 月第 1 版　　2019 年 12 月第 4 次印刷
开　　本：787 mm×1 092 mm　1/16　印张：17　字数：412 千
书　　号：ISBN 978-7-113-24700-3
定　　价：48.00 元

前 言

随着计算机的迅速普及和计算机技术日新月异的发展，信息技术已经渗透到人类生活的各个方面，正在改变着人们的工作、学习和生活方式，提高信息技术应用能力已经成为培养高素质技能人才的重要组成部分。本书"以市场需求为导向，以职业能力为本位，以培养应用型高技能人才为中心"，从使用计算机所必备的知识归纳出 6 个模块共 17 个项目，在"项目描述"中发现问题、提出问题；在"知识准备"中了解、掌握基础知识；在"操作实战"中分析、解决问题；在"课堂实践"和"课外拓展"中进行深化和提升，真正达到"教、学、练"三者有机结合。

本书具有如下特色：

（1）本书选择具有代表性的来自学习和实际工作的典型案例，在真实工作情境中构建完整的教学设计，案例遵循由浅入深、循序渐进、可操作性强的原则进行组织。每个案例都有详细的操作步骤，方便读者自学。学生在循序渐进的学习中，可不断提高操作技能。

（2）本书以项目为载体，以目标学习法和阶梯学习法为指导思想，精心设计了 6 个模块共 17 个项目。

（3）全书设置了 3 个实践训练环节：操作实战、课堂实践、课外拓展，其中"操作实战"将计算机的各知识点融入案例中进行讲解示范，提供详细的操作步骤和操作提示信息；"课堂实践"模仿制作与教学案例相似的案例，提供操作任务和简单操作提示；"课外拓展"在课外强化训练中自己动手制作案例，深化提升知识技能。

（4）本书采用"案例导向、项目驱动"的方法编写，每个项目面向课堂教学全课程设置教学环节，将讲解知识、训练技能和提高能力相结合，读者在完成案例制作的同时，逐步掌握各种操作技能。

本书由湖南铁道职业技术学院裴来芝、宁云智任主编，王云、刘东海、李清霞、颜珍平任副主编。刘志成教授对书稿提出了许多宝贵的修改意见和建议，在此表示衷心的感谢。

由于编者水平有限，加之时间仓促，书中难免存在疏漏和不足之处，恳请各位读者和专家批评指正。

编 者
2018 年 5 月

目 录

模块一 配置、优化个人计算机

模块二 Word 2010 文档制作

模块三 Excel 2010 图表制作

模块四 PowerPoint 2010 演示文稿制作

模块五 Photoshop CS6 的应用

模块六　IT 新技术

模块一　配置、优化个人计算机

　　伴随着计算机和因特网的日益普及和广泛应用，计算机技术正在深刻地改变着人们的生产、工作、学习、思维和生活方式。本模块通过 3 个项目分别介绍计算机硬件、杀毒软件及 Windows 7 操作系统文件管理等相关知识，让读者了解计算机硬件配置的基本原则与方法，主流台式机、笔记本式计算机的基本配置，掌握防病毒软件的基本应用方法以及个性化设置桌面和文件管理的方法和思路。

项目 一　计算机硬件安装

　　今天，计算机已进入各行各业和千家万户，产生了巨大的社会效益和经济效益，计算机技术的普及程度和应用水平已经成为衡量一个国家或地区现代化程度的重要标志。从字表处理到数据库管理、从科学技术到多媒体应用、从办公自动化到信息高速公路，计算机应用无处不在。

项目描述

　　张帅同学是一位大一的新生，他准备购买一台个人计算机，为以后的生活、学习、娱乐提供方便。他希望这台计算机可以进行文字录入，可以查看各种文档、浏览图片，可以听音乐、放电影，可以上网搜索信息、下载资料。因为资金不允许，无法购买品牌机，只能购买组装机，因此在购买之前，张帅还需要先了解计算机的主机配件有哪些，根据需要制定自己的配置单，再进行采购，把个人计算机配置好才能开始接下来的一系列工作。

教学导航

知识目标	① 了解计算机的产生、发展与分类。 ② 了解计算机的组成结构、特点及工作原理。 ③ 掌握计算机的主要性能指标与应用。 ④ 了解计算机的日常维护。
技能目标	① 学会选购计算机。 ② 学会连接、安装并使用计算机的外围设备。

续表

态度目标	① 培养学生的自主学习能力和知识应用能力。 ② 培养学生勤于思考、认真做事的良好作风。 ③ 培养学生具有良好的职业道德和较强的工作责任心。 ④ 培养学生理论联系实际的工作作风、独立工作的能力，树立自信心。
重点	计算机的组成结构及工作原理。
难点	配置个人计算机。
教学方法	理论实践一体化，教、学、做合一。
课时建议	2课时（含课堂实践）。
效果展示	计算机组装后的效果如图1-1所示。 图1-1　计算机组装后的效果图
操作流程	确定计算机的主要用途→列出所需硬件设备→制定计算机配置单→购买相应设备→组装计算机→开机测试计算机能否正常运行。

知识准备

一、计算机系统概述

1. 计算机的概念

计算机是一种按程序自动进行信息存储和快速处理的电子设备，它按照事先编写的程序对输入的原始数据进行加工处理，以获得预期的输出信息。

2. 计算机的发展

计算机诞生之后，它的发展速度异常迅猛，根据使用的电子元器件的不同，电子计算机的发展大致经历了以下四代的变革：

第一代计算机（1946年—1958年）：电子管计算机。采用电子管作为开关部件，体积大，速度慢，耗电多，存储容量小，产生的热量大，用机器语言编写程序。

第二代计算机（1959年—1964年）：晶体管计算机。重量轻、体积小、功耗低，FORTRAN和COBOL等高级语言也相继使用，出现了磁芯存储器和磁盘存储器。

第三代计算机（1965年—1970年）：中小规模集成电路计算机。以集成电路（又称芯片）为主要特征，几十个或几百个分立的电子元件制作在邮票大小的硅片上，体积小，重量轻，运算速度达到每秒几百万次基本运算。计算机软件技术有了进一步发展，出现了较强的操作系统和结构化、模块化的程序设计语言。

第四代计算机（1971年至今）：大规模、超大规模集成电路计算机。它以大规模集成电路和超大规模集成电路的使用为标志。在硅半导体上集成了几十万甚至上千万个电子元器件，且可靠性更高、寿命更长，运算速度可达每秒几百万次至上亿次基本运算。微机出现后被大量使用，而且开始向网络化、智能化等方向发展。软件系统不断完善，应用软件已成为现代软件产业的一部分。

3．计算机的工作原理

现代计算机的基本工作原理均是按冯·诺依曼所提出的存储及程序控制来设计的。这种设计思想有 3 个要点：

① 采用二进制：在计算机内部，程序和数据等所有信息均采用二进制代码表示。

② 存储程序：将指令和数据存放在存储器中。

③ 基本组成：为实现"程序存储控制"，计算机的体系结构应包括输入设备、运算器、控制器、存储器和输出设备 5 个基本功能部件，如图 1-2 所示。

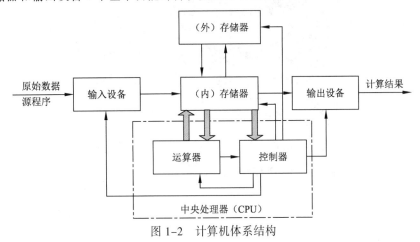

图 1-2　计算机体系结构

二、微型计算机的组成

计算机系统由硬件系统和软件系统两大部分组成。图 1-3 所示为计算机系统的一般组成。

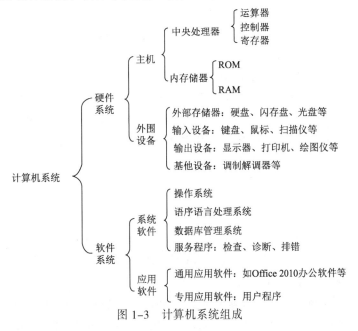

图 1-3　计算机系统组成

微型计算机系统也是由硬件系统和软件系统组成的。"微"的含义是指体积小、重量轻且价格低廉、可靠性高、结构灵活，可广泛应用于各个领域。

　　组成微型计算机的主要硬件有主板、CPU、存储器、基本输入/输出设备和其他外围设备等，各部件基本上都安装或连接在主板上，并通过主板上的公用总线进行控制信息和数据信息的传递，如图1-4所示。

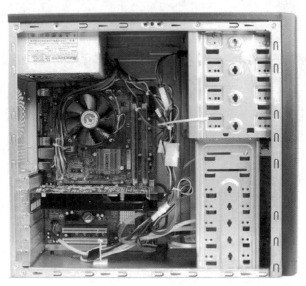

图1-4　微型计算机主机内部组成

三、计算机的日常维护

　　计算机最好能工作在 10℃～30℃的温度、20%～30%湿度的环境中。另外，还需要定期对计算机主机箱内部进行清洁，避免灰尘等引起短路。

　　机器要经常使用，不要长期闲置。开机与关机之间最好能间隔 10 s 以上。

　　由于系统在开机和关机的瞬间会有较大的冲击电流，因此在开关机时应按以下步骤进行：

　　① 开机步骤：先开显示器→开主机，打印机或其他设备在需要时打开。

　　② 关机步骤：先退出所有运行的程序→关主机→关闭外围设备。

　　开机通电后机器及各种设备不要随意搬运，不要插拔各种接口卡，不要连接或断开主机和外设之间的电缆。

　　U 盘和硬盘等辅助存储设备中存储的重要数据信息要注意定期备份，以防因数据丢失造成不可弥补的损失。

　　机器出现故障时，没有维修能力的用户可与维修部门联系。

四、计算机的主要性能指标

　　一台微型计算机功能的强弱或性能的好坏，不是由某项指标来决定的，而是由它的系统结构、指令系统、硬件组成、软件配置等多方面的因素综合决定的。但对于大多数普通用户来说，可以从以下几个指标大体评价计算机的性能。

　　① 运算速度。运算速度是衡量计算机性能的一项重要指标。通常所说的计算机运算速度（平均运算速度），是指每秒所能执行的指令条数，一般用"百万条指令／秒"（Million Instruction Per Second，MIPS）来描述。同一台计算机，执行不同的运算所需的时间可能不同，因而对运算速度

的描述常采用不同的方法。常用的有 CPU 时钟频率（主频）、每秒平均执行指令数（ips）等。微型计算机一般采用主频来描述运算速度，例如，Intel 奔腾双核 E500 的主频为 2.6 GHz，Intel 酷睿 2 四核 Q9650 的主频为 3 GHz，AMD 速龙 Ⅱ X2 240 的主频为 2.8 GHz。一般说来，主频越高，运算速度就越快。

② 字长。一般说来，计算机在同一时间内处理的一组二进制数称为一个计算机的"字"，而这组二进制数的位数就是"字长"。字长由微处理器对外数据通路的数据总线条数决定。在其他指标相同时，字长越大计算机处理数据的速度就越快。早期的微型计算机的字长一般是 8 位和16 位，目前市面上计算机的处理器大部分已达到 64 位。

③ 内存储器的容量。内存储器简称主存，是 CPU 可以直接访问的存储器，需要执行的程序与需要处理的数据就是存放在主存中的。内存储器容量的大小反映了计算机即时存储信息的能力。随着操作系统的升级、应用软件的不断丰富及其功能的不断扩展，人们对计算机内存容量的需求也不断提高。

④ 外存储器的容量。外存储器容量通常是指硬盘容量（包括内置硬盘和移动硬盘）。外存储器容量越大，可存储的信息就越多，可安装的应用软件就越丰富。

除了上述这些主要性能指标外，微型计算机还有其他一些指标，例如，所配置外围设备的性能以及所配置系统软件的情况等。另外，各项指标之间也不是彼此孤立的，在实际应用时，应该把它们综合起来考虑，而且还要遵循"性能价格比"的原则。

🖼 实物展示

计算机的硬件系统由主机和外设组成，它包括输入设备、输出设备、运算器、控制器和存储器五大部分。具体来说，有主板、中央处理器、存储器及输入/输出设备等。

从外观上看，微型计算机有卧式、立式等台式机类型。图 1-5 所示为台式微型计算机，图 1-6所示为笔记本式计算机。

图 1-5 台式微型计算机

图 1-6 笔记本式计算机

一、主机

主机是计算机系统的核心，主要由 CPU、内存、输入/输出设备接口（简称 I/O 接口）、总线和扩展槽等构成，通常被封装在主机箱内。其中，输入/输出设备接口、总线和扩展槽等制成一块印制电路板，称为主机板，简称主板或系统板。

1. 主板

主板是计算机系统中最大的电路板，主板上分布着芯片组、CPU 插座、内存插槽、总线扩展槽、输入/输出接口等。主板按结构分为 AT 主板和 ATX 主板；按其大小分为标准板、Baby 板和

Micro 板等几种。主板是微型计算机系统的主体和控制中心，它几乎集合了全部系统功能，控制着各部分之间协调工作。典型的主板外观示例如图 1-7 所示。

2．中央处理器

中央处理器（Central Processor Unit，CPU）是计算机的核心部件，在微型机中称为微处理器。它是一个超大规模集成电路器件（例如，Pentium 4 就集成了 1.25 亿个晶体管），控制整个计算机的工作。

CPU 是计算机的核心，代表着计算机的档次。CPU 型号不同的微型计算机，其性能差别很大。但无论哪种微处理器，其内部结构基本都是相同的，主要由运算器、控制器及寄存器等组成。通常所说的 Althon XP、Pentium 4（P4）计算机实际上是指 CPU 的型号。其中，运算器主要用于对数据进行算术运算和逻辑运算，即数据的加工处理；控制器用于分析指令、协调 I/O 操作和内存访问；寄存器用于临时存储指令、地址、数据和计算结果。

世界上第一块微处理器芯片是 Intel 公司于 1971 年研制成功的，称为 Intel 4004，字长为 4 位；以后又相继出现了 8 位芯片 8008 及其改进型号 8080；16 位芯片 8086、80286；32 位芯片 80386、80486；Pentium Pro、Pentium Ⅲ 和 Pentium 4 和酷睿芯片等。一般认为芯片的位数越多，其处理能力越强。生产 CPU 的厂商有 Intel、AMD 和威盛公司等。CPU 外观如图 1-8 所示。

图 1-7　主板　　　　　　　　　　　图 1-8　CPU 外观

3．内存储器

内存储器直接与 CPU 相连，是计算机工作必不可少的设备。通常，内存储器分为只读存储器和随机存储器两类。

（1）只读存储器

只读存储器（Read Only Memory，ROM）中的数据是由设计者和制造商事先编制好固化在里面的一些程序，使用者只能读取，不能随意更改。个人计算机中的 ROM，最常见的是主板上的 BIOS 芯片，主要用于检查计算机系统的配置情况并提供最基本的输入/输出（I/O）控制程序。

ROM 的特点是断电后数据仍然存在。

（2）随机存储器

随机存储器（Random Access Memory，RAM）中的数据可读也可写，它是计算机工作的存储区，一切要执行的程序和数据都要先装入 RAM 内。CPU 在工作时频繁地与 RAM 交换数据，而 RAM 又与外存频繁交换数据。

RAM 的特点主要有两个：一是存储器中的数据可以反复使用，只有向存储器写入新数据时存储器中的内容才被更新；二是 RAM 中的信息随着计算机的断电自然消失，所以说 RAM 是计算机处理数据的临时存储区，要想使数据长期保存起来，必须将数据保存在外存中。

目前，微型计算机中的 RAM 大多采用半导体存储器，基本上是以内存条的形式进行组织，其优点是扩展方便，用户可根据需要随时增加内存。常见的内存条有 2 GB、4 GB、8 GB 等。使用时只要将内存条插在主板的内存插槽中即可。常见的内存条外观如图 1-9 所示。

图 1-9　内存条外观

4．高速缓冲存储器

高速缓冲存储器（Cache）简称为高速缓存。内存的速度比硬盘要快几十倍或上百倍，但 CPU 的速度更快，为提高 CPU 访问数据的速度，在内存和 CPU 之间增加了可预读的高速缓冲存储器，当 CPU 需要指令或数据时，首先在缓存中查找，这样就无须每次都访问内存。Cache 的访问速度介于 CPU 和 RAM 的速度之间，从而提高了计算机的整体性能。

5．总线

所谓总线，是一组连接各个部件的公共通信线，即系统各部件之间传送信息的公共通道。按其传送的信息可分为数据总线、地址总线和控制总线 3 类。

（1）数据总线

数据总线（Data Bus，DB）用来传送数据信号，它是 CPU 同各部件交换数据信息的通路。数据总线都是双向的，而具体传送信息的方向，则由 CPU 来控制。

（2）地址总线

地址总线（Address Bus，AB）用来传送地址信号，CPU 通过地址总线把需要访问的内存单元地址或外围设备地址传送出去，通常地址总线是单向的。地址总线的宽度决定了寻址的范围，如寻址 1 MB 地址空间就需要有 20 条地址线。

（3）控制总线

控制总线（Control Bus，CB）用来传送控制信号，以协调各部件之间的操作，它包括 CPU 对内存储器和接口电路的读/写信号、中断响应信号等，也包括其他部件送给 CPU 的信号，如中断申请信号、准备就绪信号等。

当前的计算机均采用总线结构将各部件连接起来组成一个完整的系统。总线结构有很多优点，如可简化各部件的连线，并适应当前模块化结构设计的需要。但采用总线也有不足之处，如总线负担较重，需分时处理信息发送，有时会影响速度。

主板与外围设备的连接是通过主板上的各种 I/O 总线插槽来实现的，典型的 I/O 总线有 ISA 总线（主要用于 286 和部分 386 机，为 PC 总线扩展并兼容 PC 总线）、EISA 总线（主要用于 386 和 486，为 ISA 总线扩展并兼容 ISA 总线）、PCI 总线（主要用于 Pentium 及以后的各机型）、AGP 总线（用于支持显卡）等。

二、外存储器

外存储器即外存，也称辅存，其作用是存放计算机工作所需的系统文件、应用程序、用户程序、文档和数据等。常见的外存储器有硬盘、光盘、闪存盘和移动硬盘，软盘也曾是常用的外部存储器，只是因为其存储能力差，已经退出了消费市场。

1. 硬盘

硬盘是计算机中非常重要的存储设备，它对计算机的整体性能有很大的影响。硬盘一般安装在主机箱内。硬盘盘片由硬质合金制造，表面被涂上了磁性物质，用于存放数据。根据容量不同，一个硬盘一般由 2~4 个盘片组成，每个盘片的上下两面各有一个读/写磁头，与软盘磁头不同，读/写时硬盘磁头不与盘片表面接触，它们"浮"在离盘面 0.1~0.3 μm 之上。硬盘是一个非常精密的机械装置，磁道间只有百万分之几英寸的间隙，磁头传动装置必须把磁头快速而准确地移到指定的磁道上。目前硬盘的主流转速是 7 200 r/min，也有 10 000 r/min 的，转速越高的硬盘读/写速度越快。

硬盘具有存储容量大、读/写速度快和稳定性好等特点，目前微型机上使用的硬盘容量常见的有 500 GB、750 GB 和 1 TB 等，希捷公司生产的硬盘容量最大已达 4 TB。

在使用硬盘时，应保持良好的工作环境，如适宜的温度和湿度，特别要注意防尘和防震，并避免随意拆卸。硬盘外观和内部构成如图 1-10 和图 1-11 所示。

硬盘在使用前要进行分区和格式化，在 Windows 7 的"计算机"窗口中看到的 C、D、E 盘等就是硬盘的逻辑分区。

图 1-10　硬盘外观

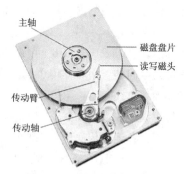

图 1-11　硬盘内部构成

主轴
磁盘盘片
读写磁头
传动臂
传动轴

2. 光盘

光盘是利用光学方式读写信息的存储设备，计算机必须配置光盘驱动器才能使用光盘。

光盘驱动器简称光驱，其速度对于观看动画和电影是十分重要的，速度过慢会导致图像跳动和声音不连续。光驱的传输速率是指传输数据的速度，光驱最早的传输速率为 150 KB/s，并将其规定为单速。

后来光驱的传输速率越来越快，都以单速的倍数表示其速度，并表示为多少 X 的形式。比如，某光驱的传输速率为 16 X，就是说该光驱每秒可传送 16×150 KB 的数据，即 2.4 MB/s。目前，光驱的传输速率一般是 40 X 或 52 X，光驱的传输速率越高，播放的图像和声音就越平滑。

光盘是存储信息的介质，按用途可分为只读型光盘和可重写型光盘两种。只读型光盘包括 CD-ROM 和一次写入型光盘。CD-ROM 由厂家预先写入数据，用户不能修改，这种光盘主要用于存储文献和不需要修改的信息。一次写入型光盘的特点是可以由用户写入信息，但只能写一次，写后将永久存在盘上不可修改。可重写型光盘类似于磁盘，可以重复读/写，它的材料与只读型光盘有很大的不同，是磁光材料。

在多媒体技术蓬勃发展的今天，DVD-ROM 驱动器已取代 CD-ROM 驱动器而成为市场的新宠，相比 CD-ROM 驱动器，它有数据存储容量大、纠错能力强和画质解析度清晰等优点，CD-ROM 驱动器和 DVD-ROM 驱动器的图片如图 1-12 和图 1-13 所示。

图 1-12　CD-ROM 驱动器外观

图 1-13　DVD-ROM 驱动器外观

光盘具有存储容量大、可靠性高的特点。一张 CD-ROM 的容量可达 650 MB 左右，只要存储介质不发生问题，光盘上的信息就永远存在。

3. U 盘

U 盘是采用闪存芯片作为存储介质的一种新型移动存储设备，因其采用标准的 USB 接口与计算机连接，所以又称 U 盘，如图 1-14 所示。

和传统的存储盘不一样的是，U 盘具有存储容量大、体积小、重量轻、数据保存期长、可靠性好和便于携带等优点，且闪存盘是一种无驱动器、即插即用的电子存储盘，是移动办公及文件交换的理想存储产品。

图 1-14　U 盘外观

在使用中应注意以下问题：

① 拔除时，必须等指示灯停止闪烁（停止读写数据）时方可进行。

② 拔除前，应先单击任务栏右边的"安全删除硬件"图标，然后单击安全删除 USB Mass Storage Device，在计算机显示"安全地移除硬件"时才能拔下 U 盘。

③ U 盘拔下后才能进行写保护的关闭和打开。

④ 不使用 U 盘时，应该用盖子把 U 盘盖好，放在干燥阴凉的地方，避免阳光直射。

⑤ 使用 U 盘时要注意小心轻放，防止跌落造成外壳松动。

不要触摸 U 盘的 USB 接口，以免被汗水氧化导致接触不良，从而导致计算机识别不到 U 盘。

三、输入设备

输入设备用于将各种信息输入到计算机的存储设备中以备使用。常用的输入设备有键盘、鼠标、扫描仪、光笔等。

1. 键盘

键盘是微型计算机的主要输入设备，是实现人机对话的重要工具。通过它可以输入程序、数据、操作命令，也可以对计算机进行控制。

（1）键盘的结构

键盘中有一个微处理器，用来对按键进行扫描、生成键盘扫描码并对数据进行转换。微型计算机的键盘已标准化，多数为 104 键。用户使用的键盘是组装在一起的一组按键矩阵，不同种类的键盘分布基本一致，一般分为 4 个区：功能键区、打字键区、编辑键区和数字键区等。

以常见的标准 104 键盘为例，其布局如图 1-15 所示。

（2）键盘接口

PS/2 键盘通过一个有五芯电缆的插头与主板上的 DIN 插座相连，使用串行数据传输方式。目前键盘大都使用 USB 接口。

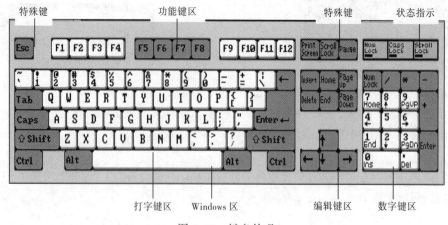

特殊键　　　　　　功能键区　　　　　　特殊键　　　状态指示

打字键区　　Windows 区　　　　编辑键区　　数字键区

图 1-15　键盘外观

2.鼠标

鼠标也是重要的输入设备，其主要功能是用于移动显示器上的光标，并通过菜单或按钮向系统发出各种操作命令。

（1）鼠标的结构

鼠标的类型、型号很多，按结构可分为机械式和光电式两类。机械式鼠标内有一滚动球，在普通桌面上移动即可使用。光电式鼠标内有一个光电探测器，是通过光学原理实现移动和操作的。

鼠标有 2 键与 3 键之分，其外形如图 1-16 所示。通常，左键用于确定操作；右键用于打开快捷菜单。

图 1-16　鼠标外观

（2）鼠标接口

鼠标有串口、PS/2、USB 这 3 种接口类型，串口鼠标已不多见，现在常用的是 USB 接口的鼠标。

3.扫描仪

扫描仪是文字和图片输入的重要设备之一。它可以将大量的文字和图片信息用扫描方式输入计算机，以便于计算机对这些信息进行识别、编辑、显示或输出。扫描仪有黑白和彩色两种。扫描仪的主要性能指标是扫描分辨率 dpi（点每英寸）和色彩位数。分辨率越高，扫描质量越好，一般的分辨率为 1 200×2 400 dpi 或 2 400×4 800 dpi 等。

四、输出设备

输出设备用于将计算机处理的结果、用户文档、程序及数据等信息进行输出。这些信息可以通过打印机打印在纸上，或显示在显示器屏幕上。常用的输出设备有显示器、打印机、绘图仪等。

1.显示器

显示器是计算机的主要输出设备，用来将系统信息、计算机处理结果、用户程序及文档等信息显示在屏幕上。

（1）显示器的分类

显示器有多种类型和规格。按工作原理可分为 CRT 显示器、液晶显示器等。按显示效果可分为单色显示器和彩色显示器。按分辨率可分为低分辨率、中分辨率和高分辨率显示器。分辨率是显示器的一项重要性能指标，指屏幕上可显示的像素个数，如分辨率 1 024×768，表示屏幕上每行有 1 024 个像素点，有 768 行。

（2）显卡

显示器与主机相连必须配置适当的显示适配器，即显卡，其外观如图 1-17 所示。显卡的功能主要有两个：一个是用于主机与显示器数据格式的转换；另一个是起到处理图形数据、加速图形显示等作用，当前的显卡都带有显存（显示存储器），如 512 MB 显卡、1 GB 显卡等，它对于处理大量的图形数据等很有好处。显卡插在主板的 AGP 或 PCI-E 插槽上，为了适应不同类型的显示器，并使其显示出各种效果，显卡也有多种类型。

图 1-17　显卡

2. 打印机

打印机也是计算机的基本输出设备之一。为了将计算机输出的内容长期保存，可以用打印机打印出来。

目前常用的打印机按打印方式分为点阵打印机、喷墨打印机与激光打印机。

（1）点阵打印机

点阵打印机是目前常用的打印机，又称针式打印机，归属于击打式打印机类。其打印头由若干枚针组成，因针数的不同可分为 9 针、24 针等规格。针式打印机外观如图 1-18 所示。

（2）喷墨打印机

喷墨打印机使用很细的喷嘴把油墨喷射在纸上而实现字符或图形的输出。喷墨打印机与点阵打印机相比，具有打印速度快、打印质量好、噪声小、打印机便宜等特点，但其耗材（墨盒）比较贵。喷墨打印机外观如图 1-19 所示。

图 1-18　针式打印机

图 1-19　喷墨打印机

（3）激光打印机

激光打印机是一种新型的打印机，它是激光技术与复印技术相结合的产物，属于非击打式的页式打印机。激光打印机打印速度快、打印质量高，但打印机价格比较贵。

打印机与计算机的连接均以并口或 USB 为标准接口，将打印机与计算机连接后，必须要安装相应的打印机驱动程序才可以使用打印机。激光打印机如图 1-20 所示。

图 1-20　激光打印机

五、其他设备

随着计算机系统的功能不断扩展，所连接的外围设备个数也越来越多，外围设备的种类也越来越多。

1. 声卡

声卡是处理声音信息的设备，也是多媒体计算机的核心设备。声卡可分为两种：一种是独立声卡，必须通过接口才能接入计算机中；另一种是集成声卡，它集成在主板上。声卡的主要作用是对各种声音信息进行解码，并将解码后的结果送入扬声器中播放。声卡一般有以下几个端口：

① LINE IN：在线输入。

② MIC IN：传声器（习称麦克风、话筒）输入。

③ SPEAKER：扬声器输出。

④ MIDI：MIDI 设备或游戏杆接口。

常见的声卡除了大家熟知的声霸卡（Sound Blaster 及 Sound Blaster pro）外，还有 Sound Magic、Sound Wave 等。

安装声卡时，将其插到计算机主板的任何一个 PCI 总线插槽即可，然后通过 CD 音频线和 CD-ROM 音频接口相连。同样，在完成声卡的硬件连接后，还需要安装相应的声卡驱动程序。

2. 视频卡

视频卡是多媒体计算机中的主要设备之一，其主要功能是将各种制式的模拟信号数字化，并将这种信号压缩和解压缩后与 VGA 信号叠加显示；也可以把电视、摄像机等外界的动态图像以数字形式捕获到计算机的存储设备上，对其进行编辑或与其他多媒体信号合成后，再转换成模拟信号播放出来。典型的产品为新加坡 Creative Technology Ltd.生产的 Video Blaster 视霸卡系列。

将视频卡插入计算机中的任何一个 PCI 总线插槽，即完成视频卡的硬件连接，然后安装相应的视频卡驱动程序即可。

3. 调制解调器

调制解调器（Modem）是用来将数字信号与模拟信号进行转换的设备。由于计算机处理的是数字信号，而电话线传输的是模拟信号，通过拨号入网时，在计算机和电话之间需要连接一台调制解调器，通过调制解调器可以将计算机输出的数字信号转换为适合电话线传输的模拟信号，在接收端再将接收到的模拟信号转换为数字信号交给计算机处理。

图 1-21　ADSL Modem 外观

调制解调器通常分为内置式与外置式两种。内置式 Modem 是指插在计算机扩展槽中的 Modem 卡；外置式 Modem 是指通过串行口或 USB 接口连接到计算机的 Modem，外形如图 1-21 所示。

📇 操作实战

1. 操作任务

① 配置一台 3 500 元左右的台式计算机。

② 配置一台 4 500 元左右的笔记本式计算机。

2．操作提示

（1）配置台式计算机

从计算机的发展进程来看，每隔5~8年，计算机的速度将提高10倍，成本将降低原来的1/10。可以说计算机工业的发展是其他工业领域所难以比拟的，其性能与价格比值越来越大。因此，选购计算机应该根据自己的需要选购适用的计算机，而不是一味地求新求全，盲目地追求高价的计算机。

购买计算机时，必须清楚购买计算机的用途以选择合适的机型。

第一类：学习型。

当前大学已有越来越多的课程作业需要用计算机来完成，因此越来越多的学生开始为学习而配置计算机。一般而言，除非美术专业的学生，学校大多数课程作业只是进行网络资料的搜集和文档程序的编写。这些作业对计算机显卡要求不高，因此可以选用较低端的显卡或者选用带集成显卡的主板。CPU和主板选用能流畅运行主流操作系统（如Windows 7或Linux）的中档CPU和与之相匹配的主板即可。内存可根据需求，如果需用大型软件，如Oracle等数据库软件，应该选用大容量内存。显示器可以选用液晶屏，方便搬运，同时对视力影响也较小。

第二类：家用娱乐型。

一般家用计算机有着全方位的功能需求，包括学习、娱乐多个方面。目前，一般的电影和小游戏功能，学习型计算机就能胜任。但是，大型3D游戏需要高端的显卡和大容量内存才能流畅运行。看高清电影也需要高端显卡和大硬盘，若是能配上大屏幕的显示器以及高端立体声音响更好。

第三类：商务型。

商务型计算机是那些对系统稳定性有着特殊要求的商务人士的选择对象，一般用于商务办公，相对淡化多媒体功能的需求。一般来说，商务机型的计算机比相同性能的家用机价格高出许多。

记住：并不是最贵的就是最好的，能够胜任任务的计算机才是最好的。

计算机配置的基本原则：根据使用需求，选择性能稳定、高性价比的配件，以实用、够用、好用为目标。特别需要注意下面几个误区：

① 只强调CPU的档次，而忽视主板、内存、显卡等重要部件。配置的不均衡将会造成好的部件不能充分发挥其作用。

② 购买计算机不可能一步到位，因为计算机配件更新换代很快，只需留有适当的升级余地即可。例如，一般家用计算机主要用于学习、娱乐、上网，其配置就无须非常高，只要能运行主流的操作系统和一般应用软件即可；想玩最新的3D游戏，应主要强调CPU、显卡和内存；如果只打字排版，只需考虑内存和硬盘的容量即可；如果喜欢通过计算机观看高清电影，建议配置好的显卡和光驱；需要经常出差的，可以选用笔记本式计算机。

③ 一味寻求低价。与计算机硬件一样，计算机软件的更新换代也非常快，过时的硬件配置常常不能适应新的软件环境。对第一次配置计算机的人而言，在主流配置的基础上，根据自己的需求做一些个性化的调整是不错的选择。

台式计算机配置参考清单如表1-1所示。

表 1-1　台式计算机配置清单

配　置	品　牌　型　号
CPU	AMD 羿龙 II X4 955（黑盒）
主板	华硕 M5A78L-M LX3 PLUS
内存	金士顿 4 GB DDR3 1600
硬盘	希捷 Barracuda 500 GB 7 200 转　16MB SATA3（ST500DM002）
显卡	七彩虹 iGame650 烈焰战神 U D5 1024MB
机箱	长城 W-05
电源	长城静音大师 BTX-400SD
显示器	HKC S2232i

（2）配置笔记本式计算机

笔记本式计算机主要由外壳、显示器和主机三大部分组成。主机由主板、接口、键盘、触摸屏、硬盘驱动器、光盘驱动器和电池等组成。这里仅介绍重要部件。

① 外壳。笔记本式计算机外壳有塑料和金属外壳两大类。塑料外壳成本低、重量轻，但机械性能差，容易损坏。金属外壳散热效果和机械性能较好，不易损坏，但成本高。笔记本式计算机外壳主要起到保护和固定作用，同时起到美观效果。

② 液晶屏。液晶屏用于显示用户执行的指令是否完成以及执行的结果。液晶屏是笔记本式计算机最贵、最大的部件。

③ 主板。笔记本式计算机的主板是笔记本式计算机的核心部分。笔记本式计算机的重要组件都依附在主板上，其上有上千个由各种电子元件组成的电路。

④ 接口。笔记本式计算机的接口很多，常见的有 USB 接口、IDE 接口、VGA 接口、光驱接口、打印口、PCMCIA 接口、红外线接口、声卡和网卡接口等。

⑤ 触摸板。触摸板相当于台式机的鼠标，用来移动指针。

现在的笔记本式计算机一般采用触摸板，分为手指移动区、左键和右键三部分。

⑥ 硬盘。笔记本式计算机硬盘的体积比台式机小很多，由于笔记本式计算机需要移动，甚至户外使用，因此要求它具有较强的抗震动能力。笔记本式计算机硬盘的价格很高，一般配置为 500 GB ~ 1 TB。虽然笔记本式计算机硬盘比台式机硬盘抗震能力强，但毕竟有限度，况且硬盘盘片处于高速旋转状态，当震动太强时很容易损坏硬盘，所以特别注意保护硬盘。

笔记本式计算机以 ThinkPad E430C（33651C2）为例，其配置清单如表 1-2 所示。

表 1-2　笔记本式计算机配置清单

处　理　器		通　信	
CPU 类型	第二代智能英特尔酷睿 i5 处理器	内置蓝牙	有
CPU 型号	i5-2520M	局域网	10/100/1000 Mbit/s
CPU 速度	最高主频：3 200 MHz	无线局域网	有
三级缓存	3 MB	红外	不支持
核心	双核	内置 3G	无

处 理 器		通 信	
芯 片 组		内置 3G 模块	无
芯片组	Intel HM77	端 口	
内 存		USB 2.0	1 个
内存容量	4 GB	音频端口	耳机、麦克风二合一接口
内存类型	DDR3	显示端口	VGA×1/ HDMI×1
插槽数量	2	RJ-45	1 个
最大支持容量	8 GB	USB 3.0	3 个
硬 盘		音 效 系 统	
硬盘容量	500 GB	扬声器	内置扬声器
转速	5 400 r/min	杜比音效	支持
接口类型	SATA	内置麦克风	有
显 卡		输 入 设 备	
类型	独立显卡	键盘	全尺寸键盘
显示芯片	NVIDIA GeForce GT 635M	触摸板	有
显存容量	独立 2 GB	指点杆	有
光 驱		遥控器	无
光驱类型	Rambo	其 他 设 备	
界面	内置	网络摄像头	有
显 示 器		摄像头	720 像素
屏幕尺寸	14 in	面部识别	不支持
屏幕规格	14.0 in	指纹识别	无
显示比例	宽屏 16∶9	读卡器	4 合 1 读卡器
物理分辨率	1 366×768 像素	电 源	
屏幕类型	LED 背光	电池	6 芯锂离子电池
机 器 规 格		续航时间	6.2 h 左右
尺寸	339 mm×234 mm×28 mm	电源适配器	100～240 V 自适应交流电源适配器
净重	2.19 kg		

课堂实践

1．操作任务

制定个人计算机配置清单。具体操作要求如下：

① 依据个人需要列出所需的硬件设备。

② 确定相应硬件具体型号及价格，制定计算机配置清单。

③ 若有相应设备，可进行组装练习。

2．操作步骤

① 依据个人需要列出所需硬件设备。

步骤一：确定计算机主要用于学习与娱乐。

步骤二：列出所需硬件设备，如 CPU、主板、内存、硬盘、显卡、光驱、液晶显示器、机箱、键鼠套装等。

② 确定相应硬件具体型号及价格，制定计算机配置清单。

③ 若有相应设备，可进行组装练习。

步骤一：设备购置后请商家组装，并测试能否正常运行。

步骤二：设备运回家后，先连接机箱电源，再连接显示器电源及数据线，最后连接键盘接口、鼠标接口。

步骤三：插线板通电，开机启动。

疑难解析

问题 1：计算机内部使用的二进制和人们平时使用的十进制有何区别？

答：二进制与十进制都是用来计算数量的方法，都是进位计数制。十进制逢十进位，二进制逢二进位。二进制数与十进制数的对应关系如表 1-3 所示。

表 1-3 二进制数与十进制数对应表

二进制数	0	1	10	11	100	101	110	111	1000	1001	1010	1011	...
十进制数	0	1	2	3	4	5	6	7	8	9	10	11	...

问题 2：品牌机与组装机买哪一种更好？

答：品牌机具有更加稳定、高效的特性，适合专业人士、企业、政府、家庭等应用主体。组装机拥有同等价位上更高性能的优势，也就是说相对品牌机其性能价格比更高。众多计算机高手往往喜欢自己组装兼容计算机。组装机的最大优势和乐趣就是 DIY（Do It Yourself 自己做），人人都可以组装出自己梦想的配置来满足自己的需求。

问题 3：机箱散热及 CPU 散热的问题。

建议在购买机箱时尽量选择尺寸大一点的，这有利于整个系统的散热。其次，机箱散热主要讲究的是一个风道，一般是前进后出。

做机箱风道是很有必要的。首先，能起到很好的散热效果，其次，还能有效地避免灰尘沉积造成一些接口接触不良。

在安装完成之后，要看一下散热器底部与 CPU 插槽是否平行，CPU 有没有与散热器底部完全贴紧。同时注意硅胶的涂抹问题，适量即可，否则导热将变成阻热。

问题 4：降噪问题。

答：

① 电源的选择。电源一定要选择降噪电源，也就是 12 in（1 in=25.4 mm）或 14 in 的较大尺寸的风扇电源，这是降噪的关键。

② 机箱风扇及 CPU 散热器的选择。机箱风扇选用 12 in 风扇（建议在进风口装过滤网），CPU 散热器也要选择好一些的。

③ 机箱的选择。机箱是计算机整机中十分重要的部件。在机箱的选择上，首先，尺寸最好能大一点，能前后装上 12 in 风扇。其次，尽量选择品牌机箱，好机箱不仅提供了一个良好的散热环境，同时也能有效避免共振问题。

课外拓展 连接并使用外围设备

① 连接 U 盘，向 U 盘传输数据，并安全删除 U 盘。

② 连接摄像头，安装摄像头驱动程序，调整摄像头焦距，并使用摄像头照相。

③ 连接扬声器，调节扬声器音量，并使用扬声器录音。

④ 连接扬声器，调节音量，并播放音乐。

⑤ 连接打印机，安装打印机驱动程序，并使用打印机打印文档。

⑥ 连接扫描仪，安装扫描仪驱动程序，并使用扫描仪扫描纸质文稿。

项目小结

本项目主要介绍微型计算机的系统组成、计算机硬件配置等基本知识。通过本任务的学习，可以基本认识和了解计算机的构成与使用常识，为进一步学习和使用计算机打下良好的基础。

项目 二 计算机病毒查杀

在网络办公的过程中，经常会遭遇病毒和木马的攻击。如何打造一个"固若金汤"的计算机，是人们经常遇到的问题。首先，要加固系统本身，屏蔽不需要的一些服务组件；其次，要安装杀毒软件来阻止病毒的侵犯。

项目描述

在安装完操作系统和应用软件之后，张帅就可以使用计算机了。可是频繁上网和使用闪存盘，经常会使计算机受到病毒或木马的侵犯，导致计算机出现软故障或数据丢失。为了使计算机不受到侵犯，接下来的任务是对计算机进行安全设置。

教学导航

知识目标	① 了解计算机病毒的定义和特征。 ② 了解黑客的定义和传播途径。 ③ 掌握 360 安全卫士的使用。
技能目标	能安装并使用 360 杀毒软件。
态度目标	① 培养学生的自主学习能力和知识应用能力。 ② 培养学生勤于思考、认真做事的良好作风。 ③ 培养学生具有良好的职业道德和较强的工作责任心。 ④ 培养学生理论联系实际的工作作风、独立工作的能力，树立自信心。
重点	① 360 杀毒软件。 ② 合理管理 Administrator。
难点	360 杀毒软件。
教学方法	理论实践一体化，教、学、做合一。
课时建议	2 课时（含课堂实践）。

续表

效果展示	木马查杀后的效果如图 2-1 所示。 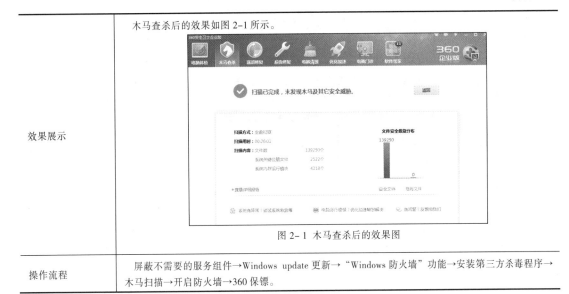 图 2-1　木马查杀后的效果图
操作流程	屏蔽不需要的服务组件→Windows update 更新→"Windows 防火墙"功能→安装第三方杀毒程序→ 木马扫描→开启防火墙→360 保镖。

知识准备

一、网络安全的威胁

网络安全是指网络系统的硬件、软件及其系统中的数据受到保护，不因偶然的或者恶意的原因而遭受到破坏、更改、泄露，系统连续可靠正常地运行，网络服务不中断。计算机网络信息安全面临的主要威胁有以下几个：

① 被他人盗取密码。

② 系统被木马攻击。

③ 浏览网页时被恶意的 JavaScript 程序攻击。

④ QQ 被攻击或泄露信息。

⑤ 病毒感染。

⑥ 由于系统存在漏洞而受到他人攻击。

⑦ 黑客的恶意攻击。

二、计算机病毒

1. 定义

计算机病毒在《中华人民共和国计算机信息系统安全保护条例》中被明确定义为："指编制或者在计算机程序中插入的，破坏计算机功能或者破坏数据、影响计算机使用，并能自我复制的一组计算机指令或者程序代码。"

2. 特征

① 寄生性。病毒程序的存在不是独立的，它总是悄悄地寄生在磁盘系统或文件中。

② 隐蔽性。病毒程序在一定条件下隐蔽地进入系统，当使用带有系统病毒的磁盘来引导系统时，病毒程序先进入内存并放在常驻区，然后才引导系统，这时系统即带有该病毒。

③ 非法性。病毒程序执行的是非授权（非法）操作。当用户引导系统时，正常的操作只是引导系统，病毒趁机而入，并不在人们预定目标之内。

④ 传染性。传染性是计算机病毒最重要的特征，是判断一段程序代码是否为计算机病毒的依据。

⑤ 破坏性。无论何种病毒程序侵入系统，都会对操作系统的运行造成不同程度的影响。

⑥ 潜伏性。计算机病毒具有依附于其他媒体而寄生的能力，这种媒体被称为计算机病毒的宿主。

⑦ 可触发性。计算机病毒一般都有一个或者几个触发条件。触发条件一旦被满足或者病毒的传染机制被激活，病毒即开始发作。

3. 传播途径

① 互联网传播。在计算机日益普及的今天，人们普遍喜欢通过网络方式互相传递文件、沟通信息，这给计算机病毒提供了快速传播的机会。电子邮件、浏览网页、下载软件、即时通信软件、网络游戏等，都是通过互联网这一媒介进行的。

② 局域网传播。局域网是由相互连接的一组计算机组成的，这是数据共享和相互协作的需要。组成网络的每一台计算机都能连接到其他计算机，数据也能从一台计算机发送到其他计算机上。如果发送的数据感染了计算机病毒，接收方的计算机也会被感染。因此，有可能在很短的时间内感染整个网络中的计算机。

③ 通过移动存储设备传播。更多的计算机病毒逐步转为利用移动存储设备进行传播。移动存储设备包括磁带、光盘、移动硬盘、闪存盘（含数码照相机、MP3 等）。光盘的存储容量大，所以大多数软件都刻录在光盘上，以便互相传递；也是传播计算机病毒的主要途径。移动硬盘、闪存盘等移动设备也成为病毒的攻击目标。

④ 无线设备传播。随着手机功能性的开放和增值服务的拓展，病毒通过无线设备传播已经成为有必要加以防范的一种病毒传播途径。通过无线传播的趋势很有可能会发展成为第二大病毒传播媒介，且很有可能与网络传播造成同等的伤害。

病毒的种类繁多、特性不一，只要掌握了其流通传播方式，便不难进行监控和查杀。使用功能全面的病毒防护工具能有效地避免病毒的侵入和破坏。

三、黑客

1. 定义

据美国《发现》杂志介绍，黑客有 5 种定义：

① 研究计算机程序并以此增长自身技巧的人。

② 对编程有无穷兴趣和热忱的人。

③ 能快速编程的人。

④ 擅长某专门程序的专家，如 "UNIX 系统黑客"。

⑤ 恶意闯入他人计算机或系统，意图盗取敏感信息的人。对于这类人最合适的用词是 "Cracker"，而非 "Hacker"。

2. 入侵手法

① 数据驱动攻击。当有些表面看来无害的特殊程序在被发送或复制到网络主机上并被执行

发起攻击时，就会发生数据驱动攻击。例如，一种数据驱动的攻击可以造成一台主机修改与网络安全有关的文件，从而使黑客下一次更容易入侵该系统。

② 系统文件被非法利用。操作系统设计的漏洞为黑客开了后门，黑客通过这些漏洞对系统进行攻击。

③ 伪造信息攻击。通过发送伪造的路由信息，构造系统源主机和目标主机的虚假路径，从而使流向目标主机的数据包均经过攻击者的系统主机。

④ 远端操纵。在被攻击主机上启动一个可执行程序，该程序显示一个伪造的登录界面。当用户在这个伪装的界面上输入登录信息（用户名、密码等）后，该程序将用户输入的信息传送到攻击者主机，然后关闭界面，给出"系统故障"的提示信息，要求用户重新登录。而此后出现的才是真正的登录界面。

⑤ 利用系统管理员失误攻击。黑客常利用系统管理员的失误搜集攻击信息。如用 finger、netstat、arp、mail、grep 等命令和一些黑客工具软件。

⑥ 重新发送（replay）攻击。通过搜集特定的 IP 数据包，并篡改其数据，然后一一重新发送，以欺骗接收的主机。

操作实战　查杀毒

1. 操作任务

① 屏蔽不需要的服务组件。

② 使用 Windows Update 更新系统。

③ 使用"Windows 防火墙"功能。

④ 合理管理 Administrator。

⑤ 安装第三方杀毒程序。

2. 操作步骤

（1）屏蔽不需要的服务组件

步骤一：在 Windows 7 系统下，按【Win+R】组合键，弹出"运行"对话框，输入"dcomcnfg"，单击"确定"按钮，弹出"组件服务"窗口，如图 2-2 所示。

图 2-2　"组件服务"窗口

步骤二：在该窗口中可进行关闭信使服务（Messenger）、关掉远程桌面共享（NetMeeting Remote Desktop）、禁止远程用户修改计算机上的注册表设置（Remote Registry）、关闭"TCP/IP"上的 NetBIOS、停止"TCP/IP"上的 NetBIOS Helper、禁止 Telnet、关闭 3389（Terminal Service）的设置。

步骤三：在该窗口上选中需要屏蔽的服务，并右击，从弹出的快捷菜单中选择"属性"命令，弹出属性对话框，将"启动类型"设置为"手动"或"禁用"，如图 2-3 所示，这样就可以对指定的服务组件进行屏蔽。

图 2-3　对服务组件进行屏蔽

（2）使用 Windows Update 更新系统

单击"开始"按钮，在弹出的菜单中选择"控制面板"命令，在弹出的窗口中选择"Windows Update"选项，弹出图 2-4 所示的窗口，对系统进行更新。

图 2-4　Windows Update 窗口

（3）使用"Windows 防火墙"功能

单击"开始"按钮，在弹出的菜单中选择"控制面板"命令，在弹出的窗口中选择"Windows 防火墙"选项，在弹出的窗口中选择"打开或关闭 Windows 防火墙功能"选项，弹出图 2-5 所示的窗口，启用网络的防火墙功能。

图 2-5　Windows 防火墙设置窗口

（4）合理管理 Administrator

单击"开始"按钮，在弹出的菜单中选择"控制面板"命令，在弹出的窗口中选择"用户账户"选项，弹出图 2-6 所示的窗口，把 Administrator 的密码更改成 10 位以上，并尽量使用数字和大小写字母相结合的密码。

图 2-6　"用户账户"窗口

（5）安装第三方杀毒程序

计算机杀毒软件有许多种，人们常用的有瑞星杀毒软件、卡巴斯基杀毒软件、金山毒霸杀毒软件和 Norton Antivirus（诺顿）杀毒软件、360 杀毒软件等。下面以 360 杀毒软件为例，介绍常用杀毒软件的使用方法。

到 360 软件宝库（http://baoku.360.cn/soft/show/appid/325）下载 360 杀毒软件，下载完成后，运行安装文件，按照提示进行默认安装。安装完成，按提示重启计算机即可。

360 杀毒软件的主界面如图 2-7 所示。此界面包括快速扫描、全盘扫描、自定义扫描等。快速扫描将扫描系统设置、常用软件、内存活跃程序、开机启动项、系统关键位置等内容；全盘扫描除上述项目之外，将扫描所有的硬盘文件。自定义扫描可以选择扫描的磁盘和文件夹。

图 2-7   360 杀毒主界面

步骤一：杀毒。

利用全盘扫描功能，可以完成对系统设置、常用软件、内存活跃程序、开机启动项、所有磁盘文件的扫描，如图 2-8 所示。发现威胁之后，选择需要修复的项目，单击"立即处理"按钮，就可以完成对计算机的保护，如图 2-9 所示。

图 2-8   360 杀毒全盘扫描界面

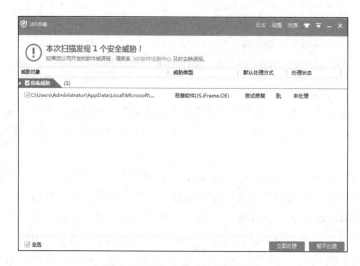

图 2-9   360 杀毒威胁处理界面

步骤二：设置。

利用 360 设置功能，可以进行如下设置：

- 常规设置。选择该选项，可以进行登录 Windows 后自动启动、将"360 杀毒"添加到快捷菜单等设置，并可进行定时杀毒的设置，如图 2-10 所示。

图 2-10　360 杀毒选项设置

- 升级设置。选择该选项，可以完成自动升级病毒特征库及程序，以及进入屏幕保护程序之后是否自动升级，如图 2-11 所示。

图 2-11　360 杀毒升级设置

- 其他设置。除了上述两个设置之外，还可进行多引擎设置、病毒扫描设置、实时防护设置、文件白名单设置、免打扰设置、异常提醒、系统白名单等设置。此处不再一一赘述。

课堂实践 360 安全卫士

1. 操作任务

① 计算机体检。

② 木马扫描。

③ 防火墙开启。

④ 360 保镖。

2. 操作步骤

（1）计算机体检

360 安全卫士企业版可以进行故障检测、垃圾检测、速度检测、安全检测、系统强化等功能。检测完毕之后，单击"一键修复"按钮，即可解决系统安全的基本问题。360 安全卫士企业版主界面如图 2-12 所示。

图 2-12　360 安全卫士企业版主界面

（2）木马扫描

利用 360 安全卫士企业版的木马扫描功能，可以完成对系统内部木马的查杀，如图 2-13 所示。

图 2-13　360 安全卫士企业版木马查杀界面

（3）防火墙开启

360 安全防护启动之后，会自动开启防火墙，系统会自动开启入口防御、隔离防御、系统防御，从而形成网页安全防护、聊天安全防护、下载安全防护、U 盘安全防护、黑客入侵防护、局域网防护（ARP）等，并可以形成看片隔离、运行风险文件隔离，并开启内核级防御技术，保护系统的核心设置、拦截木马的恶意行为。360 安全卫士防火墙设置如图 2-14 所示。

图 2-14　360 安全卫士防火墙设置

（4）保镖状态

利用保镖状态可以进行网上购物、使用网银时进行保护，可以在搜索信息时进行保护，还可以在下载文件及看片、收发邮件时进行保护（见图 2-15）。

图 2-15　安全卫士保镖状态

🗒️ 疑难解析

问题：什么是个人防火墙？

答： 个人防火墙是在用户的计算机和 Internet 之间建立起的一道屏障，使用户的计算机在很大程度上避免来自 Internet 的攻击即常说的 Firewall。防火墙可以针对来自不同网络的信息，设置不同的安全规则。在 Internet 受到攻击的情况下，用户也可能遭到各种恶意攻击。这些恶意攻击可能导致的后果是用户的上网账号被窃取、冒用，银行账号被盗用，电子邮件密码被修改，财务数据被利用，机密档案丢失，隐私曝光等，甚至黑客可以通过远程控制删除用户硬盘上所有的资料数据，造成整个计算机系统架构的全面崩溃。为了抵御黑客的攻击，用户有必要在个人计算机上安装一套防火墙系统。

✂️ 课外拓展

① 到网上搜索一款热门的清除木马程序的软件，下载到计算机并安装。对程序进行设置，查看并清除计算机中的木马。

② 到网上搜索关于 Windows 7 操作系统进行安全设置的方法和技巧，并根据实际情况对自己的计算机进行相应的安全设置。

🔧 项目小结

本项目主要介绍了计算机的安全设置以及计算机病毒查杀的方法，学会病毒查杀软件的使用以此来保护计算机的安全。

项目 三

文件和设备管理——Windows 7 的应用

要想让计算机更好地为我们服务，就应学会使用操作系统，因为操作系统是用户使用和管理计算机的重要工具，是用户和计算机建立交流的桥梁。而微软公司的 Windows 操作系统是目前拥有用户最多、简单易用、功能强大的一种操作系统。

项目描述

作为一名学生，张帅清楚地知道，自己在未来的工作中，将面对大量电子文档的管理。如果缺乏正确的方法和理念，计算机桌面有可能堆满杂乱无章的各种文件和文件夹。张帅相信，磨刀不误砍柴工，对于未来的工作来说，提前做好知识储备，学习正确的管理理念，比匆匆开始工作更重要。所以，张帅接下来的任务是熟悉 Windows 7 的桌面环境，并尝试完成桌面环境的个性化设置，学会文件管理的基本方法和正确理念。

教学导航

知识目标	① 了解操作系统的概念。 ② 认识 Windows 7 的桌面。 ③ 文件管理。 ④ 控制面板的使用。
技能目标	① 能熟练使用 Windows 7 资源管理器的文件管理。 ② 能熟练使用 Windows 7 控制面板进行桌面环境的个性化设置。
态度目标	① 培养学生的自主学习能力和知识应用能力。 ② 培养学生勤于思考、认真做事的良好作风。 ③ 培养学生具有良好的职业道德和较强的工作责任心。 ④ 培养学生理论联系实际的工作作风、独立工作的能力，树立自信心。
重点	Windows 7 资源管理器的文件管理。
难点	Windows 7 控制面板进行桌面环境的个性化设置。
教学方法	理论实践一体化，教、学、做合一。
课时建议	2 课时（含课堂实践）。

效果展示	进行文件整理后的效果如图 3-1 所示。 图 3-1　文件整理后的效果图
操作流程	启动计算机→新建文件夹→新建文件→复制、移动、搜索、删除文件→修改桌面属性→修改任务栏显示方式→安装字体→添加输入法→系统优化→关闭计算机。

知识准备

一、操作系统

1．操作系统的概念

操作系统（Operating System，OS）是管理计算机硬件与软件资源的程序，同时也是计算机系统的内核与基石。操作系统身负诸如管理与配置内存、决定系统资源供需的优先次序、控制输入与输出设备、操作网络与管理文件系统等基本事务。操作系统管理计算机系统的全部硬件资源，包括软件资源及数据资源、控制程序运行、改善人机界面、为其他应用软件提供支持等，使计算机系统所有资源最大限度地发挥作用，为用户提供方便、有效、友善的服务界面。操作系统是一个庞大的管理控制程序，大致包括 5 个方面的管理功能：进程与处理器管理、作业管理、存储管理、设备管理、文件管理。

2．操作系统的类型

① 简单操作系统。它是计算机初期所配置的操作系统，如 IBM 公司的磁盘操作系统 DOS/360 和微型计算机的操作系统 CP/M 等。这类操作系统的功能主要是操作命令的执行、文件服务、支持高级程序设计语言编译程序和控制外围设备等。

② 分时系统。它支持位于不同终端的多个用户同时使用一台计算机，彼此独立互不干扰，用户感到好像一台计算机全为他所用。

③ 实时操作系统。它是为实时计算机系统配置的操作系统。其主要特点是资源的分配和调度首先要考虑实时性然后才是效率。此外，实时操作系统应有较强的容错能力。

④ 网络操作系统。它是为计算机网络配置的操作系统。在其支持下，网络中的各台计算机能互相通信和共享资源。其主要特点是与网络的硬件相结合来完成网络的通信任务。

⑤ 分布操作系统。它是为分布计算系统配置的操作系统。它在资源管理、通信控制和操作系统的结构等方面都与其他操作系统有较大的区别。由于分布计算机系统的资源分布于系统的不同计算机上，操作系统对用户的资源需求不能像一般的操作系统那样等待有资源时直接分配的简单做法而是要在系统的各台计算机上搜索，找到所需资源后才可进行分配。对于有些资源，如具有多个副本的文件，还必须考虑一致性。所谓一致性是指若干个用户对同一个文件所同时读出的数据是一致的。为了保证一致性，操作系统须控制文件的读、写、操作，使得多个用户可同时读一个文件，而任一时刻最多只能有一个用户在修改文件。分布操作系统的通信功能类似于网络操作系统。由于分布计算机系统不像网络分布的那样广，同时分布操作系统还要支持并行处理，因此它提供的通信机制和网络操作系统提供的通信机制有所不同，它要求通信速度高。分布操作系统的结构也不同于其他操作系统，它分布于系统的各台计算机上，能并行地处理用户的各种需求，有较强的容错能力。

⑥ 智能手机操作系统。智能手机操作系统是一种运算能力及功能比传统功能手机系统更强的手机系统。使用最多的操作系统有 Android、iOS、Symbian、Windows Phone 和 BlackBerry OS。它们之间的应用软件互不兼容。因为可以像个人计算机一样安装第三方软件，所以智能手机有丰富的功能。智能手机能够显示出与个人计算机所显示出的正常网页，具有独立的操作系统以及良好的用户界面，拥有很强的应用扩展性，能方便随意地安装和删除应用程序。

3．主流操作系统

（1）桌面操作系统

桌面操作系统主要用于个人计算机。个人计算机市场从硬件架构上来说主要分为两大阵营：PC 与 Mac；从软件上也可主要分为两大类：UNIX 和类 UNIX 操作系统和 Windows 操作系统。

① UNIX 和类 UNIX 操作系统：Mac OS X，Linux 发行版（如 Debian、Ubuntu、Linux Mint、openSUSE、Fedora 等）。

② Windows 操作系统：Windows XP，Windows Vista，Windows 7/8/10 等。

（2）服务器操作系统

服务器操作系统一般指的是安装在大型计算机上的操作系统，如 Web 服务器、应用服务器和数据库服务器等。服务器操作系统主要有三大类：

UNIX 系列：SUNSolaris、IBM-AIX、HP-UX、FreeBSD 等。

Linux 系列：Red Hat Linux、CentOS、Debian、Ubuntu 等。

Windows 系列：Windows Server 2003、Windows Server 2008、Windows Server 2008 R2 等。

（3）嵌入式操作系统

嵌入式操作系统是应用在嵌入式系统的操作系统。嵌入式系统广泛应用在生活的各个方面，涵盖范围从便携设备到大型固定设施，如数码照相机、手机、平板计算机、家用电器、医疗设备、交通灯、航空电子设备和工厂控制设备等。

在嵌入式领域常用的操作系统有嵌入式 Linux、Windows Embedded、VxWorks 等，以及广泛使用在智能手机或平板计算机等消费电子产品的操作系统，如 Android、iOS、Symbian、Windows Phone 和 BlackBerry OS 等。

二、文件系统的基本概念

硬盘是存储文件的大容量存储设备。文件是计算机系统中信息存放的一种组织形式，是硬盘上最小的信息组织单位，文件是有关联的信息单位的集合，由基本信息单位（字节或字）组成，包括信件、图片以及编辑的信息等，一般情况下，一个文件是一组逻辑上具有完整意义的信息集合，计算机中的所有信息都以文件的形式存在。每个文件都赋予一个标识符，这个标识符就是文件名。

硬盘可容纳相当多的文件，需要把文件组织到目录和子目录中，在 Windows 7 下，目录被认为是文件夹，子目录被认为是文件夹的文件夹或者子文件夹，一个文件夹就是一个存储文件的有组织实体，它本身也是一个文件。使用文件夹把文件分成不同的组，这样 Windows 7 的整个文件系统形成树状结构。文件夹是对文件进行管理的一种工具。

Windows 7 还支持一些特殊的文件夹，它们不对应磁盘上的某个目录，而是包含了一些其他类型的对象。例如，桌面上的"计算机""控制面板"等。当然，还有前面提到的库和收藏夹。

Windows 7 下有多种不同的文件类型，文件是根据它们所含的信息进行分类的，如程序文件、文本文件、图像文件、其他数据文件等文件形式。对于不同的文件，通过文件名加以识别。Windows 7 的文件命名规则如下：

① 允许使用长达 256 个字符的文件名，这与 DOS 系统文件名只能使用 11 个字符（即文件最多只有 8 个字符的文件名和 3 个字符的扩展名）不同，DOS 系统会去掉超过的字符。

② 可使用多间隔符的扩展名，如果需要，可创建如 Qocument.Report.Work.Manth10 的文件名。文件名可以有空格，但不能有？、\、*、<、>、|等符号。

③ 中文版 Windows 保留指定文件名的大小写格式，但不能利用大小写区分文件名。例如，my.doc 与 MY.DOC 被认为是同一个文件名。

④ 可使用汉字作为文件名。

⑤ DOS 系统也能访问 Windows 中文版下的长文件名文件，但在访问时长文件名被截取成 8 个字符的 DOS 文件名和 3 个字符的扩展名。中文版 Windows 在把长文件名转换成 DOS 的短文件名时要遵循这样的规则：长文件名的前 6 个字符加"~1"，把长文件名的最后一部分的前 3 个字符作为 DOS 文件名的扩展名。

文件除了有文件名之外，还有文件属性。文件属性是指文件的"只读"属性、"隐藏"属性、"存档"属性等。一个文件可以同时具备以上的一个或几个属性，具备"只读"属性的文件只能被读取，而不能被编辑或修改。具备"隐藏"属性的文件一般情况下不会在"计算机"和"资源管理器"窗口中出现。具备"存档"属性的文件是文件最后一次被备份以来经过改动的文件，在计算机内保存的文件一般都具有此文件属性。

三、认识 Windows 7 桌面

启动 Windows 7 后，屏幕上显示 Windows 7 桌面，即 Windows 7 用户与计算机交互的工作窗口。桌面有自己的背景图案，桌面上可以布局各种常用软件的图标，桌面底部有任务栏，任务栏上有"开始"按钮、任务按钮和其他显示信息，如时钟等。

1. "开始"菜单

"开始"菜单是计算机程序运行和设置的主菜单，通过该菜单可完成计算机管理的主要操作。

单击任务栏最左侧的"开始"按钮即可弹出"开始"菜单，如图 3-2 所示。

① 常用程序区域：显示使用最频繁的程序。

② 安装程序区域：包括安装在计算机上的所有程序。

③ 搜索区域：用户可以输入文字以查找计算机中的文件、文件夹或网络中的计算机。

④ 用户图片：位于最顶部，显示当前登录的用户名。

图 3-2 "开始"菜单

⑤ 系统文件夹区域：包括最常用的文件夹，用户可以从这里快速找到要打开的文件夹。

⑥ 系统设置程序区域：包含主要用于系统设置的工具。

⑦ 关机区域：可实现关闭、注销、重新启动计算机等操作。

2．任务栏

任务栏是位于桌面底部的条状区域，它包含"开始"按钮及所有已打开程序的任务栏按钮。Windows 7 中的任务栏由"开始"按钮、窗口按钮、通知区域（托盘区）、"显示桌面"按钮等几部分组成，如图 3-3 所示。

图 3-3 Windows 7 任务栏

① "开始"按钮：单击该按钮可以打开"开始"菜单。

② 窗口按钮：当前系统打开的窗口列表。

③ 通知区域：包括时钟、音量、网络及其他一些显示特定程序和计算机设置状态的图标。

④ "显示桌面"按钮：将鼠标指针移到该按钮上，可以预览桌面；若单击该按钮，可以迅速返回桌面。此按钮位于任务栏最右侧，为竖条状。

3．桌面图标

桌面图标由一个个形象的图形和相关的说明文字组成。在 Windows 7 中，所有的文件、文件夹和应用程序都用图标来形象地表示，双击这些图标即可快速地打开文件、文件夹或者应用程序。

4．小工具

小工具是从 Windows Vista 的 Windows 边栏演变而来的，是一组可以在桌面上显示的常用工具，如图 3-4 所示。在桌面空白处右击，在弹出的快捷菜单中选择"小工具"命令即可。在 Windows 7 中，小工具可以在桌面上自由浮动，默认情况下小工具是不显示在桌面上的。

图 3-4　小工具

操作实战　优化个人计算机

1．操作任务
① 个性化设置。
② 文件管理。
③ 控制面板的使用。

2．操作步骤

1）个性化设置

"控制面板"中的"个性化"选项增强了对主题的支持，主题是包含屏幕保护程序、声音、桌面背景以及颜色自定义设置的软件包。通过"控制面板"中的链接可以联机使用其他主题，并为世界上不同国家、地区的用户提供了一些特定的主题，如图 3-5 所示。

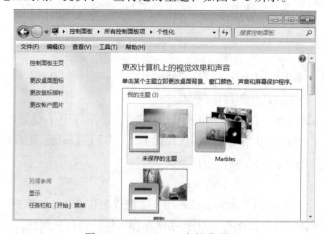

图 3-5　Windows 7 个性化设置

许多主题可以在同一软件包中包括多个不同的背景，因为它利用了 Windows 7 的另一项新功能，即桌面幻灯片放映。使用桌面幻灯片放映功能，可以选择若干张不同的图像作为背景，系统自动循环显示背景，默认每隔 30 min 换一幅图。

2）文件管理

（1）地址栏按钮

传统 Windows 资源管理地址栏的作用基本上比较单一，虽然可以使用它输入路径进行目录的跳转，但是相对来说并不是很方便。而 Windows 7 资源管理器的地址栏，无论是易用性还是功能性，对比过去都更加强大。通过全新的地址栏，不仅可以获取当前目录的路径结构、名称，实现目录的跳转或者跨越跳转操作，还可以在路径中加入命令参数。

在 Windows 7 的资源管理器中，用户找不到传统的"向上"按钮，看到的是将每一层目录结构以按钮视图来呈现的全新地址栏外观。

例如，打开目录的路径为 C:\Windows\Media，看到全新地址栏的显示方式是 4 个对应目录名称和顺序的按钮，如图 3-6 所示。如果需要达到上一个层目录 Windows 文件夹，可以直接单击名称为 Windows 的按钮；如果想从 Media 文件夹直接到达 C:盘的根目录，无须单击"后退"按钮，直接单击"本地磁盘（C：）"按钮即可实现这种跨越式的跳转操作。

图 3-6　Windows 7 资源管理器地址栏应用

（2）库和收藏夹

Windows 7 引入了一种新方法来管理 Windows 资源管理器中的文件和文件夹，这种方法称为库，如图 3-7 所示。库可以提供包含多个文件夹的统一视图，无论这些文件夹存储在何处，可以在文件夹中浏览文件，也可以按属性查看（如日期、类型和作者）或排列文件。

在某种程度上，库类似于文件夹。例如，打开库时，看到一个或多个文件，但是，与文件夹不同的是，库会收集存储在多个位置的文件。这是一个细微但却非常重要的区别。库并不实际存储项目，它们监视项目所在的文件夹，并允许通过不同的方式来访问和排列项目。

例如，如果硬盘和外置驱动器上的文件夹中有视频文件，那么可以使用视频库一次访问所有的视频文件，删除该库并不会删除存储在该库中的文件。

默认情况下，每个用户账户具有 4 个预先填充的库："文档""音乐""图片""视频"。如果意外删除了其中的一个默认库，则可以在导航窗口中右击"库"，在弹出的快捷菜单中选择"还原默认库"命令，从而将其还原为原始状态。

Windows 7 资源管理器中加入了可以自定义内容的目录链接列表"收藏夹"链接，如图 3-8 所示。

"收藏夹"链接不仅预设了相比过去数量更多的常用目录链接，还可以将经常要访问的文件夹拖动到这里。需要访问这些自定义的常用文件夹时，打开资源管理器的收藏夹，无论在哪里位置，都可以快速地跳转到需要的目录。

图 3-7　Windows 7 库列表

图 3-8　Windows 7 收藏夹

（3）文件管理

对于计算机上文件的管理，要遵循下列原则：

① 文件不能放在系统盘 C 盘上。一旦系统需要重装，C 盘上的文件将被覆盖，所以个人文件不能存储到 C 盘。

② 文件应该分门别类地存放。在命名文件和文件夹时，要以所见即所得的原则来命名。

③ 桌面上尽可能少存储个人的文件和文件夹，以免桌面上堆满了文件和文件夹。

张帅的硬盘被划分成 4 个分区，根据工作需要，他把 C 盘命名为系统盘、D 盘命名为文档、E 盘命名为程序、F 盘命名为娱乐。

文件和文件夹操作在"计算机"和"资源管理器"窗口中都可以完成。在执行文件和文件夹的操作前，要先选择操作对象，然后按自己熟悉的方法对文件或文件夹进行操作。文件和文件夹的操作一般有创建、重命名、复制、移动、删除、查找文件或文件夹，修改文件属性等，这些操作可以用以下 6 种方式之一完成：

① 用菜单中的命令。

② 用工具栏中的命令按钮。

③ 用该操作对象的快捷菜单。

④ 在"资源管理器"和"计算机"窗口中拖动。

⑤ 用菜单中的发送方式。

⑥ 用组合键。

3）控制面板的使用

利用 Windows 7 的控制面板可以调整和配置计算机的各种系统属性，用户可以根据需要配置系统。

（1）启动控制面板

控制面板是 Windows 7 中一个包含了大量工具的系统文件，如图 3-9 所示，利用其中的独立工具或程序项可以调整和设置系统的各种属性，如管理用户账户，改变硬件的设置，安装、删除软件和硬件，进行时间、日期的设置等。

启动控制面板常用的方法有以下两种：选择"开始"→"控制面板"命令；打开"计算机"窗口，选择"打开控制面板"选项。

图 3-9　Windows 7 控制面板

（2）添加和删除程序

① 安装应用程序。在 Windows 7 系统中，添加（安装）程序并不是简单地将程序复制到硬盘上，大部分应用软件都需要安装到操作系统中才能使用。一般来说，应用软件都附带一个安装程序。所以在安装程序时，可以直接运行程序的安装文件。一般情况下，应用程序的安装文件名为 setup，还可以将安装盘放入光驱后根据安装程序向导进行安装。

② 卸载应用程序。在 Windows 7 操作系统下卸载应用程序是用户必须掌握的内容之一，仅仅将应用程序所在的文件夹删除是没有用的，因为许多应用程序在 Windows 7 目录下安装了许多支持程序，这些程序并不在同一目录下，而且删除应用程序并不能使 Windows 7 的配置文件发生改变，用户很难找到这些配置文件，要正确地修改配置则更加困难。

正确的方法是卸载应用程序，在"控制面板"窗口中单击"程序和功能"图标，将打开"卸载或更改程序"窗口，如图 3-10 所示。可以通过右击应用程序，在快捷菜单中选择"卸载"或"更改"命令卸载已安装的程序。

图 3-10　"卸载或更改程序"窗口

（3）在计算机中添加新硬件。

硬件包含任何连接到计算机并由计算机的微处理器控制的设备。包括制造和生产时连接到计算机上的设备以及用户后来添加的外围设备。移动硬盘、调制解调器、磁盘驱动器、DVD驱动器、打印机、网卡、键盘和显示适配卡都是典型的硬件设备。

设备分为即用设备和非即用设备，它们都能以多种方式连接到计算机上。无论是即插即用还是非即插即用，安装一个新设备时，通常包括3个步骤：

① 连接到计算机上。

② 装载适当的设备驱动程序。如果该设备支持即插即用，该步骤可能没有必要。

③ 配置设备的属性和设置。如果该设备支持即插即用，该步骤可能没有必要。

如果设备不自动工作，那么该设备是非即插即用的，或者是像硬盘那样需要启动的设备，可能必须要重新启动计算机。然后，Windows将尝试检测新设备。

（4）管理用户账户

① 用户账户。用户账户是指 Windows 用户在操作计算机时具有不同权限的信息的集合。比如可以访问哪些文件和文件夹，可以对计算机和个人首选项（如桌面背景和屏幕保护程序）进行哪些更改。通过用户账户，可以在拥有自己的文件和设置的情况下与多个人共享计算机。每个人都可以使用用户名和密码访问其用户账户。

有3种类型的账户，每种类型为用户提供不同的计算机控制级别：标准账户适用于日常管理；管理员账户可以对计算机进行最高级别的控制；来宾账户主要针对需要临时使用计算机的用户。

② 用户账户的设置。在"开始"菜单中选择"控制面板"命令，在弹出的"控制面板"窗口中选择"用户账户"选项，弹出图 3-11 所示的窗口，然后选择"管理其他账户"选项，弹出图 3-12 所示的窗口。

选择"创建一个新账户"选项，弹出"创建新账户"窗口后，在中间的文本框中输入要创建的账户名（如 sese），类型可以选择"标准用户"或"管理员"，如图 3-13 所示。

图 3-11 "更改用户账户"窗口

图 3-12 "选择希望更改的更改账户"窗口

图 3-13 "创建新账户"窗口

选择"标准用户"单选按钮,单击"创建账户"按钮,新用户创建完毕,单击新建好的用户名称,可以更改账户名称、创建密码,更改图片,设置家长控制、更改账户类型等设置,如图 3-14 所示。

图 3-14 "更改账户"窗口

📖 **课堂实践**

1．操作任务

整理 F 盘文件，并对系统进行个性化设置及优化。具体操作要求如下：

① 启动计算机，登录操作系统。

② 任务栏自动隐藏。

③ 打开"计算机"窗口。

④ 在 F 盘建立"公司内部资料"文件夹。

⑤ 在"公司内部资料"文件夹下建立 3 个文件夹，分别命名为"销售数据""销售策略"及"客户数据"。

⑥ 在"销售策略"文件夹下新建文件"2014 年湘潭片区销售方案.doc""湘潭片区总代理资料 – 2013 年 4 月调整.doc""2013 年新增客户资料.doc""2013 年 8 月长沙片区销售数量.xls"及"炎陵县试点门面装修效果图.JPG"。

⑦ 将"销售策略"文件夹中的"湘潭片区总代理资料 – 2013 年 4 月调整.doc"及"2013 年新增客户资料.doc"移动至"客户数据"文件夹。

⑧ 将"销售策略"文件夹中的"2013 年 8 月长沙片区销售数量.xls"移动至"销售数据"文件夹。

⑨ 将"销售策略"文件夹中的"炎陵县试点门面装修效果图.jpg"复制至"公司内部资料"文件夹，并将复制后的文件重命名为"试点门面装修参照效果图.jpg"。

⑩ 查找文件"炎陵县试点门面装修效果图.bmp"，并将它移入回收站。

⑪ 打开"公司内部资料"文件夹，将该窗口以图片形式保存到 F 盘根目录，命名为"窗口结构.jpg"，并打印。

⑫ 更换桌面背景图片为"郁金香"。

⑬ 修改屏幕保护程序为"气泡"。

⑭ 修改屏幕分辨率为 1280×768。

⑮ 为系统安装新字体"Harry P"。

⑯ 为系统添加 Windows 自带的"微软拼音输入法"。

⑰ 对 C 盘进行磁盘清理。

⑱ 将"Windows 默认"声音方案中的"清空回收站"声音修改为"再循环"声音文件，并将该新方案命名为"Windows 默认–recycle"。

⑲ 注销当前用户。

2．操作步骤

① 启动计算机，登录操作系统。

步骤一：打开显示器电源。

步骤二：按下机箱 Power 键，Windows 7 将自动启动，进入登录界面。

步骤三：输入登录密码后按【Enter】键，显示 Windows 7 桌面，如图 3–15 所示。

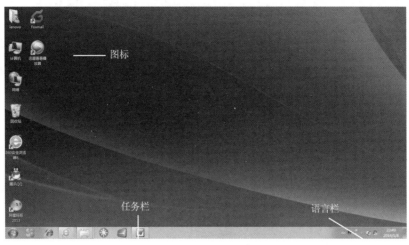

图 3-15　Windows 桌面

② 任务栏自动隐藏在任务栏右击，选择"属性"命令，在弹出的对话框中勾选"自动隐藏任务栏"复选框，如图 3-16 所示。

图 3-16　"任务栏和「开始」菜单属性"对话框

③ 打开"计算机"窗口，有两种方法：

a. 双击桌面上的"计算机"图标打开"计算机"窗口，如图 3-17 所示。

b. 单击"开始"菜单，选择"计算机"命令，也可打开"计算机"窗口。

④ 在 F 盘建立"公司内部资料"文件夹。

步骤一：在"计算机"窗口的导航窗格中单击"计算机"项目下的"F："，选择"文件"→"新建"→"文件夹"命令，如图 3-18 所示。

图 3-17 "计算机"窗口

图 3-18 使用菜单新建文件夹

步骤二：按 Ctrl+Shift 组合键切换到微软拼音输入法，依次输入字母"gongsineibuziliao"，再按空格键选择"公司内部资料"，按 Enter 键确定文件夹名称。

⑤ 在"公司内部资料"文件夹下建立 3 个文件夹，分别命名为"销售数据""销售策略"及"客户数据"。

步骤一：在"计算机"窗口的导航窗格中单击"F:"前的展开按钮"▷"，单击导航窗格中"公司内部资料"文件夹。

步骤二：右击工作区空白位置，在弹出的快捷菜单中选择"新建"→"文件夹"命令，如图 3-19 所示。输入文件夹名称"销售数据"，按 Enter 键确定名称。

步骤三：在工具栏中单击"新建文件夹"按钮，如图 3-20 所示。输入文件夹名称"销售策略"，按 Enter 键确定名称。

图 3-19 使用快捷菜单新建文件夹

图 3-20 使用按钮新建文件夹

步骤四：同步骤三，建立文件夹"客户数据"。

⑥ 在"销售策略"文件夹下新建文件"2014 年湘潭片区销售方案.doc""湘潭片区总代理资料 - 2013 年 4 月调整.doc""2013 年新增客户资料.doc""2013 年 8 月长沙片区销售数量.xls"及"炎陵县试点门面装修效果图.bmp"。

步骤一：在"计算机"的导航窗格中单击"F:\公司内部资料"下的"销售策略"文件夹。

步骤二：选择"文件"→"新建"→"Microsoft Word 文档"命令，输入文件名"2014 年湘潭片区销售方案"，按 Enter 键确定名称。

步骤三：右击工作区空白位置，在弹出的快捷菜单中选择"新建"→"Microsoft Word 文档"命令，输入文件名"湘潭片区总代理资料 - 2013 年 4 月调整"，按【Enter】键确定名称。

步骤四：同步骤三，新建文件"2013 年新增客户资料.doc"。

步骤五：右击工作区空白位置，在弹出的快捷菜单中选择"新建"→"Microsot Office Excel 97-2003 工作表"命令，输入文件名"2013 年 8 月长沙片区销售数量"，按【Enter】键确定名称。

步骤六：单击任务栏中的"开始"按钮，选择"所有程序"→"附件"→"画图"程序，打开"画图"程序窗口，如图 3-21 所示。

图 3-21 "画图"程序窗口

步骤七：在"画图"窗口，单击"保存"按钮，弹出"保存为"对话框，在左侧导航窗格中选中 F 盘，在内容显示区域双击"公司内部资料"文件夹，再双击"销售策略"文件夹，进入"销售策略"文件夹，在"文件名"文本框中输入文件名"炎陵县试点门面装修效果图"，在"保存类型"下拉列表中选择"JPEG"类型，单击"保存"按钮保存文件，保存窗口如图 3-22 所示。单击"关闭"按钮关闭"画图"程序。文件建好之后，"销售策略"文件夹中的内容如图 3-23 所示。

图 3-22 "保存为"对话框

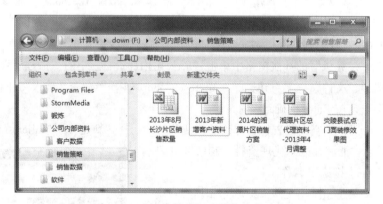

图 3-23 "销售策略"文件夹中的内容

⑦ 将"销售策略"文件夹中的"湘潭片区总代理资料 – 2013 年 4 月调整.doc"及"2013 年新增客户资料.doc"移动至"客户数据"文件夹。

步骤一：在"计算机"窗口的导航窗格中选中"销售策略"文件夹，单击"湘潭片区总代理资料 – 2013 年 4 月调整.doc"文件，按住 Ctrl 键的同时单击"2013 新增客户资料.doc"文件，选中两个操作对象。

步骤二：选择"编辑"→"剪切"命令。

步骤三：单击工具栏中的"后退"按钮，返回上级文件夹，双击"客户数据"文件夹，进入该文件夹，选择"编辑"→"粘贴"命令。

⑧ 将"销售策略"文件夹中的"2013 年 8 月长沙片区销售数量.xls"移动至"销售数据"文件夹。

步骤一："销售策略"文件夹，单击"2013 年 8 月长沙片区销售数量.xls"文件，选中操作对象。

步骤二：右击"2013 年 8 月长沙片区销售数量.xls"文件图标，弹出快捷菜单，选择"剪切"命令。

步骤三：双击"销售数据"文件夹，进入该文件夹，右击工作区的空白位置，选择"粘贴"命令。

⑨ 将"销售策略"文件夹中的"炎陵县试点门面装修效果图.jpg"复制至"公司内部资料"文件夹，并将复制后的文件重命名为"试点门面装修参照效果图.jpg"。

步骤一：选中"销售策略"文件夹，单击工作区中的"炎陵县试点门面装修效果图.jpg"文件，选中操作对象。

步骤二：按快捷键 Ctrl + C。

步骤三：双击"公司内部资料"文件夹，进入该文件夹，按快捷键 Ctrl + V。

步骤四：在粘贴后的文件图标上右击，在弹出的快捷菜单中选择"重命名"命令，输入新的文件名"试点门面装修参照效果图"，按【Enter】键确定命名。

⑩ 查找文件"炎陵县试点门面装修效果图.jpg"，并将它移入回收站。

步骤一：单击"开始"按钮，在"搜索程序和文件"文本框中，输入要搜索文件的部分文件名，如"图"，搜索结果如图 3-24 所示。要查看搜索结果的具体信息，可选择"查看更多结果"命令。为使搜索能更加快速、准确，搜索关键字可使用"炎陵""装修""效果"".jpg""装修 效果"等。

步骤二：在搜索结果中右击"炎陵县试点门面装修效果图.jpg"选择"打开文件位置"命令。

步骤三：选中"炎陵县试点门面装修效果图.jpg"文件，按 Delete 键，删除文件。

⑪ 打开"公司内部资料"文件夹，将该窗口以图片形式保存到 F 盘根目录，命名为"窗口结构.gif"，并打印。

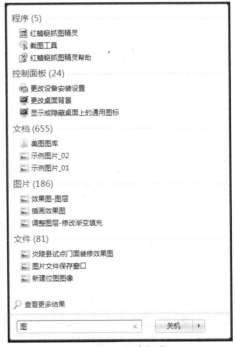

图 3-24　搜索操作

步骤一：双击桌面上的"计算机"图标，依次双击导航窗格中"计算机""F:""公司内部资料"，打开"公司内部资料"文件夹。

步骤二：将鼠标指针放在窗口右下角，拖动窗口边框，调节窗口大小。

步骤三：按 Alt+Prt Sc 组合键。

步骤四：启动"画图"程序，拖动白色画面右下角的控制点，调整画布较"公司内部资料"

文件夹窗口小一些。

步骤五：按 Ctrl+V 组合键。

步骤六：按 Ctrl+S 组合键，在"保存为"对话框中选择 F 盘，在"文件名"文本框中输入文件名"窗口结构"，在"保存类型"下拉列表中选择"GIF"，单击"保存"按钮，软件提醒"如果以此格式保存图片，可能会降低颜色质量。您想继续吗？"，单击"确定"按钮保存文件。

步骤七：按 Ctrl+P 组合键，在"打印"对话框中选择相应的打印机，单击"打印"按钮进行打印。

步骤八：单击"画图"窗口，按 Alt+F4 组合键，关闭"画图"窗口。

⑫ 更换桌面背景图片为"郁金香"

步骤一：单击"开始"按钮，选择"控制面板"命令，打开"控制面板"窗口，如图 3-25 所示。

步骤二：选择"外观和个性化"类别中的"更改桌面背景"选项。

步骤三：在"图片位置"下拉列表中选择"顶级照片"，在列表中选择"郁金香"图片，"图片位置"下列列表中选择"填充"，单击"保存修改"按钮，如图 3-26 所示。

图 3-25 "控制面板"窗口

图 3-26 "选择桌面背景"对话框

⑬ 修改屏幕保护程序为"气泡"。

步骤一：打开"控制面板"窗口。

步骤二：选择"外观和个性化"选项，打开相应窗口，如图 3-27 所示。

步骤三：选择"个性化"类别中的"更改屏幕保护程序"选项。

步骤四：选择"气泡"屏保，并设置等待时间为 10 min，单击"确定"按钮。

⑭ 修改屏幕分辨率为 1280×768。

步骤一：在屏幕空白处右击，在弹出的快捷菜单中选择"屏幕分辨率"命令。

步骤二：在"分辨率"下拉列表中选择"1280×768"，如图 3-28 所示，单击"确定"按钮。

图 3-27　"外观和个性化"窗口

图 3-28　修改屏幕分辨率

⑮ 为系统安装新字体"Harry P"。

步骤一：打开"控制面板"窗口，选择"外观和个性化"选项，在弹出的窗口中选择"字体"选项。

步骤二：拖动"HarryP"字体文件到"字体"窗口中，完成安装（可在"HarryP"字体文件上右击，选择快捷菜单中的"安装"命令，完成字体安装。）。

⑯ 为系统添加 Windows 自带的"微软拼音输入法"。

步骤一：右击任务栏上输入法按钮，选择"设置"命令，弹出"文本服务和输入语言"对话框，如图 3-29 所示。

步骤二：单击"添加"按钮，弹出"添加输入语言"对话框，在列表框中勾选"微软拼音输入法"复选框，依次单击"确定"按钮关闭"文字服务和输入语言"对话框。

⑰ 对 C 盘进行磁盘清理。

步骤一：单击"开始"按钮，选择"所有程序"→"附件"→"系统工具"→"磁盘清理"命令。

步骤二：在弹出的对话框中选择驱动器 C:，单击"确定"按钮，弹出磁盘清理对话框，如图 3-30 所示，勾选"Internet 临时文件""临时文件"前复选框，单击"确定"按钮关闭磁盘清理对话框。

图 3-29　"文字服务和输入语言"对话框

图 3-30　磁盘清理对话框

⑱ 将"Windows 默认"声音方案中的"清空回收站"声音修改为"再循环"声音文件，并将该新方案命名为"Windows 默认-recycle"。

步骤一：打开"控制面板"窗口，选择"硬件和声音"选项。

步骤二：在弹出的窗口中选择"声音"类别中的"更改系统声音"选项，弹出"声音"对话框，如图 3-31 所示。

步骤三：在"声音方案"下拉列表中选择"Windows 默认"，在"程序事件"列表框中选择"清空回收站"，单击"浏览"按钮，选择"再循环"声音文件，单击"确定"按钮。可单击"测试"按钮，试听选择的声音。单击"另存为"按钮，弹出"方案另存为"对话框，输入方案名"Windows 默认-recycle"，依次单击"确定"按钮，关闭"声音"对话框。

⑲ 注销当前用户。

步骤一：单击"开始"按钮，打开"关机"下级菜单，如图 3-32 所示。

图 3-31　"声音"对话框

图 3-32　"关机"下拉菜单

步骤二：选择"注销"命令，即可快速结束当前用户打开的所有程序，注销用户，并返回系统登录界面。

疑难解析

问题 1：进行文件命名时，用鼠标切换输入法会退出命名，应该怎么办？

答：如果已经进入命名状态，可以使用 Ctrl+Shift 组合键切换输入法，再输入名称；如果还没有进入命名状态，可先切换输入法，再选择"重命名"命令进行命名。

问题 2：用鼠标拖动对象时，有时鼠标形状旁出个"+"，为什么？

答：用鼠标拖动对象可起到剪切并粘贴，或者是复制并粘贴的作用。如果操作对象的目的位置与原位置是在同一个盘中，则进行的就是移动操作，此时就没有"+"；如果操作对象的目的位置与原位置不在同一个盘中，则进行的就是复制操作，此时就有"+"。在拖动操作对象的同时，可以按住 Shift 键取消"+"，也可以按住 Ctrl 键增加"+"。

问题 3：如何才能看到文件的扩展名？

答：为了防止修改文件名时对扩展名的误修改，通常情况下文件的扩展名是隐藏的。如果需要查看扩展名，在"计算机"窗口中选择"工具"→"文件夹选项"命令，在弹出对话框的"查看"选项卡中，勾选"高级设置"列表中的"隐藏已知文件类型扩展名"复选框即可。

课外拓展

利用用户账户功能和家长控制功能限制一个用户周一到周五 9:00—17:00 不能玩计算机中的游戏，不能使用 Windows Media Player 12 应用程序。

项目小结

操作系统是用户和计算机之间的接口，只有熟悉操作系统才能更好地使用计算机为我们服务。通过本项目的学习，学会管理文件及文件夹的方法，掌握系统的一般优化方法，为后继应用软件的学习与使用打好基础。

模块二　Word 2010 文档制作

　　Word 2010 是 Microsoft 公司推出的 Office 套件中的一个功能强大的文字处理软件，是 Office 套件中重要的组件，也是目前全球最流行的文字处理软件之一。它以友好的图形窗口界面、完善的文字处理性能，为人们提供了一个良好的文字编辑工作环境。Word 2010 运行在 Windows 操作系统之下，适合制作各种类型的文档，如信函、传真、报纸、简历、试卷等，并且可以在其中插入图形、图片和表格等各种对象，使用户能轻松制作出图文并茂的文档。

项目　四　制作自荐书

　　本项目主要介绍 Word 文档的建立、录入、编辑和格式设置等基本操作。文档录入编辑完毕后，即可按照需要的格式对文档进行排版，实现文档的美化。格式设置包括页面设置、字符格式、段落格式等内容。

项目描述

　　各用人单位即将来我院招收毕业生，班主任要求每位学生制作一份求职简历。要想成功地推荐自己，在激烈的人才竞争中占有一席之地，一份精美的求职简历是必不可少的。求职简历包括封面的制作、自荐书的制作和求职简历表格的制作。李伟同学首先开始制作自己的自荐书，并对自己的学习能力、实践能力等进行介绍。自荐书录入编辑完成后，接下来的工作就是美化文档。首先自荐书的标题要居中，根据中文习惯每个段落要前空两格，标题与正文的字体、字号也不一样，最后的落款和日期也与正文的格式不一样。

教学导航

知识目标	① 掌握 Word 2010 文档的新建、保存、打开和关闭等操作。
	② 掌握中、英文文字及标点符号的录入方法。
	③ 掌握特殊符号的输入方法。
	④ 掌握在文档中复制粘贴、查找替换的操作方法。
	⑤ 掌握拼写和语法检查的使用方法。
	⑥ 掌握字符格式、段落格式的设置方法。
	⑦ 掌握项目符号或编号的设置方法。

续表

技能目标	① 熟悉文档的新建、保存、打开和关闭等操作。 ② 熟悉特殊符号的输入。 ③ 熟悉中、英文文字及标点符号的录入。 ④ 熟悉在文档中进行复制粘贴。 ⑤ 熟悉在文档中进行查找替换的操作。 ⑥ 学会对文档进行拼写和语法检查。 ⑦ 熟练设置文档的字符格式、段落格式。 ⑧ 学会使用项目符号或编号。
态度目标	① 培养学生的自主学习能力和知识应用能力。 ② 培养学生勤于思考、认真做事的良好作风。 ③ 培养学生具有良好的职业道德和较强的工作责任心。 ④ 培养学生理论联系实际的工作作风、独立工作的能力，树立自信心。
本章重点	字符格式和段落格式的设置。
本章难点	中英文录入、特殊符号录入、格式设置等操作。
教学方法	理论实践一体化，教、学、做合一。
课时建议	4 课时（含课堂实践）。
效果展示	编辑、排版前的“自荐书”效果图如图 4-1 所示。编辑、排版后的“自荐书”效果图如图 4-2 所示。 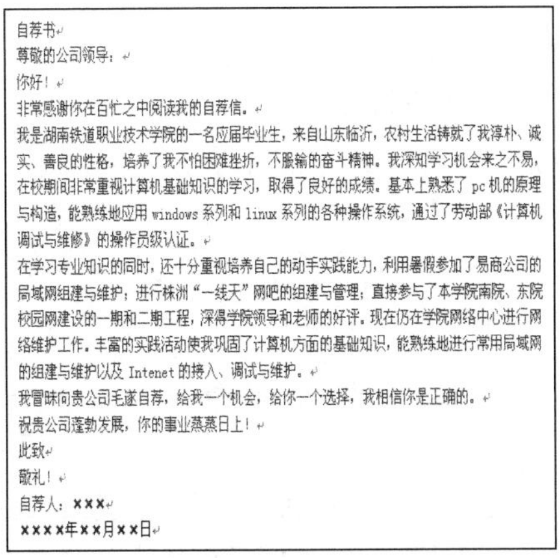 自荐书↵ 尊敬的公司领导：↵ 你好！↵ 非常感谢你在百忙之中阅读我的自荐信。↵ 我是湖南铁道职业技术学院的一名应届毕业生，来自山东临沂，农村生活铸就了我淳朴、诚实、善良的性格，培养了我不怕困难挫折，不服输的奋斗精神。我深知学习机会来之不易，在校期间非常重视计算机基础知识的学习，取得了良好的成绩。基本上熟悉了 pc 机的原理与构造，能熟练地应用 windows 系列和 linux 系列的各种操作系统，通过了劳动部《计算机调试与维修》的操作员级认证。↵ 在学习专业知识的同时，还十分重视培养自己的动手实践能力，利用暑假参加了易商公司的局域网组建与维护；进行株洲“一线天”网吧的组建与管理；直接参与了本学院南院、东院校园网建设的一期和二期工程，深得学院领导和老师的好评。现在仍在学院网络中心进行网络维护工作。丰富的实践活动使我巩固了计算机方面的基础知识，能熟练地进行常用局域网的组建与维护以及 Intenet 的接入、调试与维护。↵ 我冒昧向贵公司毛遂自荐，给我一个机会，给你一个选择，我相信你是正确的。↵ 祝贵公司蓬勃发展，你的事业蒸蒸日上！↵ 此致↵ 敬礼！↵ 自荐人：×××↵ ××××年××月××日↵ 图 4-1　编辑、排版前的“自荐书”效果图 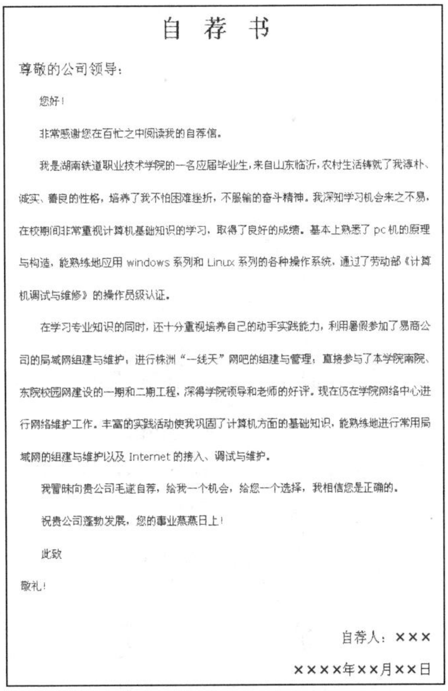 自　荐　书 尊敬的公司领导： 您好！ 非常感谢您在百忙之中阅读我的自荐信。 我是湖南铁道职业技术学院的一名应届毕业生，来自山东临沂，农村生活铸就了我淳朴、诚实、善良的性格，培养了我不怕困难挫折，不服输的奋斗精神。我深知学习机会来之不易，在校期间非常重视计算机基础知识的学习，取得了良好的成绩。基本上熟悉了 pc 机的原理与构造，能熟练地应用 windows 系列和 Linux 系列的各种操作系统，通过了劳动部《计算机调试与维修》的操作员级认证。 在学习专业知识的同时，还十分重视培养自己的动手实践能力，利用暑假参加了易商公司的局域网组建与维护；进行株洲“一线天”网吧的组建与管理；直接参与了本学院南院、东院校园网建设的一期和二期工程，深得学院领导和老师的好评。现在仍在学院网络中心进行网络维护工作。丰富的实践活动使我巩固了计算机方面的基础知识，能熟练地进行常用局域网的组建与维护以及 Internet 的接入、调试与维护。 我冒昧向贵公司毛遂自荐，给我一个机会，给您一个选择，我相信您是正确的。 祝贵公司蓬勃发展，您的事业蒸蒸日上！ 此致 敬礼！ 自荐人：××× ××××年××月××日 图 4-2　编辑、排版后的“自荐书”效果图
操作流程	新建文件→录入文本→复制粘贴→查找替换→设置字符格式→设置段落格式→保存文档→关闭文档。

知识准备

要制作"自荐书"文档，可以经过几个步骤来完成，首先必须建立一个 Word 空白文档，然后将文字内容录入到文档中（输入文本、表格、图形等）→编辑（插入、修改、删除、复制、移动文本）→排版（设置字符、段落和页面的格式）→保存（将编辑排版后的文档存放在磁盘上，可以边录入边保存，防止出现异常现象文件丢失）→打印（将文档从打印机上输出）。

一、新建、打开 Word 文档

1. Word 2010 的启动与退出

选择"开始"→"所有程序"→Microsoft Office→Microsoft Word 2010 命令，打开 Word 2010 程序，其工作窗口如图 4-3 所示。

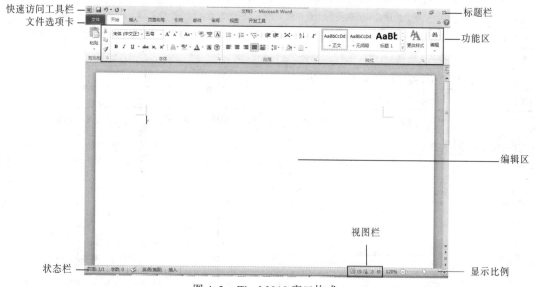

图 4-3　Word 2010 窗口构成

① 标题栏：显示正在编辑的文档的文件名以及所使用的软件名。其中还包括标准的"最小化""还原"和"关闭"按钮。

② 快速访问工具栏：常用命令位于此处，如"保存""撤销"和"恢复"命令。在快速访问工具栏的末尾是一个下拉按钮，在其中可以添加其他常用命令。

③ "文件"按钮：单击此按钮可以查找对文档本身而非对文档内容进行操作的命令，如"新建""打开""另存为""打印"和"关闭"。

④ 功能区：工作时需要用到的命令位于此处，通常称为"组"。功能区的外观会根据显示器的大小改变。Word 通过更改控件的排列来压缩功能区，以便适应较小的显示器。

⑤ 编辑窗口：显示正在编辑的文档的内容。

⑥ 滚动条：可用于更改正在编辑的文档的显示位置。

⑦ 状态栏：显示正在编辑的文档的相关信息。

⑧ "视图"按钮：可用于更改正在编辑的文档的显示模式以符合用户的要求。

⑨ 显示比例：可用于更改正在编辑的文档的显示比例设置。

Microsoft Office 2010 这种全新的用户界面，较"菜单+工具栏"的界面有以下几个优点：

① 用户能够更加迅速地找到所需的功能。以前的"菜单+工具栏"模式需要用户记住那些所需功能的具体位置处在哪个菜单下的哪个子菜单中，而基于功能区的全新用户界面，能够清晰直观地把所有功能直接展现在用户面前，而不必到菜单中"翻找"所需功能。

② 操作更简单。界面不仅进行了重新设计，还在操作特性上有了很大的提升，例如，当用户选中一幅图片时，上下文相关选项卡会自动显示出"图片工具"，当用户的选择由图片切换到一个表格时，上下文相关选项卡中会显示"表格工具"，大大简化了用户的操作。

③ 用户容易发现并使用更多的功能。Microsoft Office 是非常强大的办公平台系统，功能齐全。但是，如何让用户去发现这些功能并充分利用它们呢？很多用户面临的问题并不是不会使用某些功能，而是根本就不知道有这些功能。新的界面相对旧界面几乎将所有功能暴露在用户面前，使它们更容易被用户发现并使用。

当需要退出 Word 时，单击标题栏中的"关闭"按钮，或选择"文件"→"退出"命令，或选择 Word 控制菜单的"关闭"命令，也可以直接按快捷键 Alt+F4。如果输入或修改了文本，Word 在退出前将询问是否要保存文档，此时可根据需要单击"是""否"或"取消"按钮。

2．新建 Word 2010 新文档

启动 Word 2010 后，系统将自动创建一个空白文档，且在标题栏中显示名称"文档 1"，也可以选择"文件"→"新建"命令，在打开的界面中选择"空白文档"选项，单击"创建"按钮，如图 4-4 所示。

图 4-4　新建文档界面

3．文档的保存

选择"文件"→"保存"命令，弹出的对话框如图 4-5 所示。第一次保存文件时，相当于"另存为"功能。文件保存需要解决 3 个问题：一是保存位置；二是保存类型；三是文件名。保存位置：文件在保存时，选定文件的保存位置，遵循分门别类的基本原则。文件的保存类型：Word 2010

默认为 Word 文档，扩展名为.docx。文件名的命名：依然遵循所见即所得的原则。本案例将该文件命名为"自荐书"。

图 4-5　"另存为"对话框

　　不管什么原因，如果关闭了文件而未保存，系统将会临时保留文件的某一版本，以便用户再次打开文件时进行恢复。打开 Word 2010，选择"文件"→"最近使用文件"或"打开"命令打开未保存的文件；选择"文件"→"信息"命令，在打开的界面中单击"管理版本"按钮，选择最近一次保存的文档，如图 4-6 所示。

图 4-6　恢复未保存的文档

4．文档的打开

　　若要打开 Word 文档，则执行下列操作：将光标定位到存储文件的位置，然后双击该文件，此时将显示 Word 启动画面，然后显示该文档。也可以在已经打开的 Word 文档中采用以下方式打开文档：选择"文件"→"打开"命令，弹出"打开"对话框，找到文档存储的位置并选中后，单击"打开"按钮或双击文档，如图 4-7 所示。若要打开最近保存的文档，请单击"最近所用文件"，如图 4-8 所示。

图 4-7　打开已存在的文档

图 4-8　从最近打开的文档中打开文件

二、录入文档

新建一个空白文档后，就可以录入汉字、字母、标点和特殊符号等到文档中。

1. 输入文字

在输入文字期间，最好每个段落都顶格输入，不要人为地添加空格，待整个文本输入完后，再在"开始"选项中利用段落的"首行缩进"功能设置首行两个汉字的空格；一个段落输入完毕后按一次 Enter 键作为段落结束，系统将插入一个"段落标记"（即段落尾部的"↵"符号）并换行，对于组成这个段落的各行由系统自动完成换行。

2．输入标点和特殊符号

由于汉字的标点符号及一些特殊符号与键盘符号不能一一对应，Word 中提供了以下几种输入方法来输入标点符号和特殊符号。

① 利用图 4-9 所示的输入法状态条可以进行"全角/半角""中/英文标点符号"的切换。在使用中文输入法输入汉字时，特别注意"中/英文标点符号"按钮是否处于中文标点符号状态，如果不是，务必切换到中文标点符号状态。右击软键盘，在弹出的快捷菜单中选择合适的命令，即可选择需要的特殊符号。

图 4-9　输入法状态条

② 使用"插入"选项卡。选择"插入"选项卡中的"符号"命令，弹出"符号"对话框，如图 4-10 所示。对应不同的"字体"和"子集"，有不同的符号，选择所需的符号后，单击"插入"按钮即可输入。

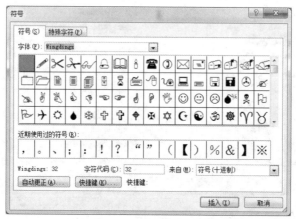

图 4-10　插入符号

三、文本编辑

1．文本的选定

在编写文档时，经常会对输入的字符进行删除、复制和移动操作。在进行上述操作前，必须明确告诉计算机是对哪些文本进行操作，即先要选择文本。

选定文本的基本方法是，从待选文本的一端单击并拖动鼠标到文本的另一端，此时，这段文本呈反相显示，表示已被选定。

关于文本选定，还有如下一些操作技巧：

① 选定一个英文单词或一个汉字词汇时，可双击该单词或词汇。

② 选定大块文本时，先将鼠标移到待选文本的一端并单击（即将插入点置于块头），再利用滚动条将待选文本的另一端显示在文本区，按住 Shift 键单击文本块的末端。

③ 选定一整行时，可在行的左端（编辑区外）单击该行。

④ 选定连续多个整行时，可在左端（编辑区外）拖动鼠标。

⑤ 选定一个段落时，可在该段落中任一字符上连击三次鼠标左键，或在左端（编辑区外）双击该段落。

⑥ 选定一个句子（以句号"。"结束）时，按住 Ctrl 键并单击此句子。

⑦ 选定一个矩形文本块时，按住 Alt 键后用鼠标拖动。

⑧ 选定全文时，可在文档中左端（编辑区外）任一位置连击鼠标左键三次，或按 Ctrl+A 组合键。

2．复制粘贴

如果需要将某个文档的内容复制到另一个文档指定的位置，有以下几种方法：

（1）移动文本

首先选定要移动的文本，单击并用鼠标拖到新位置处，释放鼠标即可完成短距离的文本移动操作。如果移动距离较大，则选定文本后，可以选择"开始"选项卡中的"剪切"命令将其剪切到剪贴板，然后将插入点移到目标位置上，选择"粘贴"命令即可。

（2）复制文本

首先选定要复制的文本，按住 Ctrl 键的同时单击并用鼠标拖到新位置处，即可完成选定文本的复制。也可以先选择"开始"选项卡中的"复制"命令将选定内容复制到剪贴板，然后将插入点移到目标位置上，再选择"粘贴"命令。

3．查找替换

查找与替换是进行文字处理的基本技能和技巧之一。使用查找可以快速定位到指定字符处，使用替换可以快速修改指定的文字，尤其是批量修改文档中多处出现的相同文本。

4．拼写检查

在默认情况下，Word 在键入的同时自动进行拼写检查。用红色波形下画线表示可能的拼写问题，用绿色波形下画线表示可能的语法问题。单击"审阅"选项卡中的"拼写和语法"按钮，可以根据提示，进行修改，如图 4-11 所示。

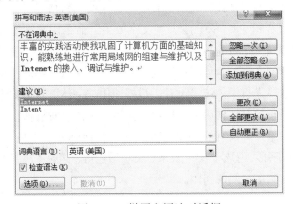

图 4-11　拼写和语法对话框

如果不需要在键入时自动进行拼写检查，可以选择"文件"→"选项"命令，在弹出的对话框中选择"校对"选项，勾选"在 Word 中更正拼写和语法时"区域的复选框，如图 4-12 所示。

图 4-12　设置拼写和语法

四、设置文档编排格式

1．字符格式

字符的格式在"开始"选项卡中进行设置。在字符输入前后都可以对字符进行格式设置。在字符输入前，可以通过选择新的格式对将要输入的文本进行定义；对于已输入的字符进行格式修改，则必须"先选定，后操作"。

所有显示在图 4-13 所示的"字体"组中的命令均为快速命令，即选择需要设置的文字后，单击"字体"组上显示的命令即可设置成功。"字体"即所选文字的字形，"字号"即所选文字的文字大小；$A^{\cdot}$ $A^{\cdot}$ 命令表示每一次单击可放大或缩小 0.5 磅；$Aa^{\cdot}$ 命令表示针对英文字符，是否设置大小写；"清除格式"命令可将所选定的文字应用的字体或段落格式清除，不会清除文字；"下画线"命令可设置选定文字的下画线，可以是直线、波浪线、短横线等；"上标、下标"常用于数学或论文引用时的编号标示，如 $y=x^2+z^3$；"文字效果"命令用来设置选定文字的艺术效果；"突出显示"命令类似于荧光笔，可先单击"突出显示"按钮，再应用到需要高亮显示的文字上（即用鼠标选择需要高亮显示的文字）。"字体底纹"与"突出显示"不同，是为文字添加底纹。

若要对某一选定文本段进行字体统一设置，最好使用"字体"对话框进行设置。即选择文本后，单击"字体"组右下角的对话框启动器按钮，弹出"字体"对话框，不仅包含了"字体"组中的所有命令，并且提供组件中没有的设置选项。如图 4-14 所示，可以对所选文本的中文、西文字体进行统一设置，如字形、字号、文字效果、文字颜色等。选择"高级"选项卡后，如图 4-15所示，还可以设置所选定文字之间的间距。

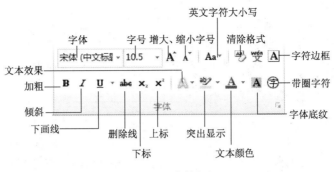

图 4-13 "字体"组

图 4-14 "字体"选项卡

图 4-15 "高级"选项卡

"字体"的各个参数表示当前光标位置或选定范围的当前字符格式。定义后的参数,将用于新录入字符的格式设置或修改选定范围的字符设置。对话框中"预览"框实时显示选择效果。若对选择满意,单击"确定"按钮确认。

2. 段落格式

Word 把段落的格式编排存储在段落标记符中。选定文字的同时也应选定段落标记符,即在选定区中,包含有段落标记符。这样,复制或移动被选定的文字时,才能保证该段文字保持原来的段落格式不变。

"开始"选项卡"段落"组中所有按钮的功能主要是对文档的一段或多段进行格式设置,如段与段之间的距离、段落中的文字对齐方式,尤其是一小段作为一个要点时,可用其中的命令设置段落编号或项目符号,还可设置特殊的中文版式,如双行合一行等。"段落"组如图 4-16 所示。

(1)段落缩进

段落缩进分为左缩进、右缩进以及首行缩进等。所谓"首行缩进"是指对本段落的第一行进行缩进设置。设置段落缩进位置可以使用"段落"组中的"减少或增加缩进量"命令,也可使用标尺和"段落"对话框进行设置,其中使用标尺最为简捷。

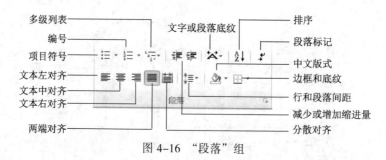

图 4-16 "段落"组

标尺行位于 Word 文档窗口上端，可以拖动标尺行中的相应标记来设定段落格式。标尺行如图 4-17 所示。标尺行的显示或隐藏，可由"视图"选项卡中的"标尺"复选框确定。若可选"标尺"复选框，则显示标尺行；反之为隐藏标尺。

图 4-17 标尺行示意图

（2）段落的对齐方式

使用"对齐方式"命令可以调整一个段落或多个段落在页面中的位置，设置格式包含左对齐、居中、右对齐和分散对齐 4 种。

若对一个段落操作时，只需在操作前将光标置于该段落中即可；若对几个段落操作，则先选定这几个段落，再单击相关按钮。

（3）设置段落间距

段落间距是指相邻段落间的间隔。可通过"段落"对话框进行设置。

3．设置项目符号或编号

在建立文档时，常常要为并列项标注项目符号或为序列项添加编号。采用编号可使文本的条理清楚，采用项目符号可把各项明显分开，每项都突出耀眼。

（1）编号

编号一般用于列出有条理的条目，如在说明某一问题时要点有"（1）、（2）、（3）"或者在写论文时列出参考文献，如"[1]、[2]、[3]"。一般情况下输入一个有序编号后，按 Enter 键则会出现自动编号，如在自荐书中输入"1．劳动部《计算机调试与维修》的操作员级证书"后按 Enter 键，则自动出现"2．"，并且"段落"组中的"编号"命令会自动高亮显示，若不需要自动编辑可按 Ctrl+Z 组合键撤销。

设置编号的一般方法：先输入一段文字，并选择该段文字，单击"段落"组中的"编号"的下拉按钮，打开其下拉列表，如图 4-18 所示，若没有合适的编号，可选择"定义新编号格式"命令，弹出图 4-19 所示的对话框，选择一种"编号样式"后，在"编号格式"文本框中"1"左右各输入方括号，形成新的编号格式。

图 4-18 "编号"下拉列表

图 4-19 "定义新编号格式"对话框

（2）项目符号

项目符号一般用于多个并列段，但不需要使用数字进行编号。使用方式：先选择需要设置项目符号的各段落，然后单击"段落"组中"项目符号"下拉按钮，选择一种项目符号，若没有喜欢的项目符号，可选择下拉列表的"定义新项目符号"命令，弹出"定义新项目符号"对话框，在该对话框中，有 3 种类型的项目符号："符号""图片"和"字体"，如图 4-20 所示。

操作实战 制作"自荐书"

图 4-20 "定义新项目符号"对话框

1. 操作任务

首先在 D 盘上新建一个"求职文件"文件夹。新建一个 Word 文档，录入"自荐书"文档的内容。要求在"自荐书"中必须写明自荐书的名称、对单位领导的称呼、自己的学习经历、实践能力等内容，然后对"自荐书"进行格式设置。

① 新建一个 Word 空白文档。

② 录入文档。参照样例图文件夹下的"编辑前的自荐书.bmp"文件，在空白文档中录入自荐书的名称、学习经历、特长、实践能力等内容。

③ 保存文档。

④ 编辑文档。查找需要替换的文本内容；修改"自荐书"中的拼写和语法错误。

⑤ 字符格式和段落格式设置。将标题"自荐书"设置字体格式为"华文新魏、一号、加粗、字符间距为加宽 10 磅"。段落格式为"居中对齐，断后间距 0.5 行"。

将"尊敬的公司领导""自荐人：×××""××××年××月××日"设置字体格式为"幼圆、四号"。

将正文文字从"您好"开始到"敬礼！"为止，设置段落格式为"两端对齐、首行缩进 2 个字符、固定值 25 磅"。

利用水平标尺将正文第 10 段"敬礼！"的"首行缩进"取消。

将最后两段"自荐人：×××""××××年××月××日"设置为"右对齐"，将"自荐人：×××"所在的段落设置为"段前间距 20 磅"。

⑥ 保存排版后的文档。

2．操作步骤

（1）新建空白文档

在 Windows 桌面上双击 Word 2010 方式图标，或选择"文件"→"新建"命令，在弹出的界面中选择"空白文档"选项，单击"创建"按钮，建立一个无标题的新文档"文档 1"。所谓"无标题"，是指还没有为这个新文档正式命名，当一个新文档建立时，系统暂时用"文档 1、文档 2、……、文档 n"命名。

（2）录入"自荐书"中的文字

步骤一：按 Ctrl+空格组合键，切换到中文输入状态；按 Ctrl+Shift 组合键，选择所需要的输入法。

步骤二：在第 1 行输入自荐书的标题"自荐书"，输入完成后按 Enter 键。

步骤三：在第 2 行输入"尊敬的公司领导："，输入完成后按 Enter 键。

步骤四：在第 3 行输入"你好！"，输入完成后按 Enter 键。

步骤五：在第 4 行输入"非常感谢你在百忙之中阅读我的自荐信。"输入完成后按 Enter 键。

步骤六：在第 5～9 行输入"我是……如下的证书："，输入完成后按 Enter 键。

依此类推，将文档的其他内容依次录入完成，每输完一个段落按 Enter 键换行。

在录入过程有多次出现的文字如第 10 段的"学院"，可以采用"复制""粘贴"来完成。

◎注意

如果建立一个新文档希望能套用已有的模板格式，可以选择"文件"→"新建"命令，弹出图 4-21 所示的界面，在"可用模块"区域为用户提供了极其丰富的模板，用户可以根据需要进行选择。

图 4-21　Word 2010 的可用模板

（3）保存文档

选择"文件"→"保存"命令或单击"保存" 按钮后，从弹出的"另存为"对话框中，单击"保存位置"下拉按钮，选择文件要保存的磁盘 D 盘，在出现的 D 盘文件夹列表中，选择保存的文件夹，在文件名文本框中输入文件名"自荐书"，再单击"保存"按钮，即可如图 4-22 所示。

图 4-22 "另存为"对话框

若要保存一个已经保存过的文件，需要用当前的内容覆盖原有的文件内容时，单击"保存"按钮后将不会弹出"另存为"对话框，文件将以后台的方式进行保存，覆盖原文件。

如果需要将已经保存过的当前文件建立一个副本，也就是产生一个新的文件，或需要保留原文件时，必须选择"另存为"命令，用户可通过"另存为"对话框选择新文件的存放路径、文件类型和重新输入文件名。

建议用户在编辑文档过程中，每过 5 至 10 min，单击"保存"按钮，及时保存已修改的内容，以免意外发生时丢失太多的信息。

（4）编辑文档

① 查找需要替换的文本内容。将文本中所有的"你"，替换成"您"，操作步骤如下：

选择"开始"选项卡的"替换"命令，弹出"查找和替换"对话框，如图 4-23 所示。在"查找内容"文本框中输入要查找的内容"你"，在"替换为"文本框中输入要替换的内容"您"，单击"全部替换"按钮。

图 4-23 "查找和替换"对话框

◎注意

　　如果选择"开始"选项卡中的"查找"命令，只进行单一的查找定位操作，并不进行替换。

　　② 修改"自荐书"中的拼写和语法错误。将插入点定位到文档开始处，选择"审阅"选项卡中的"拼写和语法"命令，检测到带红色下画线的"linux"，根据建议选择"Linux"，单击"更改"按钮；检测到"Intenet"，根据建议选择"Internet"，单击"更改"按钮，检测完毕，单击"关闭"按钮，如图 4-24 所示。

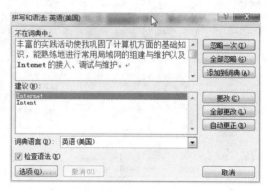

图 4-24 "自荐书"中的拼写和语法检查

（5）字体和段落格式设置

　　步骤一：选定要设置的标题文本"自荐书"，在"字体"组中选择"华文新魏"，如图 4-25 所示。在"字号"下拉列表中选择"小一"，如图 4-26 所示。单击"加粗"按钮 **B**，右击选定的文本，在弹出的快捷菜单中选择"字体"命令，在弹出的"字体"对话框中，选择"高级"选项卡，在"间距"下拉列表中选择"加宽"，在对应的"磅值"数字框内输入"10 磅"。选择"段落"组中的"居中"命令，将标题"自荐书"居中。单击"段落"组右下角的对话框启动器按钮，在弹出的对话框中选择"缩进和间距"选项卡，在"间距"区域的"段后"下拉列表中输入"0.5 行"。

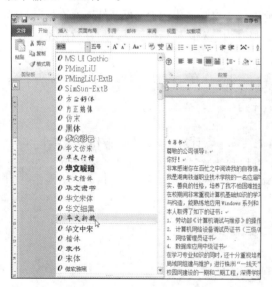

图 4-25 "字体"下拉列表

图 4-26 "字号"下拉列表

　　步骤二：选择文本"尊敬的领导"，按住 Ctrl 键的同时选择"自荐人：××ⅹ""××××年××月××日"，在"字体"中选择"幼圆"，在"字号"下拉列表中选择"四号"。

步骤三：选择正文段落"您好！"到"敬礼！"（第 3 ~ 10 段），在"字体"下拉列表中选择"楷体_GB2312"，在"字号"下拉列表中选择"小四"。打开"段落"对话框，选择"缩进和间距"选项卡，在"常规"区域的"对齐方式"下拉列表中选择"两端对齐"。在"缩进"区域的"特殊格式"下拉列表中选择"首行缩进"，在"磅值"数字框中显示"2 字符"。在"间距"区域的"行距"下拉列表中选择"固定值"，在"设置值"中输入"25"，如图 4-27 所示。

步骤四：将插入点置于正文第 14 段"敬礼！"中的任意位置，向左拖动标尺上的"首行缩进"标记到与"左缩进"重叠处（拖动时文档中显示一条虚线），如图 4-28 所示。

步骤五：选定最后两段，选择"右对齐"命令。将插入点置于"自荐人：×××"所在段落中的任意位置，右击，在弹出的快捷菜单中选择"段落"命令，在弹出的对话框中选择"缩进和间距"选项卡，在"间距"区域的"段前"下拉列表中输入"20 磅"。

（6）保存排版后的文档

单击"保存"按钮或按 Ctrl+S 组合键即可。

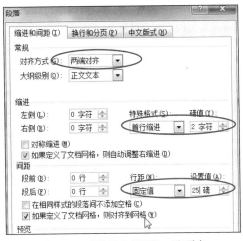

图 4-27 "缩进和间距" 选项卡

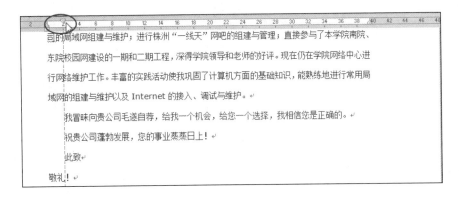

图 4-28 利用水平标尺取消首行缩进

课堂实践 设置《沁园春·雪》诗词格式

打开"素材"文件夹下的 Word 文件"沁园春·雪.docx"。

1. 操作要求

① 设置字体：第一行标题为华文新魏；正文为华文楷体；最后一段为黑体。

② 设置字号：第一行标题为一号；正文为四号。

③ 设置字形：第一行标题加粗；

④ 设置对齐方式：第一行和第二行为居中对齐。

⑤ 设置段落缩进：正文左缩进 10 个字符；最后一段首行缩进 2 个字符。

⑥ 设置行（段落）间距：第一行标题为段前、段后各 1 行；第二行为段后 0.5 行；正文行距为固定值 20 磅；最后一个自然段为段前 1 行。

2. 操作步骤

① 选择标题“沁园春 · 雪”，单击“字体”下拉按钮，选择“华文新魏”；选择正文从“北国风光……还看今朝。”，设置字体为“华文楷体”；选择最后文章一段，设置字体为“黑体”。

② 选择标题“沁园春 · 雪”，单击“字号”下拉按钮，选择字号“一号”；选择正文“北国风光……还看今朝。”，设置字号为“四号”。

③ 选择标题“沁园春 · 雪”，选择“字体”组中的“加粗”命令。

④ 单击标题“沁园春 · 雪”的任意位置，选择“段落”组中的“居中”命令；并将作者“毛泽东”也设置为居中。

⑤ 选择正文“北国风光……还看今朝。”，打开“段落”对话框，选择“缩进和间距”选项卡，在“缩进”下的“左”下拉列表中，输入“10”，在“右”下拉列表中输入“10”；选择最后一段，设置“首行缩进”为“2 字符”。

⑥ 选择标题，打开“段落”对话框，选择“缩进和间距”选项卡，设置段前 1 行，段后 1 行。设置第二行段后为 0.5 行。选择正文，设置“行距”为“固定值”，并在“设置值”中输入“20”。

3. 效果展示

《沁园春 · 雪》诗词格式设置后的效果图如图 4-29 所示。

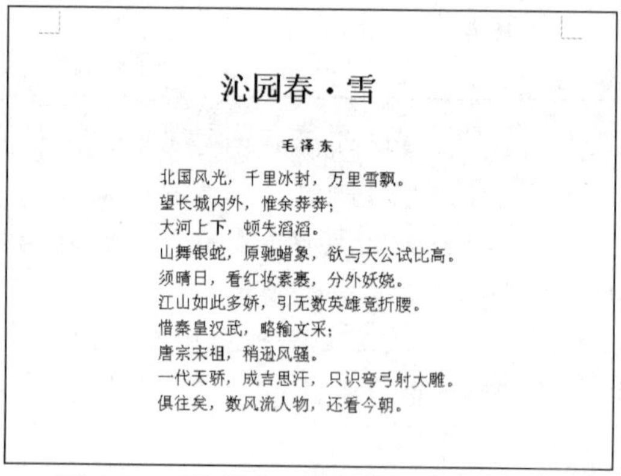
沁园春 · 雪

毛泽东

北国风光，千里冰封，万里雪飘。
望长城内外，惟余莽莽；
大河上下，顿失滔滔。
山舞银蛇，原驰蜡象，欲与天公试比高。
须晴日，看红妆素裹，分外妖娆。
江山如此多娇，引无数英雄竞折腰。
惜秦皇汉武，略输文采；
唐宗宋祖，稍逊风骚。
一代天骄，成吉思汗，只识弯弓射大雕。
俱往矣，数风流人物，还看今朝。

图 4-29 “沁园春 · 雪”排版后的效果图

疑难解析

问题 1：如何对段落标记进行隐藏或显示？

答：默认情况下，段落标记是可见的，它表示一个段落的结束，同时还包含该段落的格式化信息。因此，段落标记在一个文档中绝非可有可无，段落标记无论显示与否，它都是存在并产生作用的。控制段落标记的显示或隐藏，可通过选择“文件”→“选项”命令，弹出“Word 选项”对话框，勾选“显示”中的“段落标记”复选框。

问题 2：如何实现在不连续的多处复制格式？

答：如果要在不连续的多处复制格式，必须双击“格式刷”按钮，完成所有的格式复制操作后，再次单击“格式刷”按钮或按 Esc 键，即关闭格式复制功能。

问题 3：段落缩进方式中左缩进和悬挂缩进之间的区别？

答：拖动左缩进按钮时，可改变整个段落的缩进量，即首行缩进会跟着移动；但拖动悬挂缩进按钮时，只能改变第二行以后的缩进方式，首行缩进不受影响。

课外拓展

录入“毕业总结”文档，设置“毕业总结”格式，效果如图 4-30 所示。

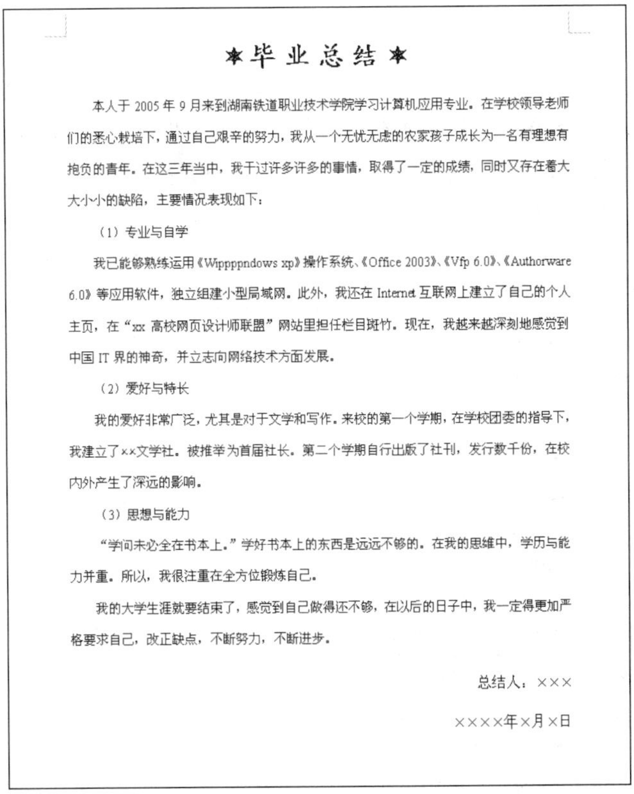

✻毕 业 总 结✻

本人于 2005 年 9 月来到湖南铁道职业技术学院学习计算机应用专业。在学校领导老师们的悉心栽培下，通过自己艰辛的努力，我从一个无忧无虑的农家孩子成长为一名有理想有抱负的青年。在这三年当中，我干过许多许多的事情，取得了一定的成绩，同时又存在着大大小小的缺陷，主要情况表现如下：

（1）专业与自学

我已能够熟练运用《Wipppndows xp》操作系统、《Office 2003》、《Vfp 6.0》、《Authorware 6.0》等应用软件，独立组建小型局域网。此外，我还在 Internet 互联网上建立了自己的个人主页，在“xx 高校网页设计师联盟”网站里担任栏目斑竹。现在，我越来越深刻地感觉到中国 IT 界的神奇，并立志向网络技术方面发展。

（2）爱好与特长

我的爱好非常广泛，尤其是对于文学和写作。来校的第一个学期，在学校团委的指导下，我建立了××文学社。被推举为首届社长。第二个学期自行出版了社刊，发行数千份，在校内外产生了深远的影响。

（3）思想与能力

“学问未必全在书本上。”学好书本上的东西是远远不够的。在我的思维中，学历与能力并重。所以，我很注重在全方位锻炼自己。

我的大学生涯就要结束了，感觉到自己做得还不够，在以后的日子中，我一定得更加严格要求自己，改正缺点，不断努力，不断进步。

总结人：×××

××××年×月×日

图 4-30　“毕业总结”效果图

项目小结

本项目通过“自荐书”，详细介绍了 Word 文档的建立、录入、编辑及格式的编排。在课外拓展中需要大家练习特殊符号的插入，项目符号和编号的设置，通过此项目的学习制作一个简单的 Word 文档应该是得心应手的。

项目 五
制作 "艺术小报"

在日常办公处理或者学习过程中，需要为单位制作宣传性的简报，或者为某一活动制作海报、为报纸杂志进行版面设计等，特别需要注重版面的整体规划、艺术效果和个性化创意。为了增强页面的美感，可以在文档中添加图片、艺术字等。

项目描述

某院信息系成立了文学社，小李担任文学社的社长，上任的第一项工作就是要制作第一期"信息系学报"，经过几天的准备，小李把所有素材收集完毕，准备开始排版了，首先是对版面进行整体设计，包括设置版面的大小，根据版面的条块特点，选择合适的版面布局方法；然后是制作艺术字，插入图片，达到版面内容均衡协调、图文并茂。

教学导航

知识目标	① 掌握页面设置的方法。 ② 掌握页眉与页脚的设置。 ③ 掌握分栏的设置。 ④ 掌握边框与底纹的设置。 ⑤ 掌握图片的插入方法。 ⑥ 掌握图片的格式设置。 ⑦ 掌握艺术字的插入方法。 ⑧ 掌握艺术字的格式设置。 ⑨ 掌握脚注或尾注的插入方法。
技能目标	① 学会合理设置文档的页面。 ② 学会在文档中插入图片，设置图片的格式。 ③ 学会边框与底纹的设置方法。 ④ 学会在文档中插入艺术字，设置艺术字的格式。 ⑤ 学会对版面进行正确的布局。 ⑥ 学会在文档中插入脚注或尾注、页眉与页脚。 ⑦ 学会对文档进行艺术化的排版。
态度目标	① 培养学生的自主学习能力和知识应用能力。 ② 培养学生勤于思考、认真做事的良好作风。 ③ 培养学生具有良好的职业道德和较强的工作责任心。 ④ 培养学生理论联系实际的工作作风、独立工作的能力，树立自信心。

续表

重 点	图片、艺术字的格式设置。
难 点	对文档进行图文混排,达到较艺术化的排版。
教学方法	理论实践一体化,教、学、做合一。
课时建议	4课时(含课堂实践)。
效果展示	"艺术小报"效果图如图5-1所示。  图5-1 "艺术小报"效果图
操作流程	页面设置→设置页眉→保存文档→版面布局(合适位置插入文本框)→第一版报头的艺术设计→在文本框中复制素材→设置文本框中标题的格式→插入图片→在第二版设置分栏→插入图片并设置格式→复制素材到文本框中→保存文档。

知识准备

一、版面的设置与编排

1. 页面设置

页面格式主要包括:定义纸张规格,设置分栏,添加页眉、页脚、页码等,以美化页面外观,得到良好的打印效果。

(1)定义纸张规格

根据实际需要选择纸张大小(A4、A5、B4、B5、16、8K、32K、自定义纸张等)、纸张来源、应用范围(本节、整编文档及插入点之后)等。

(2)设置页边距

一般情况下,文档打印时的边界与所选页的外缘总是有一定距离的,称为页边距。页边距分上、下、左、右4种。设置合适的页边距,既可规范输出格式,合理地使用纸张,便于阅读,便于装订,也可美化页面。

（3）设置版式

可以设置页眉/页脚的格式、垂直对齐方式以及边框和底纹等。

（4）设置文档网格

可以设置文字排列方向、每行字符数及每页行数等。

2. 页眉与页脚的设置

在实际工作中，常常希望在每页的顶部或底部显示页码及一些其他信息，如文章标题、作者姓名、日期或某些标志。这些信息若在页的顶部，称为页眉；若在页的底部，称为页脚。要删除页眉（页脚），把光标移到页眉（页脚）区，选择所有页眉（页脚）文本，按 Del 键或选择"剪切"命令即可。

如果要设置奇偶页不同的页眉（脚）和在首页不设置页眉（脚），可单击"页面布局"选项卡中"页面设置"组右下角的对话框启动器按钮，在弹出的"页面设置"对话框中选择"版式"选项卡，勾选"奇偶页不同"和"首页不同"复选框，如图 5-2 所示。

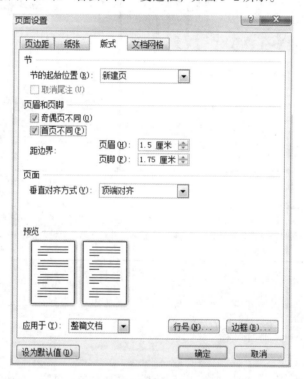

图 5-2 "版式"选项卡

3. 多栏设置

多栏设置是指在一个页面上，文本被安排为自左至右并排排列的续栏形式。

4. 边框与底纹设置

对选定的内容或段落可以设置边框和底纹效果，分别选择"开始"选项卡"段落"组中的"底纹"和"框线"命令即可，在设置时一定要选择应用范围。

二、插入和编辑图片

1. 插入剪贴画

在 Word 2010 中自带了许多剪贴画，用户可以方便地将剪贴画插入到文档中。具体步骤为：

① 将插入点移至要插入剪贴画的位置，选择"插入"选项卡中的"剪贴画"命令，系统在窗口右侧打开"剪贴画"任务窗格。

② 在"搜索文字"编辑框中键入关键词，如"汽车"，单击"搜索"按钮，如图 5-3 所示。单击"结果类型"下拉按钮，在其下拉列表选择"插图"选项。

③ 也可在"剪贴画"任务窗格最下方选择"在 Office.com 中查找详细信息"命令，打开 Office 官方网站，在这里面可以直接下载剪贴画。

2. 插入图片文件

在文本中插入图片文件的具体步骤为：

① 将插入点定位于要插入图形的位置。

② 选择"插入"选项卡中的"图片"命令，弹出图 5-4 所示的"插入图片"对话框。

图 5-3 "剪贴画"任务窗格

图 5-4 "插入图片"对话框

③ 在对话框中选定所需要的图形文件，单击"插入"按钮，此图形即插入到文本插入点位置。

3. 插入 SmartArt 图形

SmartArt 图形是信息和观点的视觉表示形式。可以通过从多种不同布局中进行选择来创建 SmartArt 图形，从而快速、轻松、有效地传达信息。方法是：选择"插入"选项卡中的 SmartArt 命令，弹出"选择 SmartArt 图形"对话框，如图 5-5 所示。

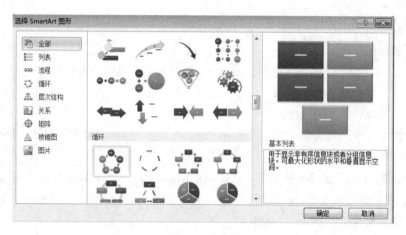

图 5-5 "选择 SmartArt 图形"对话框

4．图片格式设置

图片的删除、移动、复制、加边框和底纹的操作方法和文档中字和句子的操作基本一样，但也有一些不同之处。操作前提仍然是先选定要编辑的图片。

（1）图片的选定

图片的选择很简单，单击该图即可。一个图形被选定后，由一个方框包围。方框的四条边线和四个角上各有一个控制点。

（2）图片的放大与缩小

用鼠标拖动控制点就可以改变图形的大小。

（3）图片的剪切

选定要剪切的图形，选择"图片工具-格式"选项卡"大小"组中的"裁剪"命令，拖动图形控制点即可进行裁剪操作。

（4）图形的删除、移动和复制

选定图形后，按 Del 键即可删除。选定图形后，单击并拖动即可移动；按住 Ctrl 键的同时单击并拖动可完成复制。

三、插入艺术字

有时在输入文字时会希望文字有一些特殊的显示效果，让文档显得更加生动活泼、富有艺术色彩，如产生弯曲、倾斜、旋转、拉长和阴影等效果。

四、插入文本框

文本框是一种可包含文字、图片的图形对象。因此，对文本框的操作和调整与对图片的操作调整类似。

五、插入脚注和尾注

脚注和尾注是对文档中的文本进行注释的两种方法。一般脚注是对某一页有关内容的解释，常放在该页的底部；尾注常用来标明文章引用了哪些其他文章，或对文档内容的详细解释，一般放在文章的最后。

选择"引用"选项卡中的"插入脚注""插入尾注"命令即可。

操作实战 艺术小报排版

1. 操作任务

① 页面设置：纸型为自定义大小，宽度为 23 厘米，高度为 30 厘米；页边距上、下各 1.5 厘米，左、右各 2 厘米。

② 添加版面。

③ 设置页眉。

④ 版面布局：插入文本框。

⑤ 保存文档。

⑥ 第一版的设计：插入图片、艺术字，复制素材到文本框。

⑦ 第二版的设计：分栏。

2. 操作步骤

（1）页面设置

步骤一：打开 Word，新建一个空白文档。

步骤二：打开"页面设置"对话框，选择"页边距"选项卡，设置上、下边距为"1.5 厘米"，左、右边距为"2 厘米"，如图 5-6 所示。

步骤三：选择"纸张"选项卡，设置"纸张大小"为"自定义"，宽度为"23 厘米"，高度为"30 厘米"，如图 5-7 所示。

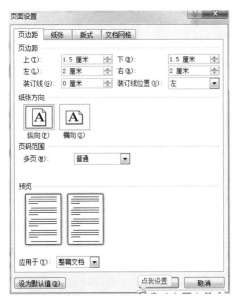

图 5-6 "页边距"选项卡

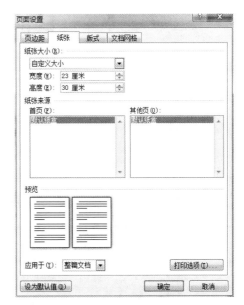

图 5-7 "纸张"选项卡

（2）添加版面

选择"插入"选项卡"分隔符"→"分页符"命令，或按快捷键 Ctrl+Enter，可得到一个新的页面。

（3）设置页眉

步骤一：选择"插入"选项卡"页眉和页脚"组中的"页眉"→"内置"命令。

步骤二：在"输入文字"处输入"信息系学报"，选择"开始"选项卡中的"两端对齐"命令。

步骤三：按两次 Tab 键，移动光标到页眉的最右边，输入文字"第版"。

步骤四：选择"插入"选项卡中的"页码"→"设置页码格式"命令，在"页码格式"对话框中选择数字格式"一、二、三（简）……"，如图 5-8 所示。

步骤五：将光标置于"第版"中间，选择"插入"选项卡中的"页码"→"当前位置-普通数字"命令即可。

（4）版面布局

第一版的版面布局及版面的对应关系如图 5-9 所示，第二版的版面布局及版面的对应关系如图 5-10 所示。

图 5-8　"页码格式"对话框

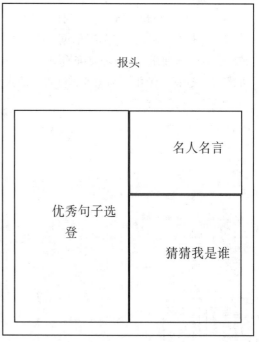

图 5-9　第一版的版面布局与版面的对应关系

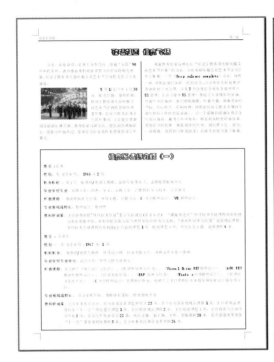
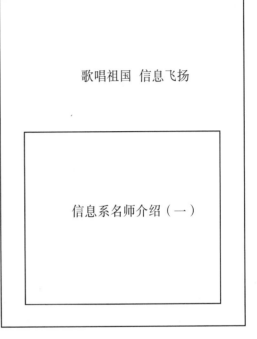

图 5-10 第二版的版面布局与版面的对应关系

利用插入文本框的方式对上述版面进行布局：

① 文本框分横排和竖排两种，分别对应其中文字的两种排列方向。选择"插入"选项卡"文本框"→"绘制文本框"命令，鼠标指针变成细"十"字形状，此时在文档空白处按住鼠标左键拖出一个矩形框，释放鼠标后，矩形框的范围即是文本框的大小。在第一版适当的位置绘制出图 5-9 所示的"优秀句子选登"和"猜猜我是谁"两个文本框。

② 选择"插入"选项卡"文本框"→"绘制竖排文本框"命令，绘制出图 5-9 所示的"名人名句"文本框。

③ 按照相同的方法，在第二版适当的位置绘制出图 5-10 所示的"信息系名师介绍"1 个文本框。

④ 保存文档。小报的宏观设计完成后应该及时保存，以免因为断电或死机等意外现象造成死机。

⑤ 第一版的设计。打开样例图文件夹下的"艺术小报（1）"，根据样例图制作艺术小报第一版。

步骤一：插入图片和艺术字。

a. 插入图片。插入点定位在第一版报头位置的左上角，选择"插入"选项卡中的"图片"命令，在对话框中找到"素材"文件夹中要插入的图片文件"树.bmp"，单击"插入"按钮。

b. 插入艺术字。

● 将插入点定位在图片的右下角的段落标记处，选择"插入"选项卡中的"艺术字"命令，在弹出的样式中选择第 3 行第 3 个，如图 5-11 所示，并在文本框中输入文字"腾飞的信息系"。

- 选择艺术字，出现"绘图工具–格式"选项卡，可以对艺术字样式、形状样式等进行设置。
- 选择艺术字，选择"绘图工具–格式"选项卡"艺术字样式"组中的"文本效果"→"转换"，在"跟随路径"里选择"上弯弧"命令，效果如图 5-12 所示。

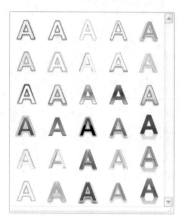

图 5-11 "艺术字"样式

图 5-12 "艺术字"效果

c. 输入其他文字。在小报报头中输入其他文字，并适当调整文字格式，相对位置。输入文字完毕后，插入"素材"文件夹中的图片文件"框线一.bmp"，并设置图片的对齐方式为居中。

步骤二：复制素材到文本框。

将素材文件夹下的相应文章按样例所示的位置复制到相应的文本框中。

a. 标题"优秀句子选登"设置为"华文彩云、小二、加粗、加下画线、蓝色、居中"。正文设置为"宋体、五号"。

b. 标题"名人名言"设置为"华文彩云、小二、加粗、橙色、居中"。正文设置为"楷体、四号、加粗"。

c. 标题"猜猜我是谁"设置为"华文彩云、小二、加粗、绿色、居中"。正文设置为"宋体、五号"。

步骤三：在文本框相应位置插入图片。

a. 在"优秀句子选登"文本框中插入图片"框线二.bmp"。

b. 在"名人名言"文本框中插入图片"框线三.bmp"，并复制五次。

c. 在"猜猜我是谁"文本框中插入图片"花.bmp"和"小鸭.bmp"。

⑥ 第二版的设计。打开样例图文件夹下的"艺术小报（2）"，根据样例图制作艺术小报第二版。

步骤一：复制素材文件夹下的"歌唱祖国 激情飞扬"，设置标题为"华文彩云、小二、加粗、蓝色、居中"。

步骤二：选定该篇文章除标题以外的其他段落，选择"页面布局"选项卡中的"分栏"→"更多分栏"命令，在"分栏"对话框的"预设"区域中选择"两栏"。勾选"栏宽相等""分隔线"复选框，单击"确定"按钮，完成分栏。

步骤三：选择"插入"选项卡中的"图片"命令，在样例图所示位置插入素材文件夹下的图片文件"艺术节.bmp"，单击图片，单击"图片工具–格式"选项卡"大小"组右下角的对话框启动器按钮，在弹出的"布局"对话框中选择"大小"选项卡，在缩放高度、宽度中输入25%。在"布局"对话框中选择"文字环绕"选项卡，选择"四周型"，单击"确定"按钮后，适当调整图片的位置。

步骤四：将素材文件夹下的"信息系名师介绍（一）"复制到文本框中，设置为"宋体、五号"，设置标题为"华文彩云、小二、加粗、红色、居中"，适当调整文本框大小，相对位置。

⑦　保存文件。

课堂实践 公司宣传文档的排版

1．操作要求

①　打开素材文件夹下的"．doc"文档。

②　页面设置：纸型为自定义大小，宽度为21厘米，高度为28厘米；页边距为上、下各3厘米，左、右各3.5厘米。

③　插入艺术字：标题"QQ十年，相伴你我"设置为艺术字，艺术字式样为第5行第3列；字体为华文新魏；文本效果为上弯弧；环绕方式为四周型。

④　分栏：将正文第三、四段设置为两栏格式，加分隔线。

⑤　边框和底纹：为正文第二段添加方框，线型为双波浪线。

⑥　图片：在样文所示位置插入素材文件夹下的图片文件"qq图像.jpg"；图片缩放为40%；环绕方式为四周型。

⑦　脚注和尾注：为正文第一段第二行中的"QQ"插入尾注"原名OICQ，是深圳腾讯计算机通讯公司于1999年2月推出的免费即时通信软件。"

⑧　页眉和页脚：按样文添加页眉文字和页码，并设置相应的格式。

2．操作步骤

①　双击文件"QQ十年，相伴你我.doc"文档，或者在Word中选择"文件"→"打开"命令打开文件。

②　打开"页面设置"对话框，选择"纸张"选项卡，设置宽度为"21厘米"，高度为"28厘米"；选择"页边距"选项卡，设置上、下边距为"3.5厘米"，左、右边距为"3.5厘米"，单击"确定"按钮。

③　选择标题"QQ十年，相伴你我"文字（不要选择段落标记符），选择"插入"选项卡中的"艺术字"命令，在弹出的样式中选择第5行第3个；在"开始"选项卡中设置字体为"华文新魏"；选择"绘图工具–格式"选项卡"艺术字样式"组中的"文本效果"→"转换"→"跟随路径"→"上弯弧"命令；选择"绘图工具–格式"选项卡中的"位置"→"其他布局选项"命令，在弹出的"布局"对话框中选择"文字环绕"选项卡，选择"四周型"。

④　选择正文第三、四段，选择"页面布局"选项卡中的"分栏"→"更多分栏"命令，设置两栏格式，加分隔线。

⑤　选择正文第二段，添加边框，在样式中选择双波浪线。

⑥　找到样文所示的位置，在样例图所示位置插入素材文件夹下的图片文件"qq图像.jpg"，单击图片，选择"图片工具–格式"选项卡"大小"组右下角的对话框启动器按钮，在弹出的"布

局"对话框中选择"大小"选项卡,在缩放高度、宽度中输入 40%。选择"文字环绕"选项卡,选择"四周型",单击"确定"按钮后,适当调整图片的位置,如图 5-13 和图 5-14 所示。

图 5-13 "大小"选项卡 图 5-14 "文字环绕"选项卡

⑦ 选择第一段第二行中的"QQ"两个字,选择"引用"选项卡中的"插入尾注"命令,在光标所在的位置输入"原名 OICQ,是深圳腾讯计算机通讯公司于 1999 年 2 月推出的免费即时通信软件。"。

⑧ 选择"插入"选项卡"页眉和页脚"组中的"页眉"命令,选择"内置"选项,在"输入文字"处,输入文字"QQ 十年生日",单击"两端对齐"按钮,按空格键到右边输入文字"第页",将光标置于"第页"中间,选择"插入"选项卡中的"页码"→"当前位置-普通数字"命令即可,单击"关闭页眉页脚"按钮。

3. 效果展示

设置"QQ 十年,相伴你我"文档的图文混排效果如图 5-15 所示。

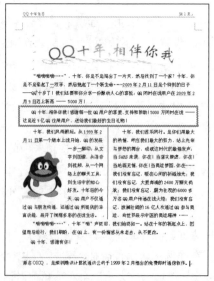

图 5-15 "QQ 十年,相伴你我"图文混排效果

疑难解析

问题 1：如何使用格式刷。

答：选中需要复制格式的内容，选择"开始"选项卡中的"格式刷"命令，然后选中目标内容，按住鼠标左键，拖动鼠标，以复制格式。如果双击"格式刷"命令，可以多次使用此命令。

问题 2：常用快捷键的使用。

常用快捷键如表 5-1 所示。

表 5-1　常用快捷键表

快　捷　键	作　　用	快　捷　键	作　　用
Ctrl+Shift+Space	创建不间断空格	Ctrl+Q	删除段落格式
Ctrl+-（连字符）	创建不间断连字符	Ctrl+Spacebar	删除字符格式
Ctrl+B	使字符变为粗体	Ctrl+C	复制所选文本或对象
Ctrl+I	使字符变为斜体	Ctrl+X	剪切所选文本或对象
Ctrl+U	为字符添加下画线	Ctrl+V	粘贴文本或对象
Ctrl+Shift+<	缩小字号	Ctrl+Z	撤销上一操作
Ctrl+Shift+>	增大字号	Ctrl+Y	重复上一操作

问题 3：在图文混排中，各种环绕方式有什么样的功能？

答：在图文混排中，必须了解各种环绕方式的作用和功能，才能在图文混排中选择最佳的文字环绕方式，以符合文档的需要。各种环绕方式的作用和功能如表 5-2 所示。

表 5-2　文字环绕方式的功能

环绕方式	功　　能
嵌入型	默认环绕方式，使用此选项相当于将图形作为文本插入到段落中，当添加或删除文字时，图形会随之移动。可以按照拖动文本的方式拖动图形，以对其定位
四周型环绕	在图形的一个正方形的四周环绕文本，文本与图形保持一定的边距。当添加或删除文字时，图形不会移动。但可拖动图形，对其定位
紧密型环绕	围绕实际图像的形状环绕文本，当图形是倾斜状态或不规则形状时效果较明显。当添加或删除文字时，图形不会移动。但可拖动图形，对其定位
衬于文字下方	图形衬在文本层下面，透过文本层能看到下面的图形，移动图形对文本的排版无影响。当添加或删除文字时，图形不会移动。但可拖动图形，对其定位
浮于文字上方	图形浮于文本层的上面，移动图形对文本的排版无影响。当添加或删除文字时，图形不会移动。但可拖动图形，对其定位
上下型环绕	将文本从图形插入点上下分开，文字只出现在图形的上方和下方。当添加或删除文字时，图形不会移动。但可拖动图形，对其定位
穿越型环绕	对于一些中空的图形，文字可显示在图片中空的区域。当添加或删除文字时，图形不会移动。但可拖动图形，对其定位

课外拓展

制作毕业论文封面。设置毕业论文封面的图文混排效果如图 5-16 所示。

图 5-16　"毕业论文"封面效果图

项目小结

　　本项目主要通过"艺术小报"的排版，介绍了 Word 的各种排版技术，如图片、艺术字、文本框以及分栏等。在文档中如何将图片与文字、艺术字与文字、文本框与文字及分栏进行组合而达到完美的图文混排效果以及个性化独特创意，是需要认真体会的。

项目 六

制作 "毕业论文"

对于任何文档，若想做到层次分明、格式统一、版面规范，就必须对文档的内容和格式进行精心设计、编排。对于文档结构、格式要求复杂、包含多个章节或者多个部分的长文档，使用常用的格式设置方式或"格式刷"已经不能适用，在这种情况下，可以采用"样式"等功能，高效率统一格式，简化格式编排，提高工作效率，保证文档的一致性。

项目描述

经过紧张的三年大学学习，学生付静就要大学毕业了，经过一个学期的忙碌，付静终于按照老师的要求做好了毕业设计，当务之急就是对毕业论文进行排版。毕业论文不仅文档长，而且格式多，处理起来比普通的文档要复杂得多，如为章节和正文等快速设置相应的格式、自动生成目录、为奇偶页添加不同的页眉页脚、让页眉随文档标题改变等。付静试着自己添加目录，却生成不了目录，原来在文档中没有做大纲级别，这些都是付静以前没有接触到的问题，于是只好去请教老师，经过老师的指导，她顺利完成了毕业论文的排版工作。

教学导航

知识目标	① 掌握文档的格式设置。
	② 掌握插入分隔符给长文档进行分节的方法。
	③ 掌握页面格式设置。
	④ 掌握页眉和页脚的设置。
	⑤ 掌握使用样式。
	⑥ 掌握自动生成目录的方法。
技能目标	① 学会设置页面格式。
	② 学会使用样式。
	③ 学会分节。
	④ 学会设置页眉页脚。
	⑤ 学会添加目录。
态度目标	① 培养学生的自主学习能力和知识应用能力。
	② 培养学生勤于思考、认真做事的良好作风。
	③ 培养学生具有良好的职业道德和较强的工作责任心。
	④ 培养学生理论联系实际的工作作风、独立工作的能力，树立自信心。

本章重点	① 设置页眉页脚。 ② 使用样式。 ③ 添加目录。
本章难点	使用样式，保持文档格式的统一和快捷设置；利用具有大纲级别的标题为毕业论文添加目录并对目录的格式进行设置。
教学方法	理论实践一体化，教、学、做合一。
课时建议	8 课时（含课堂实践）。
效果展示	毕业论文长文档的排版效果如图 6-1 所示：  图 6-1　毕业论文效果图
操作流程	页面设置→新建样式→应用样式→修改样式→套用模板文件中的样式→插入分节符→插入页眉页脚→创建目录→浏览修改→保存操作。

知识准备

一、样式

样式是指用有意义的名称保存的字符格式和段落格式的集合，也就是说将要设置的多个格式命令加以组合、命名，应用一次样式，就相当于设定了这些格式，每个样式都有唯一确定的名称，用户可以将一种样式应用于一个段落或选定的字符上。例如，使用"标题 1"样式，即可将所选文字设置为 2 号字体、加粗、多倍行距等效果，如图 6-2 所示。

使用样式的优势大致可以归纳为以下几点：

① 样式可以节省设定各种格式的时间。

```
字体：二号，加粗，字距调整二号
行距：多倍行距 2.41 字行，段落间距
段前：17 磅
段后：16.5 磅，与下段同页，段中不分页，1 级，样式：链接，快速样式，优先级：10
```

图 6-2 标题 1 样式的格式

② 可以确保前后格式的一致性。

③ 改动文本格式更加容易，只需要更改样式的定义，就可以一次性更改所有相同样式的文本。

④ 采用样式有助于文档之间格式的复制，可以将一个文档或模板的样式复制到另一个文档或模板中。

⑤ 样式关系着各类目录的自动生成，关系着多重编号的自动生成。

图片、图形、表格、文字、段落等都可以使用样式。在 Word 2010 中，"图片工具-格式"和"表格工具-设计"选项卡提供了一组预设了边框、底纹、色彩等效果的样式，如图 6-3 和图 6-4 所示。只需单击所需的样式即可直接套用，还可以在此基础上进行修改样式，方便又美观。

图 6-3 "图片工具-格式"选项卡

图 6-4 "表格工具-设计"选项卡

在多数文档中，主体还是文字和段落，文字与段落样式主要用于规范字体、段落格式等。Word 2010 提供了许多内置样式，用户可以直接使用，当然，也可以根据文档需要自行设置样式，内置样式可满足大多数类型的文档，而自定义样式能够让文档更具个性化，符合实际需求。

选择"开始"选项卡的"样式"组中，可以看到列表中列出了现有的几种样式，如"标题""标题 1""副标题"等。当鼠标指针指向"标题 1"时，就可以看到应用样式的效果，就是应用了一组格式的集合，这一组格式设置按常规要分几步才能完成，现在只需要应用样式一步完成，简化了字符、段落的格式排版，节省了时间，提高了工作效率。

1. 应用样式

应用内置样式可以修饰文档。如将文章中的段落或文字应用内置样式中"标题 1"的样式，具体操作方法如下：

① 选择"开始"选项中的"样式"组。

② 把插入点定位于要应用样式的段落，然后单击"样式"列表框中的"标题 1"，此时可以看到插入点所在的段落被应用了"标题 1"样式。

2．修改样式

现成的样式并不一定符合自己的要求，可通过修改或创建新样式，以满足自己文档的独特要求。

如果要修改内置样式的"标题 1"样式，操作方法如下：

① 单击"样式"组右下角的对话框启动器按钮，在"样式"任务窗格中选择"标题 1"样式右侧的下拉箭头，选择"修改"命令，弹出"修改样式"对话框，如图 6-5 所示。

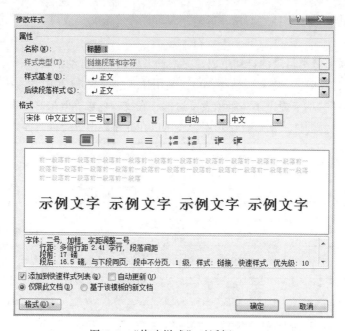

图 6-5　"修改样式"对话框

② 通过"修改样式"对话框的"格式"区域中，选择字体的格式，如还要设置其他字体或段落的格式，可以单击"格式"下拉按钮，再选择"字体"或"段落"就可以修改样式的字体、段落等格式。

通过上述操作可以看到应用样式的优点在于：只要修改样式，就可以修改所有应用了这种样式的对象（包括字符和段落），避免了重复设置对象格式的工作。

3．新建样式

除了内置样式，用户还可以自己创建新样式。如要新建一个"01 一级标题"的样式应用到长文档中，具体操作步骤如下：

① 打开"样式"任务窗格，如图 6-6 所示。

② 单击窗格底部的"新建样式"按钮，弹出"根据格式设置创建新样式"对话框，如图 6-7 所示，输入样式的名称，设置样式的字体、段落、边框和底纹等格式。设置完后，单击"确定"按钮，自定义样式完成。

新建的样式就会出现在"样式"任务窗格中，之后就可以应用到任意段落或文字上，也可再进行修改样式的操作。

图 6-6 "样式"任务窗格

图 6-7 "根据格式设置创建新样式"对话框

"新建样式"对话框中的"属性"区域中各项含义如下：

- 名称：指新建样式的名字。
- 样式类型：分为字符样式和段落样式。其中字符样式包含了一组字符格式，如字体、字号、加粗、倾斜、下画线和字体颜色等；段落格式除了包括字符格式外还包括段落格式，如对齐方式、大纲级别、段间距、行间距等。字符样式只作用于选定的文本；段落格式可以应用一个或几个选定的段落。
- 样式基准：指新建的样式的基准。默认的显示样式为当前插入点所在的字符样式或段落样式，一旦选定的基准样式，新建样式会随基准样式的变化而变化。"样式基准"下拉列表中选择基准样式，可根据已有样式进行修改，如果不希望新的样式受到其他样式的影响，就选择"无样式"。
- 后续段落样式：指为下一段落指定一个已经存在的样式。

4. 删除样式

要删除某个样式，在"样式"任务窗格中找到要删除的样式，单击样式右边的下拉按钮，选择"删除"命令即可。或者选中需删除的样式，右击，在弹出的快捷菜单中选择"删除"命令即可。要注意的是：如果在快速样式库中通过右键快捷菜单删除，只是让该样式不在快速样式库中显示，仍可在"样式"任务窗格中找到该样式。

二、模板

模板是一种特殊的文档。在对多个有相同格式的文档进行排版时，可以先定制一个模板文件，每次排版时都可以使用它，让大家共享，避免重复性的格式设置。

模板的创建与创建新文档一样，设置好样式后，选择"文件"→"另存为"命令，在弹出的"另存为"对话框的"保存类型"中选择"Word 模板"类型文件，即可创建新模板（扩展名为.dotx）。

利用模板创建文档的操作步骤如下：

① 选择"文件"→"新建"命令，打开新建文档界面。

② 在"可用模板"栏的下方选择"我的模板"，注意：前面我们保存模板的时候，并没有将模板保存到上述系统默认的文件夹中，所以使用"我的模板"时找不到已保存好的模板。在"可用模板"列表中，"我的模板"文件夹用于存放用户的自定义模板。对于 Windows 7 用户，自定义模板存放的默认路径是 C:\Users\用户名\AppData\Roaming\Microsoft\Templates 文件夹中，放置完成后，新建文档时单击"我的模板"按钮，即可在"新建"个人模板中查看自定义模板。如图 6-8 所示，选择"文件"→"新建"→"我的模板"命令，在弹出的对话框中选择刚才保存的毕业论文模板。

图 6-8　模板的选择

三、分节符

在我们在阅读一本书时，会发现前言、目录、正文等部分设置了不同的页眉和页脚，如封面、目录等部分是没有页眉的，而正文部分设置了奇偶页不同的页眉和页脚；目录部分的页码编号的格式为"Ⅰ、Ⅱ、Ⅲ"，而正文部分的页码编号的格式为"1、2、3"。如果直接设置页眉和页脚，则所有页的页眉和页脚都是一样的，那么如何为不同的页设置不同的页眉和页脚呢，解决这一问题的关键是使用"分节符"。插入分节符之前，Word 将整篇文档视为一节。在需要改变行号、分栏数或页面页脚、页边距等特性时，需要创建新的节。

选择"页面布局"选项卡中的"分隔符"命令，打开图 6-9 所示的下拉列表，在"分节符类型"中，主要有以下 4 种类型：

- 下一页：选择此项，光标当前位置后的全部内容将移到下一页面上。

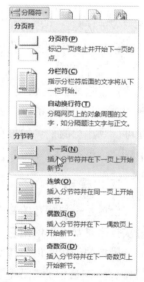

图 6-9　"分隔符"下拉列表

- 连续：选择此项，Word 将在插入点位置添加一个分节符，新节从当前页开始。
- 偶数页：光标当前位置后的内容将转至下一个偶数页上，Word 自动在偶数页之间空出一页。
- 奇数页：光标当前位置后的内容将转至下一个奇数页上，Word 自动在奇数页之间空出一页。

四、题注

在给文档中的表格、图片、公式等添加的名称和编号称为题注。当文档中的图、表数量较多时，若用手工添加编号，则容易出错。中间插入题注后，Word 会给题注重新编号，删除和移动题注后，Word 也能重新编号。

选择"引用"选项卡中的"插入题注"命令，弹出图 6-10 所示的对话框。

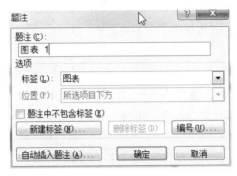

图 6-10 "题注"对话框

在图 6-10 中，可以选择标签，插入适当的表格、图表、公式题注，也可新建标签添加题注内容。

五、目录

一般的书籍、论文等长文档在正文开始之前都有目录，读者可以通过目录了解论述的主题和主要内容，并且可以快速定位到某个标题。

1. 插入目录

① 选择要插入目录的位置。

② 选择"引用"选项卡中的"目录"→"内置"命令，或选择"插入目录"命令，弹出"目录"对话框，如图 6-11 所示，选择"目录"选项卡。

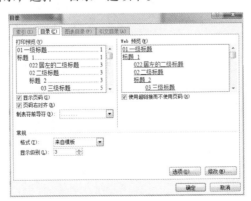

图 6-11 "目录"对话框

2．更新目录

将插入符移动到目录中，右击，在弹出的快捷键菜单中选择"更新域"命令，弹出"更新目录"对话框，根据需要选择更新内容，单击"确定"按钮退出，完成目录更新。另外，将插入符移动到目录中，按 F9 键，同样可以更新目录。

3．删除目录

将光标移动到目录的左侧，光标变成向右的空心箭头时，单击选定整个目录，按 Delete 键删除目录。

六、书签

平时我们看书看到一半时，经常在书中放置书签，以便下次可以快速找到该页。Word 也提供了书签的功能，以便在文档中快速定位。

1．设置书签

选择要添加书签的文本或单击要插入书签的位置，选择"插入"选项卡中的"书签"命令，弹出如图 6-12 所示的对话框。

在"书签名"文本框中输入或选择书签名，单击"添加"按钮，即可添加书签。

2．使用书签

打开"书签"对话框，选择书签名后，单击"定位"按钮，即可快速定位到设置书签的位置。

图 6-12 "书签"对话框

七、视图方式

在处理长文档之前，首先应该了解一下在 Word 中查看文档的方法。在长文档处理中，有时需要变换文档视图方式，以提高文档的处理效率。Word 为用户提供了多种浏览文档的方式，包括页面视图、大纲视图、Web 版式视图、阅读版式视图和草稿，Word 启动后，默认的视图方式为页面视图。这里推荐 Word 2010 版中新增的导航窗格，它是在 2007 版文档结构图的基础上做了改进，在长文档的编辑中尤为方便。

选择"视图"选项卡"显示"组中的"导航窗格"复选框，这时在文档的右侧显示"导航"任务窗格，如图 6-13 所示。提供了 3 种导航方式，分别为标题导航、页面导航和文档搜索，通过 3 个按钮进行切换。

图 6-13 "导航"任务窗格

如果文档中已经配合使用了统一的标题样式，标题导航是不错的选择，图 6-13 中显示的就是标题导航，看上去层次清晰、结构简单。在编辑过程中，单击标题可以实现在文档中的快速移动，方便定位到文档中的各个位置。

1．页面视图

页面视图即"所见即所得"模式，显示打印时文档每一页的页面布局，它用实际的尺寸及位置显示页面、正文以及其他如页眉和页脚等对象，可以进行编辑和格式化。

2. 草稿

在这种模式下的显示注重正文的格式（如行距、字体、字号等），但正文的外部区域，包括页眉、页脚、页号、页边距等都不显示出来。这样可以简化整个页面的布局，以便提高输入和编辑的效率。

3. 大纲视图

大纲模式用于建立文档的大纲，检查文档的结构。如果文档中定义有不同层次的标题，可以将这些文档压缩起来，只看这些标题，也可以只看到某一特定层次以上的标题。还可以十分容易地移动文档的各段，把一个整段压缩成一行，从而通过这一行的方式来看这一段的文本。

4. Web 版式视图

Web 版式视图以屏幕页面为显示基础而不是以打印稿为基础，隐去分页标志，以及页眉、页脚等设置，以提高屏幕的可视性，它适用于注重编辑文档内容而忽视文档外表的场合。

八、脚注

在文档中有时会为某些文本内容添加注解以说明此文本的含义和来源，这种注解说明在 Word 中就称为脚注和尾注。

脚注一般位于每一页文档的底端，可以用作对本页的内容进行解释，适用于对文档中的难点进行说明；尾注一般位于文档的末尾，常用来列出文章或书籍的参考文献等。

为文章添加脚注或尾注的操作方法：

① 将插入点放置于在添加脚注的文字后。

② 选择"引用"选项卡中的"插入脚注"和"插入尾注"命令。

③ 光标自动置于页面底部或文档的末尾编辑位置，输入脚注或尾注的内容即可。

如要删除脚注或尾注，可选定文档窗口中的脚注或尾注标记，直接按 Del 键。

操作实战 毕业论文排版

1. 操作任务

① 页面设置：将"毕业论文"设置为 A4 纸、页边距为上下各 2 厘米，左右各 2.5 厘米。

② 插入分节点：在每一章节前分别插入一个分节点。

③ 按以下要求新建样式：

一级标题：仿宋，二号，加粗、居中、行距 20 磅、段前后各 0.5 行。

二级标题：楷体，小三，加粗、行距 20 磅、段前后各 0.5 行。

三级标题：黑体，四号，首行缩进 2 个字符、行距 20 磅、段前后各 0.5 行。

论文正文：宋体，小四号，首行缩进 2 个字符、行距 18 磅。

图：居中对齐。

图题：宋体，小五，居中。

④ 应用样式：将"毕业论文"相关内容应用样式。

⑤ 添加图题：为"毕业论文"第一章节中的图添加"图 1–1，图 1–2"所示的图题；第二章节的图添加"图 2–1，图 2–2"所示的图题。选择全文的图都添加类似的图题。

⑥ 创建目录：显示页码，页码右对齐，格式来自"正式"，显示级别为三级。

⑦ 保存文件：将当前文件另存为"毕业论文（定稿）"，并将当前文件另存为"毕业论文"模板。

2．操作步骤

（1）页面设置

步骤一：打开素材文件夹中的"毕业论文"，打开"页面设置"对话框，选择"页边距"选项卡，设置上、下边距为"2厘米"，左、右边距为"2.5厘米"，单击"确定"按钮。

步骤二：选择"纸张"选项卡，设置"纸张大小"为"A4"。

（2）插入分节点

将光标定位到"第一章 前言"文字前，选择"页面布局"选项卡中的"分隔符"→"下一页"命令。在每一章节名称文字均插入相同的分节符。

（3）新建样式

在"毕业论文"中新建一级标题、二级标题、三级标题、论文正文、图、图题的样式。

步骤一：选择"开始"主选项卡，单击"样式"组右下角的对话框启动器按钮，打开"样式"任务窗格，. 单击窗格底部的"新建样式"按钮，弹出"根据格式设置创建新样式"对话框。

步骤二：输入样式名称，如"一级标题"。在"样式类型"中选择"段落"；"样式基于"和"后续段落样式"均设置为"正文"。

步骤三：选择图6-7中所示的"格式"按钮，选择下拉列表中的"字体"命令。在"字体"对话框中设置中文字体为"仿宋"，字形为"加粗"，字号为"二号"，单击"确定"按钮。

步骤四：选择图6-7中所示的"格式"按钮，选择下拉列表中的"段落"命令。在"段落"对话框中设置"对齐方式"为"居中对齐"，行间距20磅，段前段后各0.5行，单击"确定"按钮。

步骤五：在图6-7中勾选"自动更新"复选框，单击"确定"按钮。此时在"样式"任务窗格列表框中就会增加"一级标题"样式。

步骤六：按照二级标题、三级标题、论文正文、图、图题的样式要求，分别创建这些样式。

◎提示

新建"一级标题"时，在"段落"对话框中设置"大纲级别"为"一级"。相应地"二级标题"设置"大纲级别"为"二级"；"三级标题"设置"大纲级别"为"三级"；" 论文正文"的"大纲级别"设置为"正文"。

（4）应用样式

将"毕业论文"中的相关的段落和文字分别应用相关的样式。

步骤一：将光标定位于要应用"一级标题"样式的段落或者选择要应用"一级标题"样式的文字，然后双击"样式"任务窗格中的"一级标题"，这样就可以将光标所在的段落应用"一级标题"的样式。

步骤二：用相同的方法将所有的章节或正文都应用样式。

（5）插入图题

将"毕业论文"中所有图的适当位置插入图标题或表格标题。按长文档格式要求，第一章的图编号格式为"图 1 - 1、图 1 - 2….."。

步骤一：选中"毕业论文"第一章节的第一个图，选择"引用"选项卡的"插入题注"，打开"题注"对话框。

步骤二：在"题注"对话框中，单击"新建标签"按钮，新建一个"图 1-"标签，单击"确定"按钮，就可以插入一个"图 1-1"的题注，然后再输入图的说明文字。再次插入图的题注时其添加方法相同，不同的是不用新建标签，直接选择插入标签即可。Word 会自动按图在文档中出现的顺序进行编号。

◎提示

在第三章节中插入图题要注意新建一个"图 3-"标签，依此类推。

（6）创建目录

步骤一：在"第一章 前言"前插入一个分节符，并在第一行输入内容"目录"，并设置字体格式为楷书，三号，加粗。

步骤二：在"目录"处按 Enter 换行，选择"引用"选项卡中的"目录"命令，打开"目录"下拉列表。

步骤三：选择"插入目录"命令，在弹出的"目录"对话框中勾选"显示页码"和"页码右对齐"复选框。

步骤四：在"制表符前导符"下拉列表中，选择标题与页码之间的填充符号。

步骤五：在"常规"中的"格式"下拉列表中，选择目录的显示格式为"正式"。

步骤六：在"显示级别"数值选择框中，设定目录所包含的标题级别为"3 级"。

这样就会在"目录"后创建毕业论文的目录，如图 6-14 所示。

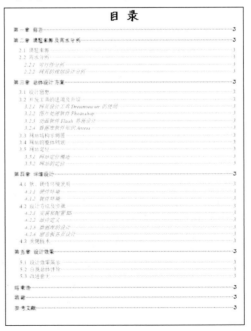

图 6-14 毕业论文的目录

（7）保存文件

步骤一：选择"文件"→"另存为"命令，保存当前文档为"毕业论文（正式）"。

步骤二：选择"文件"→"另存为"命令，在弹出的"另存为"对话框中，先选择保存类型为"Word 模板（*.dotx）"，再选择保存的路径，输入文件名称为"毕业论文"，这样即保存为模板文件。

课堂实践 广告策划书排版

1. 操作要求

① 打开"广告策划书.doc"文档。在每一章节前分别插入一个分节点。

② 按以下要求新建样式：

一级标题，黑体、四号；大纲级别 1 级、段前后各 0.5 行、行距固定值 18 磅。

二级标题：宋体、小四、加粗；大纲级别 2 级、段前 0.5 行、行距固定值 18 磅，首行缩进 2 字符。

三级标题：宋体、五号、加粗；大纲级别 3 级、单倍行距、首行缩进 2 字符、段前 0.5 行。

正文 1：宋体、五号，首行缩进 2 个字符、固定值 18 磅。

图：居中对齐。

图题：宋体，黑体，10 号，居中。

③ 应用样式：将"广告策划书"相关内容应用样式。

④ 添加图题：为"广告策划书"中的图添加"图 1，图 2"所示的图题。

⑤ 创建目录：显示页码，页码右对齐，格式来自正式，显示级别为三级。

⑥ 页眉页脚的设置：首页无页眉页脚；目录无页眉，页脚用页码格式"I、II……"表示，其他页页眉输入"株洲迪菲儿有限公司产品策划书"，页脚用页码格式"1、2……"重新编号表示。

⑦ 设计封面和封底。

⑧ 保存文件。

2. 操作步骤

① 将光标定位到"迪菲儿（Di.feel）产品策划书"文字前，选择"插入"选项卡中的"分隔符"→"下一页"命令，生成一个空页，用于做目录。在封底开始处插入分解符类型为"连续"的分节符。

② 新建样式。选择"开始"选项卡，单击"样式"组右下角的对话框启动器按钮，打开"样式"任务窗格，单击窗格底部的"新建样式"按钮，弹出"根据格式设置创建新样式"对话框，输入样式名称，如"一级标题"，在"样式类型"中选择"段落"；"样式基于"和"后续段落样式"均设置为"正文"。单击"格式"下拉按钮，在下拉列表中选择"字体"，在"字体"对话框中设置中文字体为"黑体"，字号为"四号"，单击"确定"按钮。继续在"格式"下拉列表中的选择"段落"，在"段落"对话框中设置"大纲级别"为"1 级"，单倍行距、首行缩进 2 字符、段前 0.5 行。依次单击"确定"按钮，一级标题样式即创建完成。

按照二级标题、三级标题、正文 1、图、图题的样式要求，分别创建这些样式。

③ 按照效果图分别在文中相应位置应用样式。

④ 选中"迪菲儿（Di.feel）产品策划书"中的第一个图，选择"引用"选项卡中的"插入题注"命令，在"题注"对话框中单击"新建标签"按钮，新建一个"图"标签，单击"确定"按钮即可插入一个"图 1"的题注，然后再输入图的说明文字。后面的图直接选择插入题注即可按图在文档中出现的顺序进行编号。

⑤ 在新插入的空白页输入"目录"2 个字，并设置字体格式为黑体，小三号。

在"目录"处按 Enter 键换行，在"引用"选项卡中打开"目录"下拉列表，步骤同操作实战中毕业论文的目录设置，此处省略。

⑥ 将光标定位在目录页任意位置，选择"插入"选项卡"页脚"→"内置"命令，再单击"链接到前一条页眉"按钮，取消链接。选择"页眉和页脚"组中的"页码"→"设置页码格式"命令，在"页码格式"对话框中选择数字格式"I、II⋯⋯⋯"，单击"确定"按钮，设置页码居中。单击"导航"组中的"下一节"按钮，单击"链接到前一条页眉"按钮，取消链接，设置页眉为"株洲迪菲儿有限公司产品策划书"；在"页脚"的位置上同样单击"链接到前一条页眉"按钮，取消链接，在"页码格式"对话框中选择数字格式"1、2⋯⋯⋯"，在"页码编排"选择"起始页码"为"1"，单击"确定"按钮，如图 6-15 所示。最后在封底按以上方法设置即可。

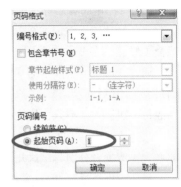

图 6-15 "页码格式"对话框

⑦ 按照给定的样张设计封面与封底，步骤略。

3. 效果展示

"产品策划书"的排版效果如图 6-16 所示。

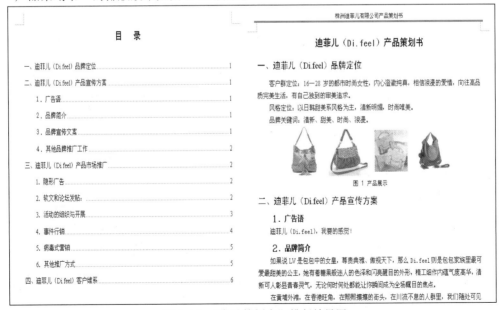

图 6-16 "产品策划书"排版效果图

疑难解析

问题1：如何设置文章的水印，同时满足封面和封底无水印？

答：步骤一：选择"页面布局"选项卡"页面背景"组中的"水印"→"自定义水印"命令，在文章中插入"水印"图片或文字即可。

步骤二：在第二页页眉处双击，单击"导航"组中的"链接到前一条页眉"按钮，取消链接，鼠标移到封面处，选中水印文字或是图片，按 Del 键即可，封底的水印删除方法相同。

步骤三：单击"关闭页眉页脚"按钮。

问题2：审阅者怎样对文档进行编辑操作？

答：修订用来标记审阅者对文档进行的编辑操作，而撰写人可以根据需要接受或拒绝修订。接受了修订，方可承认所做的编辑。

通过"审阅"选项卡的"修订"组中的"修订"命令，如图6-17所示，可打开了修订功能。如果要关闭修订，再选择"修订"命令，使该按钮恢复原样即可。启动修订功能后，审阅者对文档的每一次插入、删除、修改格式，都会被自动标记出来。

通过"审阅"选项卡的"更改"组进行接受或拒绝修订。Word 中提供了多种接受和拒绝修订的方式，请读者分别尝试这几种不同的方式。

另外，可以通过 Word 文档保护的设置来限制审阅者对文档进行修订的类型。

选择"审阅"选项卡"保护"组中的"限制编辑"命令，打开"限制格式和编辑"任务窗格，如图6-18所示。

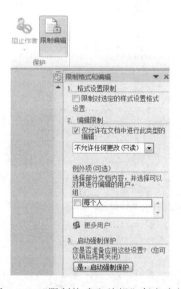

图6-17 "修订"按钮　　　　　　　　图6-18 "限制格式和编辑"任务窗格

① "格式设置限制"栏中，勾选"限制对选定的样式设置格式"复选框，然后单击"设置"超链接来指定审阅者可应用或更改哪些样式。

② "编辑限制"栏中，勾选"仅允许在文档中进行此类编辑"复选框，在下拉列表中选择"修订""批注""填写窗体和不允许任何更改（只读）"中的一项。这里选择"批注"。

　　如果要授予某些人对特定文档部分的编辑选项，可以选中文档的相应区域，然后选择哪些用户可以编辑所选的文档区域。

　　③"启动强制保护"栏中，单击"是，启动强制保护"按钮，可以为文档指定密码。

　　启动保护后，如果要停止对批注和修订的保护，可以在"限制格式和编辑"栏中单击"停止保护"按钮，若当初设置了密码，这时需要输入密码才能停止保护。

课外拓展　中日动画片比较研究排版

　　在"素材"文件夹下有"中日动画片比较研究（素材）.doc"，版式的要求如表 6-1 所示。效果参照"样例图"文件夹下的"中日动画片比较研究效果图"所示。

表6-1　中日动画片比较研究排版要求

编　号	项　目	具　体　要　求
1	章（红色文字）	黑体，四号，加粗，字间距二号；大纲级别 1 级，段前、段后 12 磅，多倍行距 2.41 字行
2	节（蓝色文字）	华文新魏，四号，加粗；大纲级别 2 级，段前、段后 0.5 行，多倍行距 1.73 字行
3	小节（绿色文字）	幼圆，五号，加粗；大纲级别 3 级，段前、段后 12 磅，多倍行距 1.73 字行
4	正文	宋体（中文）、五号、首行缩进 2 个字符、行距 18 磅
5	目录	目录中"第一章"的起止页码应该为"1"、显示页码、页码右对齐、模式为优雅型、显示级别为三级
6	页眉页脚	首页无页眉页脚；奇数页眉显示章、节名、偶数页眉显示标题的名称；奇数页和偶数页的页脚显示页码的位置不同。

项目小结

　　本项目以"毕业论文"的排版为例，详细介绍了长文档的排版技术，包括样式的新建、样式的使用、样式的修改、图题的插入、目录的插入、不同页面页眉页脚的设置等内容，但要灵活运用这些技术于长文档操作，还有待读者多多实践操作。通过本项目的学习，读者还可以对企业年度总结、调查报告、使用手册、小说、杂志等长文档进行有效地排版。

项目 七
制作 "简历表"

在中文文字处理中，常采用表格的形式将一些数据分门别类、有条有理、集中直观地表现出来，此时，Word 所提供的制表功能非常有效。要想制作出一个美观实用的表格，需要熟练掌握各种表格的创建方法和编辑表格的方法。

项目描述

制作了求职简历的封面和自荐书后，接下来的任务是建立一个求职简历的表格，在表格中详细列出了个人的基本信息、求职意向及工作经历（包括打工经历、学校组织的顶岗实习）等情况。创建表格之前，要对将创建的表格从整体结构上有一个初步的构思，例如，表格的大小、行列的数量、表格的放置方向等，然后定义一个表框，再对表格线进行调整，而后填入表格内容。表格内容有其自身的格式，如表格中文字的字体、段落等格式，表格框架有行高、列宽、边框等格式。因此，在制作表格时，需对表格内容的格式和表格框架的格式进行设定。

教学导航

知识目标	① 掌握创建表格的方法。 ② 掌握单元格的合并与拆分方法。 ③ 掌握行高与列宽的调整方法。 ④ 掌握行和列的插入与删除方法。 ⑤ 掌握单元格内容的输入与字体格式的设置。 ⑥ 掌握表格中单元格的对齐方式的设置。 ⑦ 掌握表格的边框线和底纹的设置。
技能目标	① 学会创建表格。 ② 学会单元格的合并与拆分。 ③ 熟悉行高和列宽的调整。 ④ 学会插入与删除行和列。 ⑤ 熟悉单元格内容的输入并熟练进行格式设置。 ⑥ 熟练设置单元格的对齐方式。 ⑦ 学会设置表格的边框线和底纹。
态度目标	① 培养学生的自主学习能力和知识应用能力。 ② 培养学生勤于思考、认真做事的良好作风。 ③ 培养学生具有良好的职业道德和较强的工作责任心。 ④ 培养学生理论联系实际的工作作风、独立工作的能力，树立自信心。

续表

<table>
<tr><td>本章重点</td><td>创建表格并对表格进行格式化处理。</td></tr>
<tr><td>本章难点</td><td>不规则表格的布局。</td></tr>
<tr><td>教学方法</td><td>理论实践一体化，教、学、做合一。</td></tr>
<tr><td>课时建议</td><td>4 课时（含课堂实践）。</td></tr>
<tr><td>效果展示</td><td>求职简历效果展示如图 7-1 所示。
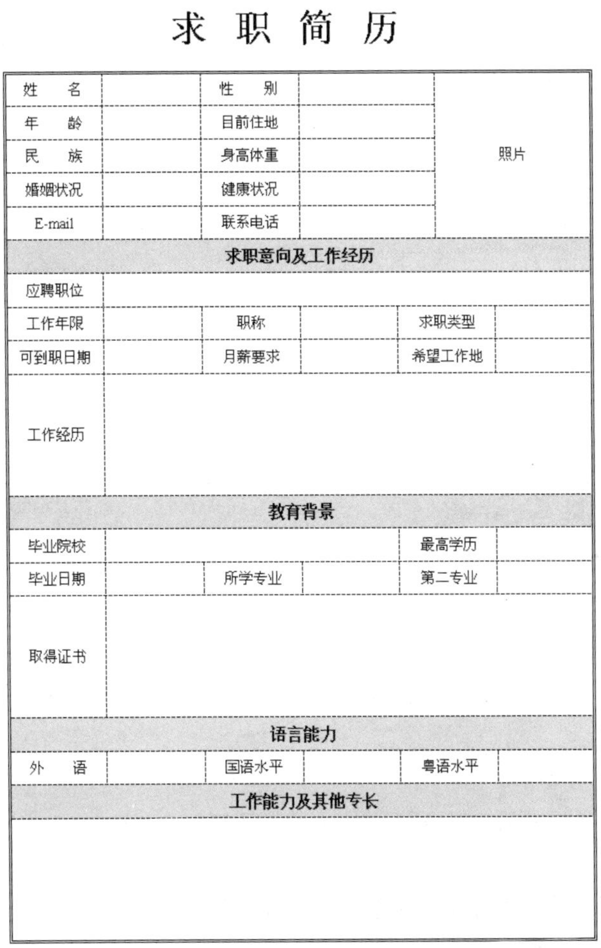

求职简历
<table>
<tr><td>姓　名</td><td></td><td>性　别</td><td></td><td colspan="2" rowspan="5">照片</td></tr>
<tr><td>年　龄</td><td></td><td>目前住地</td><td></td></tr>
<tr><td>民　族</td><td></td><td>身高体重</td><td></td></tr>
<tr><td>婚姻状况</td><td></td><td>健康状况</td><td></td></tr>
<tr><td>E-mail</td><td></td><td>联系电话</td><td></td></tr>
<tr><td colspan="6">求职意向及工作经历</td></tr>
<tr><td>应聘职位</td><td colspan="5"></td></tr>
<tr><td>工作年限</td><td></td><td>职称</td><td></td><td>求职类型</td><td></td></tr>
<tr><td>可到职日期</td><td></td><td>月薪要求</td><td></td><td>希望工作地</td><td></td></tr>
<tr><td>工作经历</td><td colspan="5"></td></tr>
<tr><td colspan="6">教育背景</td></tr>
<tr><td>毕业院校</td><td colspan="3"></td><td>最高学历</td><td></td></tr>
<tr><td>毕业日期</td><td></td><td>所学专业</td><td></td><td>第二专业</td><td></td></tr>
<tr><td>取得证书</td><td colspan="5"></td></tr>
<tr><td colspan="6">语言能力</td></tr>
<tr><td>外　语</td><td></td><td>国语水平</td><td></td><td>粤语水平</td><td></td></tr>
<tr><td colspan="6">工作能力及其他专长</td></tr>
<tr><td colspan="6"></td></tr>
</table>

图 7-1　求职简历效果图</td></tr>
<tr><td>操作流程</td><td>新建文档→输入表格标题并设置相应的格式→插入一个 18 行 6 列的规则表格→设置行高→合并、拆分表格中相应的单元格→输入表格内容→设置单元格对齐方式→设置表格的边框线和底纹→保存文档。</td></tr>
</table>

知识准备

一、创建表格

Word 表格由水平的表行和竖直的栏（或称为表列）组成，行与栏相交的方框称为单元格。在单元格中，用户可以输入及处理有关的文字符号、数字以及图形、图片等。

1．创建规则的空表格

在 Word 中创建规则的表格可以有很多方法。表格的建立可以使用"插入"选项卡中的"表格"命令，如图 7-2 所示的"表格"下拉列表。在图中移动鼠标选择需要的行列数（网格下方显示当前的"行×列"数），单击后即在插入点处建立一个指定行列数的空表格。当表格行列比较多时，可以选择"插入表格"命令，在弹出的对话框中输入需要建立表格的列数和行数，如图 7-3 所示。

图 7-2 "表格"下拉列表　　　　　图 7-3 "插入表格"对话框

2．表格中常用的选定方法

对表格进行处理时，一般都要求首先选定操作元素：单元格、表行、表列或整个表格。操作方法如下：

（1）选定单元格

选中一个单元格后，继续拖动鼠标可选定多个单元格。

（2）选定行

移动鼠标指针到某行开头的左边，光标变为向右上方的空心箭头时，单击即可选定一行或拖动鼠标选定连续多行，如图 7-4 所示。

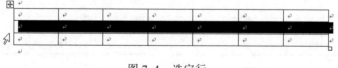

图 7-4　选定行

（3）选定列

将鼠标指针放在表格上方，待鼠标指针变为向下的粗体箭头时，单击或拖动选定一列或多列，如图 7-5 所示。

图 7-5 选定列

（4）选定整张表格

当光标置于表格内，且表格左上角出现"带方框的十字箭头"的全选标志时，单击该十字方框即选定整个表格，如图 7-6 所示。

图 7-6 选定整张表格

（5）表格的移动与缩放

拖动表格左上角的"带方框的十字箭头"全选标志，可将表格移动到页面上的任意位置；当鼠标指针移动到右下角"方框"状缩放标志上时，鼠标指针变为斜对的双向到箭头，拖动可成比例地改变整个表格的大小，如图 7-7 所示。

图 7-7 表格的移动与缩放示意图

二、表格的行、列修改

表格建立之后，根据需对表格要进行适当的调整，如调整列宽、行高，增加或删除行列等。可以使用"表格工具–设计"/"布局"选项卡对表格进行调整。

1．调整列宽和行高

（1）利用表格框线调整列宽和行高

将鼠标指针移到表格的竖框线上，鼠标指针变为垂直分隔箭头，拖动框线到新位置，释放鼠标后该竖线即移至新位置，该竖线右边各表列的框线不动。同样的方法也可以调整表行高度。

（2）利用标尺调整列宽和行高

把光标移到表格中时，Word 在标尺上用交叉槽标识出表格的列分隔线，如图 7-8 所示。将鼠标指针放在列分隔线上，光标变为双箭头时，按住鼠标拖动列分隔线，可以调整列宽，与利用表格框线调整列宽不同的是其右边的框线做相应的移动。同样，用鼠标拖动垂直标尺的行分隔线可以调整行高。

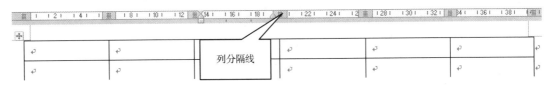

图 7-8 Word 标尺上的列分隔线

（3）利用"表格工具–布局"选项卡"单元格大小"组中的"高度"和"宽度"调整列宽和行高

当要精确设置表格的列宽时，应先选定该列或单元格，选择"表格工具–布局"选项卡"单元格大小"组中的"高度"和"宽度"设置精确的数字。

（4）平均分布各行/列

要平均分布表格中选定的列或行的宽度或高度，可使用"表格工具–布局"选项卡"单元格大小"组中的"分布列"和"分布行"命令。或选择整个表格，右击，选择"平均分布各列"命令来平均分布表格中选定的列的宽度，选择"平均分布各行"命令来平均分布表格中选定的行的高度。

2．插入与删除表格行/列

使用表格时，经常出现的情况是表格中的行或列不够，需要在指定的位置添加行或列。

（1）插入/删除行

在表格的指定位置插入新行的方法有以下几种：

① 先定位于要插入行的上或下单元格，然后选择"表格工具–布局"选项卡中的"在上方插入""在下方插入""在左侧插入"或"在右侧插入"等命令，如图7-9所示。

② 单击"行和列"右下角的对话框启动器按钮，弹出"插入单元格"对话框，的对话框启动器选择"整行插入"单选按钮，单击"确定"按钮即插入一个新行，如图7-10所示。

图7-9 "行和列"组　　　　　　　　　　图7-10 "插入单元格"对话框

③ 当插入点在表行末（表外右侧）时，也可以直接按 Enter 键在本表行下面插入一个新的空表行。

删除表格指定行的方法是：先选定要删除的行，然后选择"表格工具–布局"选项卡中的"删除"→"删除行"命令，即可删除这些被选定的表行。

（2）插入/删除列

插入/删除表格列的操作与插入/删除表行的操作基本相同，所不同的只是选定的对象不同，插入的位置不同（一般是当前列的左边）。添加列之前需要事先考虑页面的宽度是否足够，如果添加过度，表格会到页面以外。

（3）删除整个表格

当插入点在表格中时，选择"表格工具–布局"选项卡中的"删除"→"删除表格"命令，或选定整个表格后使用"剪切"命令，都可以删除整个表格。

◎注意

选择表格后按 Del 键，删除的是表格中的内容。

三、合并/拆分单元格

1．合并单元格

Word 可以把同一行或同一列中两个或多个单元格合并起来。操作时，首先选定要合并的单元格，再选择"表格工具–布局"选项卡中"合并单元格"命令；或右击，选择"合并单元格"命令；也可以使用"表格工具–设计"选项卡"绘图边框"组中的"擦除"命令擦除相邻单元格的分隔线，实现单元格的合并。

2．拆分单元格

需要把一个单元格拆分成若干个单元格时，首先选定要拆分的单元格，再选择"表格工具–布局"选项卡中的"拆分单元格"命令，在"拆分单元格"对话框中输入拆分成的"行数"或"列数"即可完成拆分单元格。同样，也可以使用"表格工具–设计"选项卡"绘图边框"组中的"绘制表格"命令在单元格中绘制水平或垂直直线，实现单元格的拆分。

3．拆分表格

将光标定位于要拆分表格的这一行处，选择"表格工具–布局"选项卡中"拆分表格"命令，或按 Ctrl+Shift+Enter 组合键，Word 从当前行上方将表格拆分成上下两个表格。

4．绘制斜线

在一个单元格中绘制对角斜线，可选择"表格工具–设计"选项卡的"边框"→"斜上框线"或"斜下框线"命令，也可以使用"表格工具–设计"选项卡"绘图边框"组中的"绘制表格"命令在单元格中制作对角斜线。

四、表格数据输入和格式设置

1．单元格的对齐方式

在表格中各单元格需要的对齐方式可能有所不同，Word 共列出了 9 个对齐按钮，每个按钮都同时包含了垂直和水平两个方向的对齐方式。

2．表格数据输入

（1）表格中插入点的移动

在表格操作过程中经常要使插入点在表格中移动。表格中插入点的移动有多种方法，可以使用鼠标在单元格中直接移动，也可以使用快捷键在单元格间移动。

Tab：移至右边的单元格中

Shift+Tab：移至左边的单元格中。

Alt+Home：移至当前行的第一个单元格。

Alt+End：移至当前行的最后一个单元格。

Alt+PgUp：移至当前列的第一个单元格。

Alt+PgDn：移至当前列的最后一个单元格。

（2）在表格中输入文本

表格中输入文本同输入文档文本一样，把插入点移到要输入文本的单元格，再输入文本即可。在输入过程中，如果输入的文本比当前单元格宽，Word 会自动增加本行单元格的高度，以保证始终把文本包含在单元格中。

3．表格内容的格式设置

（1）设置表中文字方向

选定需要修改文字方向的单元格，选择"表格工具–布局"选项卡中的"文字方向"命令即可。

（2）编辑表格内容

在正文文档中使用的增加、修改、删除、编辑、剪切、复制和粘贴等编辑命令大多可直接用于表格。

（3）表格内容的格式设置

在正文文档中使用的如字体、字号、缩进、排列、行距、字间距等字符格式和段落格式的设置可直接用于对整个表格、单元格、行或列。

（4）表格的边框和底纹

为了美化、突出表格，可以适当地给表格添加边框和底纹。

（5）文本与表格的转换

在办公过程中，有时需要将表格转换为文本来处理，有时需要将文本转换为表格来处理。

选择需要转换为文本的表格，选择"表格工具–布局"选项卡中"数据"组中的"转换为文本"命令即可，如图 7-11 所示。

选定需要转换为表格的文本，在"插入"选项卡中选择"表格"，"将文本转换成表格"命令，弹出"将文本转换成表格"对话框，如图 7-12 所示。选择需要转换的列数，根据需要调整列宽，单击"确定"按钮完成转换。

图 7-11 "表格转换成文本"对话框

图 7-12 "将文本转换成表格"对话框

五、公式和排序

1．公式的使用

Word 具有对表格数据计算的功能。这里以求平均分为例予以说明，其他计算函数的使用与此类似。

在表格中，单元格用字母表示的列和用数字表示的行来标识，如 A1、B2 等分别表示第 1 列第 1 行、第 2 列第 2 行等。

例如，有如下表格：

姓　名	计算机应用	网页设计	C#程序设计	软件测试	平　均　分	名　次
张玉洁	78	89	84	84	83.75	
赵明明	68	98	94	73		

若求张玉洁的平均分，将光标放在第 2 行第 6 列（即 F2 单元格）内。选择"表格工具–布局"选项卡中的"公式"命令，弹出"公式"对话框，如图 7-13 所示。单击"粘贴函数"框右端的向下箭头，在下拉列表中选择函数 AVERAGE()，将光标移入 AVERAGE()函数的括号中，输入求和范围后，即让"公式"框中内容成为"=AVERAGE(B2,C2,D2, E2)"或"=AVERAGE(B2:E2)"或"=AVERAGE(LEFT)"。在

图 7-13 "公式"对话框

"公式"对话框的"数字格式"下拉列表中可以选择所需要的数字格式。然后，单击"确定"按钮，F2 单元格中即可得平均分 83.75。

公式中的函数可以使用两个约定的自变量：

LEFT——表示当前单元格以左的所有数值参加运算；

ABOVE——表示当前单元格以上的所有数值参加运算。

2．排序

Word 不仅具有对表格数据计算的功能，而且具有对数据排序的功能。在排序时，可以按数字、笔画、拼音或日期的升序或降序进行。

先将插入点移至表格中，选择"表格工具–布局"选项卡中的"排序"命令，弹出"排序"对话框，如图 7-14 所示。对话框中有 3 个排序依据（主要关键字、次要关键字和第三关键字），可选择 4 种排序类型（笔画、数字、拼音或日期）和两种排序顺序（升序、降序）。

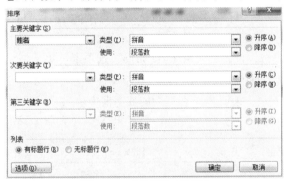

图 7-14 "排序"对话框

操作实战 制作求职简历

1．操作任务

① 新建一个空白文档，保存为"求职简历.doc"，输入表格标题，设置标题"求职简历"的字体格式为"华文新魏、一号、加粗、字符间距为加宽 10 磅"，段落格式为"居中对齐，断后间距 0.5 行"。

② 在文档中插入一个 18 行 6 列的规则表格。

③ 设置行高。

④ 合并相应单元格。

⑤ 输入表格内容。

⑥ 设置单元格的对齐方式。分别将"照片""求职意向及工作经历""语言能力""工作能力及其他特长"单元格对齐方式设为"中部居中",其他单元格对齐方式设为"中部两端对齐"。

⑦ 设置表格的边框。将外侧框线设置为"双细线 ＝＝＝＝＝＝＝",内侧框线设置为"点点线 ------------"。

⑧ 设置表格的底纹。将第 6 行、11 行、15 行、17 行的底纹设置为"白色,背景 1,深色 25%",并将这些行的字符格式设为"小四、加粗"。

2．操作步骤

（1）制作表格标题

略,操作方法见第五单元"自荐书"标题的设置。

（2）创建表格

步骤一：在标题行"求职简历"段落处按 Enter 键,产生一个新的段落。在"开始"选项卡中选择"样式"→"清除格式"命令。

步骤二：选择"插入"选项卡中的"表格"命令,在网格示意图中移动鼠标选择需要的行列数（网格上方显示当前的"行×列"数）,将使这部分网格反相显示,单击即在插入点处建立一个指定行列数的空表格。也可以选择"插入表格"命令,弹出"插入表格"对话框,在"列数"数字框中输入"6",在"行数"数字框中输入"18",如图 7-15 所示。列宽的默认设置为"自动",表示左页边距到右页边距的宽度除以列数作为列宽。单击"确定"按钮即可在插入点处建立一个空表格。

步骤三：单击"确定"按钮,在光标处插入一个 18 行 6 列的规则表格。

（3）设置行高

步骤一：选中整个表格,设置"表格工具-布局"选项卡"单元格大小"组中的"高度"为 0.8 厘米；或右击,在弹出的快捷菜单中选择"表格属性"命令,弹出"表格属性"对话框,在"行"项卡中勾选"指定高度"复选框,在其后的数字框中输入"0.8"厘米,如图 7-16 所示。

图 7-15 "插入表格"对话框

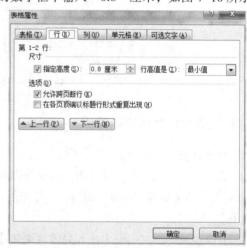

图 7-16 "表格属性"对话框

步骤二：选择第 10 行,按住 Ctrl 键的同时选择第 14 行和第 18 行,同上方法,设置行高为"3 厘米"。

（4）合并单元格

步骤一：选择第 1 行至第 5 行的最后两列，选择"表格工具–布局"选项卡中的"合并单元格"命令；或右击，在弹出的快捷菜单中选择"合并单元格"命令。调整第 5 个单元格的左边线，合并后的调整效果如图 7-17 所示。

图 7-17　第 1-5 行合并单元格后的调整效果

步骤二：同理，分别选择第 6 行、第 11 行、第 15 行、第 17 行、第 18 行进行单元格合并。

步骤三：将第 10 行 2～6 列单元格合并，第 14 行 2～6 列单元格合并，2～6 列单元格合并。

（5）在单元格中输入文字

步骤一：将光标定位到表格第 1 行第 1 列，输入"姓名"。

步骤二：按 Tab 键或→键将插入点向右移动，按↓键将插入点向下移动，分别在各行输入相应的内容。

（6）设置单元格的对齐方式

选定需要设置对齐方式的单元格，选择"表格工具–布局"选项卡中的"对齐方式"命令，共列出了 9 个对齐按钮（见图 7-18），每个按钮都同时包含了垂直和水平两个方向的对齐方式；或右击鼠标右键，在弹出的快捷菜单中选择"单元格对齐方式"命令。在"求职简历表"中可按以下步骤设置对齐方式。

图 7-18　单元格对齐方式

步骤一：选择整个表格，选择"对齐方式"中的"中部居中"按钮。

步骤二：分别选择"工作经历""取得证书""工作能力""其他特长"单元格右侧的单元格，选择"对齐方式"中的"中部两端对齐"按钮。

（7）设置表格边框线

步骤一：选中整个表格，选择"表格工具–设计"选项卡中的"边框"→"边框和底纹"命令；或右击，在弹出快捷菜单中选择"边框和底纹"命令，在弹出的"边框和底纹"对话框中选择"边框"选项卡。

步骤二：在"设置"区域内选择"自定义"选项，在"线型"列表框中选择"双细线"。

步骤三：在"预览"区域中，单击图示的上、下、左、右边框线或单击相应的按钮。

步骤四：在"线型"列表框中选择"点点线"，在"预览"区域中，单击图示的网格横线和竖线或单击相应的按钮。

步骤五：单击"确定"按钮，对话框设置如图 7-19 所示。

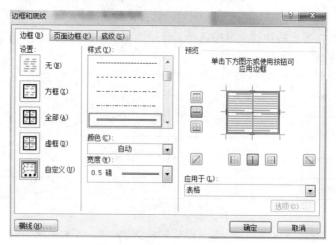

图 7-19　表格边框线的设置

（8）设置表格底纹

步骤一：选中第 6 行，按住 Ctrl 键的同时，选中第 11 行、15 行、17 行。

步骤二：选择"表格工具-设计"选项卡中的"底纹" ◢ 命令，选择填充的颜色为"白色，背景 1，深色 25%"。

步骤三：在"开始"选项卡的"字号"下拉列表中选择"小四"；单击"加粗"按钮 **B**。

📖 课堂实践 制作班级课程表

1．操作要求

① 新建一个空白文档，保存为"班级课程表.doc"，输入表格标题，设置标题"××班班级课表"字体格式为"华文新魏、二号、加粗"，段落格式为"居中对齐，断后间距 0.5 行"。

② 在文档中插入一个 6 行 9 列的规则表格。

③ 合并和拆分相应单元格。

④ 调整表格相应行的行高和列宽。

⑤ 输入表格内容。

⑥ 设置单元格的对齐方式。

⑦ 设置表格的边框线。将外侧框线设置为"1.5 磅的双细线"；网格横线设置为"1.5 磅的单实线"；第 1 行下边线设置为"2.25 磅的单实线"。

⑧ 设置表格的底纹。

2．操作步骤

① 略。

② 选择"插入"选项卡中的"表格"命令，修改表格尺寸"列数：9，行数 6"。

③ 选择表格第 1 行，选择"表格工具-布局"选项卡中"合并单元格"命令；或右击选择"合并单元格"命令。同理，将表格第 2 行的第 1、2 列合并，第 3、4 行的第 1、2 列合并，表格的第 5、6 行的第 1、2 列合并，也可进行单元。

④ 略。

⑤ 略。

⑥ 选择表格第 1 行，选择"表格工具–布局"选项卡中的"对齐方式"命令；或右击，在弹出的快捷菜单中选择"单元格对齐方式"命令，设置中部左对齐，选择表格其余行，设置中部居中。

⑦ 选中整个表格，选择"表格工具–设计"选项卡中的"边框"→"边框和底纹"命令；或右击，在弹出快捷菜单中选择"边框和底纹"命令，在弹出的"边框和底纹"对话框中选择"边框"选项卡。在"设置"区域内选择"自定义"选项，在"线型"列表框中选择"双细线 ＝＝＝＝"，在"宽度"列表框中选择"1.5 磅"，在"预览"区域中，单击图示的上、下、左、右边框线或单击相应的⊞、⊞、⊞、⊞按钮；在"线型"列表框中选择"单实线 ————"，在"宽度"列表框中选择"1.5 磅"，在"预览"区域中，单击图示的网格横线和竖线或单击相应的⊟、⊟按钮，单击"确定"按钮；选择第 1 行，在"边框和底纹"对话框的"设置"区域内选择"自定义"选项，在"线型"列表框中选择"————"，在"宽度"列表框中选择"2.25 磅"，在"预览"区域中，单击图示的下边框线或单击相应的⊞按钮，单击"确定"按钮。

3. 效果展示

班级课程表的效果图如图 7-20 所示。

图 7-20　班级课程效果图

疑难解析

问题 1：一个表格可否拆成几个表格，或者几个表格合成一个表格？如何操作？

答：可以。方法为：

① 拆分表格。将光标定位于需要拆分为第二个表格的首行"下午"，选择"表格工具–布局"选项卡中的"拆分表格"命令；或按 Ctrl+Shift+Enter 组合键，Word 从当前行上方将表格拆分成上下两个表格。拆分结果如图 7-21 所示。

年级：2008	专业：×× 行政班级：××						
时间		星期一	星期二	星期三	星期四	星期五	星期六	星期日
上午	一	计算机应用基础	网页设计技术	计算机英语	ASP.NET程序设计	软件测试与发布	数学建模（选修）	
	二	网页设计技术		计算机应用基础	软件测试与发布		数学建模（选修）	

下午	三	就业指导	体育	就业指导		计算机英语	普通话培训与测试（选修）
	四	班会		ASP.NET程序设计			普通话培训与测试（选修）

图 7-21　拆分表格效果

② 合并表格。删除两表格之间的回车符即可。

问题 2：当处理大型表格时，表格不能在一页中完全显示出来，需要使用多页显示，如何操作才能在后续页中不重复输入表格表头而又能显示表头？

答：选定表格的表头，选择"表格工具–布局"选项卡中的"重复标题行"命令，即可实现表格表头重复在表格的每一页中。

课外拓展　制作班级学生成绩表

① 根据图 7-22 所示的成绩表样例制作班级学生成绩表。

湖铁职院 08 环境艺术专业 081 班考试成绩表

学号	姓名	计算机应用	网页设计	C#程序设计	软件测试	数学建模	英语	就业指导	总分	平均分	名次
200911010101	张玉洁	78	89	84	84	84	85	73			
200911010102	赵明明	68	98	94	73	76	73	76			
200911010103	项银平	67	65	83	93	73	74	63			
200911010104	卢 超	89	76	73	73	72	83	93			
200911010105	高贝贝	78	77	94	83	83	73	83			
200911010106	李圆圆	85	85	94	76	88	73				
200911010107	王卫桃	86	53	83	87	63	63	83			
200911010108	梁倩婷	73	91	62	84	92	66	91			
200911010109	张看名	73	93	72	84	76	83	98			
200911010110	李 西	94	73	83	94	73	73	65			
200911010111	梁家洁	93	83	76	83	72	78	76			
200911010112	罗 婷	83	84	63	73	83	63	77			

图 7-22　班级学生成绩表样例

② 利用公式对班级成绩表求总分和平均分，并按总分排序后，将排名情况的数据填入到"名次"一列中，如图 7-23 所示。

湖铁职院 08 环境艺术专业 081 班考试成绩表

学号	姓名	计算机应用	网页设计	C#程序设计	软件测试	数学建模	英语	就业指导	总分	平均分	名次
200911010109	张看名	73	93	72	84	76	83	98	579	82.71	1
200911010101	张玉洁	78	89	84	84	84	85	73	577	82.43	2
200911010106	李圆圆	85	85	93	84	76	78	73	574	82	3
200911010105	高贝贝	78	77	94	83	83	73	83	571	81.57	4
200911010111	梁家洁	93	83	76	83	72	78	76	561	80.14	5
200911010104	卢 超	89	76	73	73	72	83	93	559	79.86	6
200911010108	梁倩婷	73	91	62	84	92	66	91	559	79.86	7
200911010102	赵明明	68	98	94	73	76	73	76	558	79.71	8
200911010110	李 西	94	73	83	94	73	73	65	555	79.29	9
200911010112	罗 婷	83	84	63	73	83	63	77	526	75.14	10
200911010103	项银平	67	65	83	93	73	74	63	518	74	11
200911010107	王卫桃	86	53	83	87	63	63	83	518	74	12

图 7-23 班级学生成绩表公式和排序后的效果图

项目小结

本项目主要介绍了表格的基本操作,编辑表格时要注意选择对象。以表格为对象的编辑包括表格的移动、缩放、合并和拆分;以单元格为对象的编辑包括单元格的插入、删除、移动和复制、合并和拆分、高度和宽度、对齐方式等。通过本项目的实战,能较好地掌握表格的制作方法和步骤,熟练完成一般表格的制作。

项目 八
利用"邮件合并"制作成绩单

在实际学习和工作中，经常会遇到大批量制作成绩单、准考证、请柬、工资条、新年贺卡、获奖证书等情况，而这些成绩单、准考证、请柬等的内容大致相同，只有个别地方不同。如果一一制作，工作量大，重复率高，既容易出错又单调无味，而使用 Word 提供的邮件合并功能，则能轻松、快速地解决这一问题。

项目描述

一个学期结束后，班主任李老师要为全班 40 位同学发放"成绩单"，每位同学的考试成绩已由各任课老师录入到学校的成绩数据库中。李老师先制作了成绩单的式样，然后将"成绩单"复制了 40 次，准备把每个学生的姓名、各门课的分数填写进去。但接下来李老师发现在成绩数据库中学生成绩都已存在，再填写不仅是一件重复、花时间的事情，而且极容易出错，这并不是一件轻松的事情。所以李老师查看相关书籍，发现 Word 的邮件合并功能非常适合这种情况。

教学导航

知识目标	① 邮件合并主文档。 ② 邮件合并数据源。 ③ 插入合并域。 ④ 合并到新文档。 ⑤ 邮件合并的操作步骤。
技能目标	① 熟练制作邮件合并的主文档模板。 ② 准备现有的或制作邮件合并的数据源。 ③ 熟练数据源的打开方法。 ④ 学会插入合并域。 ⑤ 熟练邮件合并的操作步骤。 ⑥ 会保存或打印邮件合并的结果。
态度目标	① 培养学生的自主学习能力和知识应用能力。 ② 培养学生勤于思考、认真做事的良好作风。 ③ 培养学生具有良好的职业道德和较强的工作责任心。 ④ 培养学生理论联系实际的工作作风、独立工作的能力，树立自信心。
本章重点	① 邮件合并素材的准备。 ② 邮件合并的操作方法。

续表

本章难点	邮件合并的操作方法。
教学方法	理论实践一体化，教、学、做合一。
课时建议	4 课时（含课堂实践）。
效果展示	"成绩单"邮件合并效果如图 8-1 所示。 图 8-1　"成绩单"邮件合并效果图
操作流程	制作成绩单模板→准备邮件合并数据源→打开邮件合并工具栏→设置邮件合并文档类型→打开数据源→插入域→合并到新文档→保存或打印邮件合并结果。

知识准备

　　邮件合并是将几个文档合并为一个文档的操作。Word 中用于邮件合并的文档有两个：一是包括所有文件共有内容的主文档，主文档中的内容是最终文档中不变的内容（比如未填写成绩的成绩单）；二是包括变化信息的数据源，数据源负责提供最终文档中变化的数据（比如所有学生的姓名、各科成绩等）。因此，进行邮件合并大致分为三个步骤，首先建好数据源文档，如果源文档已经存在可以在邮件合并时直接打开，避免重复劳动，然后创建主文档模板，最后合并邮件。

一、邮件合并的数据源

　　数据源可看成是一张简单的二维表格。表格中的每一列对应一个信息类别，如姓名、性别、职务、住址等。各个数据域的名称由表格的第一行来表示，这一行称为域名行，随后的每一行为一条数据记录。数据记录是一组完整的相关信息，如某个收件人的姓名、性别、职务、住址等。

　　可用作邮件合并的数据源有：Word 表格、Excel 电子表格、Visual Foxpro 数据表、Access 数据表等。这里只简单介绍 Excel 电子表格和 Word 表格作为数据源。

1. 使用 Excel 文件作为数据源

使用 Excel 数据作为邮件合并的数据源，需要注意的是 Excel 工作簿的第一行必须是字段名，数据行中间不能有空行。

2. 使用 Word 表格作为数据源

使用 Word 中的数据作为邮件合并的数据源，必须是规则表格，即标题只有一行，所有表格线都是贯穿到底的表格。

二、新建主文档

邮件合并的原理是将发送的文档中相同的重复部分保存为一个文档，称为主文档；将不同的部分，如很多收件人的姓名、地址等保存成另一个文档，称为数据源；然后将主文档与数据源合并起来，形成用户需要的文档。

邮件合并功能不仅用来处理邮件或信封，也可用来处理具有上述原理的文档。常见的邮件合并案例有：奖状、录取通知书、给同事或企业合作伙伴的贺卡、邀请函等，这些案例有一个统一的特点：同样的内容要寄送给很多不同的人。

"主文档"就是固定不变的主体内容，实质上就是创建一个模板，如成绩单上的考试科目名称、贺卡上的公司名称等。成绩单主文档如图 8-2 所示。

湖铁职院 08 环境艺术专业

2008-2009 学年 第 2 学期 第 4 阶段 各科考试成绩表

学号：　　　　　　　　　姓名：

科目	成绩	班级平均	备注
计算机应用			
网页设计			
C#程序设计			
软件测试			
数学建模			
计算机英语			
就业指导			

图 8-2　"成绩单"主文档

三、邮件合并

邮件合并就是将数据源中的可变数据和主文档的共有文本进行合并，生成一个合并文档或打印输出。

操作实战　制作成绩单

1. 操作任务

① 准备数据源。可利用已有的数据源或用 Word 建立成绩表表格，以"成绩表.docx"保存备用。

② 制作成绩单模板。新建一个空白文档，保存为"成绩单模板.docx"，输入成绩单中固定不变的内容，并排好版。

③ 邮件合并。利用制作的成绩单创建邮件合并的主文档，打开成绩单数据源，运用邮件合

并功能为每个学生生成一张成绩单。保存为"成绩单.docx"。

2．操作步骤

（1）创建成绩表数据源

在 Word 中创建一个规则的表格"成绩表"，或打开"素材"文件夹下的"成绩表.docx"素材，如图 8-3 所示。

学号	姓名	计算机应用	网页设计	C#程序设计	软件测试	数学建模	计算机英语	就业指导
200911010101	张玉洁	78	89	84	84	84	85	73
200911010102	赵明明	68	98	94	73	76	73	76
200911010103	项银平	67	65	83	93	73	74	63
200911010104	卢超	89	76	73	73	72	83	93
200911010105	高贝贝	78	77	94	83	83	73	83
200911010106	李圆圆	85	85	93	84	76	78	73
200911010107	王卫桃	86	53	83	87	63	63	83
200911010108	梁倩婷	73	91	62	84	92	66	91

图 8- 3 "成绩表"数据源

（2）建立主文档

新建一个 Word 文档，命名为"成绩单主文档.doc"。根据自己喜好设计成绩单的格式，如图 8-4 所示。输入成绩单中不变的内容，因每位同学的各科成绩的"班级平均"是相同的，可根据 Word 的公式计算出各科成绩的平均值，再将此内容填入到"班级平均"中。

湖铁职院 08 环境艺术专业

2008-2009 学年 第 2 学期 第 4 阶段 各科考试成绩表

学号： 姓名：

科目	成绩	班级平均	备注
计算机应用		78	
网页设计		79.25	
C#程序设计		83.25	
软件测试		82.63	
数学建模		77.38	
计算机英语		74.38	
就业指导		79.38	

图 8-4 输入"班级平均"的"成绩单"主文档

（3）邮件合并，将数据源合并到主文档中

步骤一：选择"邮件"选项卡"开始邮件合并"组中的"选择收件人"→"使用现有列表"命令，如图 8-5 所示。此时"邮件"选项卡中的大部分命令是不可用的。

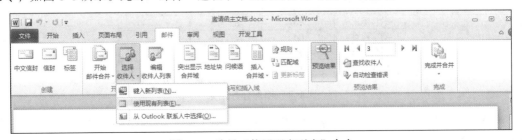

图 8-5 选择"使用现有列表"命令

步骤二：在弹出的"选择数据源"对话框中选择准备好的"素材"文件夹下的"成绩表.docx"，并单击"打开"按钮。此时"邮件"选项卡中的很多功能变为可用状态，不再灰色显示，此时"成绩单主文档"已经与"成绩表"表中的内容相互关联。

步骤三：将光标定位于成绩单主文档中"学号"文字内容之后，选择"编辑和插入域"组中的"插入合并域"→"学号"字段，如图 8-6 所示。依次在相应位置插入不同的合并域，插入后的效果 8-7 所示。此时"邮件"选项卡"预览结果"组中的命令全部被激活（可用）。

图 8-6　"插入合并域"

湖铁职院 08 环境艺术专业

2008-2009 学年 第 2 学期 第 4 阶段 各科考试成绩表

学号：《学号》　　　　　　姓名：《姓名》

科目	成绩	班级平均	备注
计算机应用	《计算机应用》	78	
网页设计	《网页设计》	79.25	
C#程序设计	《C 程序设计》	83.25	
软件测试	《软件测试》	82.63	
数学建模	《数学建模》	77.38	
计算机英语	《计算机英语》	74.38	
就业指导	《就业指导》	79.38	

图 8-7　"插入合并域"效果图

步骤四：选择"邮件"选项卡中的"开始邮件合并"→"信函"命令。再选择"邮件"选项卡中的"预览结果"命令，查看效果，若无误。再选择"邮件"选项卡中的"完成并合并"→"编辑单个文档"命令，弹出"合并到新文档"对话框，合并记录选择"全部"，然后单击"确定"按钮，生成图 8-8 所示的文档内容，文件名为"信函 1"。此时成绩表表格中的数据将全部按域合并到成绩单中。

湖铁职院 08 环境艺术专业

2008-2009 学年 第 2 学期 第 4 阶段 各科考试成绩表

学号：200911010101　　　　　　姓名：张玉洁

科目	成绩	班级平均	备注
计算机应用	78	78	
网页设计	89	79.25	
C#程序设计	84	83.25	
软件测试	84	82.63	
数学建模	84	77.38	
计算机英语	85	74.38	
就业指导	73	79.38	

图 8-8　邮件合并结果

步骤五：单击"保存"按钮，取名为"成绩单.docx"。每张准考证之间插入了一个"分页分节符"，可以删除该"分页分节符"。稍作排版后可打印输出。

课堂实践　制作计算机高新技术考试准考证

1．操作要求

① 创建数据源。可利用已有的数据源或用 Word 建立学生报名信息表的表格，以"计算机高新技术考试学生报名信息表.doc"保存备用。

② 制作准考证。新建一个空白文档，对文档进行页面设置，保存为"计算机高新技术考试准考证模板.doc"。

③ 邮件合并，将数据源合并到主文档中。

2．操作步骤

① 略。

② 新建 Word 文档，输入标题"2014 年下半年全国高新技术考试准考证"，设置"宋体、三号、加粗"，在标题行段落处按 Enter 键，产生一个新的段落。在"开始"选项卡中选择"样式"→"清除格式"命令。插入一个 5 行 5 列的表格，分别合并第 1 行 2、3、4 列单元格，第 2 行 2、3、4 列单元格，第 4 行 2、3、4 列单元格和各行第 5 列单元格。输入表格单元格内相应的内容，并保存。

③ 选择"邮件"选项卡"开始邮件合并"组中的"选择收件人"→"使用现有列表"命令，在"选取数据源"对话框中选择"计算机高新技术考试学生报名信息表.docx"（"计算机高新技术考试学生报名信息表.docx"在"素材"文件下。）。将光标移到文档中要插入数据的地方，如"准考证号码"的后面，选择"编辑和插入域"组中的"插入合并域"→"准考证号码"命令，将其他需要添加合并域的地方，分别插入相应的合并域。全部合并域插入完后，选择"邮件"选项卡中的"完成并合并"→"编辑单个文档"，打开"合并到新文档"对话框，合并记录选择"全部"，然后单击"确定"按钮，保存为"计算机高新技术考试准考证.doc"。

3．效果展示

计算机高新技术考试准考证插入合并域的效果如图 8-9 所示。

2014 年下半年全国高新技术考试准考证

准考证号码	《准考证号码》			照片
身份证号码	《身份证号码》			
姓名	《姓名》	性别	《性别》	
考试时间	《考试时间》			
考场号	《考场号》	座位号	《座位号》	

注意：1.学生进入考场必须携带身份证和准考证。
　　　2.学生必须按照准考证上的考试时间提前半小时进入考场照相。
　　　3.照相后根据考试证的座位号入座，严禁喧哗。

图 8-9　插入"合并域"的准考证效果图

疑难解析

问题 1：如何在一页内自动放置 2 个 "成绩单"，不需人为删除"分页分节符"，而达到节约纸张的目的？

答：

步骤一：插入"合并域"后，选择整个"成绩单"，选择"复制"命令，把插入点定位到第 1 个"成绩单"下方的空白位置，将"成绩单"粘贴一次，得到第 2 个"成绩单"，调整两个成绩单之间的距离。

步骤二：将光标定位在两个成绩单之间的位置上，选择"编写和插入域"组中的"规则"→"下一记录"命令，如图 8-10 所示。

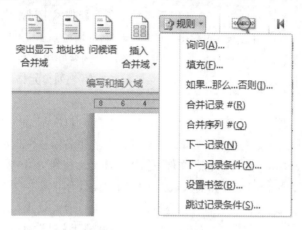

图 8-10　"规则"下拉列表

步骤三：选择"邮件"选项卡中的"完成并合并"→"编辑单个文档"命令，弹出"合并到新文档"对话框，合并记录选择"全部"，然后单击"确定"按钮。可单击"打印文档"按钮直接打印文档。

问题 2：什么是域？

答：域是文档中可能发生变化的数据或邮件合并文档中套用信封、标签的占位符。可能发生变化的数据包括目录、索引、页码、打印日期、储存日期、编辑时间、作者、文件命名、文件大小、总字符数、总行数、总页数等，在邮件合并文档中为收信人单位、姓名、头衔等。

实际上可以这样理解域，域就是一段程序代码，文档中显示的内容是域代码运行的结果。例如，在成绩单中插入"姓名"并合并之后，显示的是来自 Word 表格中的数据。在主文档中插入姓名域的位置，按下 Shift+F9 组合键，将显示{ MERGEFIELD 姓名 }，再按 Shift+F9 组合键，重新显示人的姓名。即在成绩单文档中插入的"姓名"，实际是一个域，我们看到每张成绩单的姓名都不同，这是域代码 MERGEFIELD 的运行结果。Shift+F9 组合键是显示域代码和域结果的切换开关。

大多数域是可以更新的，当域的信息源发生了改变，可以更新域让它显示最新信息，这可以让文档变为动态的信息容器，而不是内容一直不变的静止文档。域可以被格式化，可以将字体、段落和其他格式应用于域结果，使它融合在文档中。域也可以被锁定，断开与信息源的链接并被转换成不会改变的永久内容，也可以解除域锁定。

通过域可以提高文档的智能性，在无须人工干预的条件下自动完成任务，例如：编排文档页码并统计总页数；按不同格式插入日期和时间并更新；通过链接和引用在活动文档中插入其他文档；自动编制目录、关键词索引、图表目录；实现邮件的自动合并与打印；创建标准格式分数、为汉字加注拼音等。

课外拓展 **制作公司请柬**

制作公司请柬，效果图如图 8-11 所示。

图 8-11 公司请柬邮件合并效果图

项目小结

邮件合并适用于需要制作的数量比较大且文档内容可分为固定不变和变化的部分（比如打印信封，寄信人信息是固定不变的，而收信人信息是变化的），变化的内容来自数据源中含有标题行的数据记录表。邮件合并的基本过程包括三个步骤，建立主文档、准备数据源、将数据源合并到主文档中，只要理解了这些过程，就可以得心应手地利用邮件合并来完成批量作业。

项目 九

制作"流程图"和"试卷"

在工作中，常常会制作试卷、业务流程之类的流程图。Word 的早期版本，需要在线条的对准等细节问题上耗费大量的时间，而 Word 2010 在流程图的绘制方面引入了 Visio 的很多绘图工具，比如连接符，流程图的绘制比以前方便了许多，也容易了许多。前面已经有了制作表格、制作图文混排文档的基础，本项目学习流程图和试卷的制作就相对简单的了。

项目描述

在写毕业论文时，小李需要在论文中绘制电机正反转电路图，双速电机启动控制线路图，小李查找了许多资料，发现 Word 提供的绘图工具就能满足毕业设计中图的要求。在绘制流程图时，小李用到了绘图中的自选图形、绘图画布并结合以前学过的文本框等知识就显得心应手了。毕业论文指导老师因为要出 10 套复习试卷，任务量大，时间紧，小李帮助老师制作了复习试卷的模板，这样 10 套试卷只要输入内容就可以很快制作出来，在制作试卷过程中用到了以前学过的表格的制作、分栏的使用等相关知识，试卷的制作就是对 Word 知识的综合应用。

教学导航

知识目标	① 掌握形状的使用。 ② 掌握在连接符上文本框的使用。
技能目标	① 学会制作各种类型流程图。 ② 学会连接符的使用。 ③ 学会制作试卷表头。 ④ 学会制作试卷密封线。 ⑤ 学会使用分栏工具。
态度目标	① 培养学生的自主学习能力和知识应用能力。 ② 培养学生勤于思考、认真做事的良好作风。 ③ 培养学生具有良好的职业道德和较强的工作责任心。 ④ 培养学生理论联系实际的工作作风、独立工作的能力，树立自信心。
本章重点	各种形状的使用。
本章难点	连接线、连接符等操作。
教学方法	理论实践一体化，教、学、做合一。
课时建议	2 课时（含课堂实践）。

效果展示

"试卷"和"流程图"效果图如图 9-1 所示。

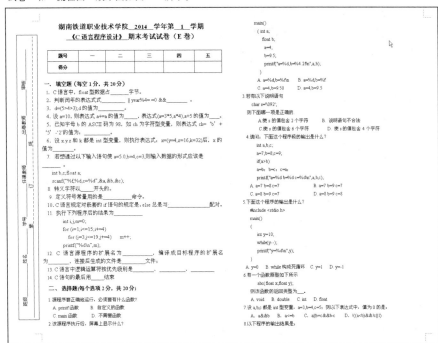

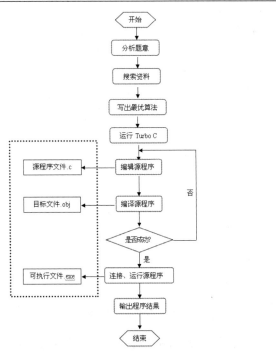

图 9-1 "试卷"和"流程图"效果图

操作流程 | 新建文件→页面设置→表头制作→密封线的制作→文本录入→分栏→保存文档→关闭文档。

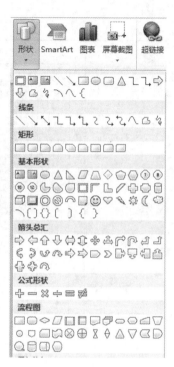

知识准备

1．流程图

选择"插入"选项卡"插图"组中的"形状"下拉列表中，在"流程图"区域可单击所需的形状，如图9-2所示。

2．绘图画布

绘图画布是在创建图形对象（如自选图形和文本框）时产生的。它是一个区域，可在该区域上绘制多个形状。因为形状包含在绘图画布内，所以它们可作为一个单元移动和调整大小。这个绘图画布可帮助排列并移动多个图形，当图形对象包括几个图形时这个功能会很有帮助。有了绘图画布，排列、移动一组图形就非常方便。

绘图画布还在图形和文档的其他部分之间提供一条类似框架的边界。默认情况下，绘图画布没有背景或边框，但是如同处理图形对象一样，可以对绘图画布应用格式。

选择"插入"选项卡"插图"组中的"形状"→"新建绘图画布"命令即可。

图9-2 "形状"下拉列表

3．连接符

建立各种图形之间的连接，可以使用连接符建立连接。连接符在"形状"下拉列表的"线条"区域中，看起来像线条，但是它将始终与其附加到的形状相连。也就是说，无论怎样拖动各种形状，只要它们是以连接符相连的，就会始终连在一起。在 Word 提供了3种线形的连接符用于连接对象：直线、肘形线（带角度）和曲线，如图9-3所示。

选择连接符后，将鼠标指针移动到对象上时，会在其上显示蓝色连接符位置。这些点表示可以附加连接符线的位置。

用自选图形制作图9-4所示的4个图形，然后用带箭头的肘形线连接符和直线连接符将图形连接到一起，如图9-4所示。

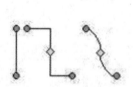

图9-3 3种线形的连接符

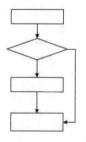

图9-4 用连接符连接的图形

如果需要将最下面的矩形向下挪动一点，就可以拖动这个矩形。连接符随着矩形的拖动会有相应的变化，但始终不会离开矩形，如图9-5所示。

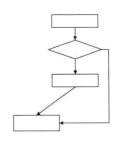

图 9-5 移动矩形后的图形

如果有一条连接符连接错了地方，需要调整，则需要先解除连接符的锁定。具体操作方法是：移动连接符的任一端点，也就是图 9-6 所示的端点，则该端点将解除锁定或从对象中分离。然后可以将其锁定到同一对象上的其他连接位置。

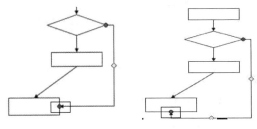

图 9-6 连接符的调整

操作实战 制作"试卷"

1. 操作任务

① 新建一个 Word 空白文档。

② 设置页面。

③ 制作密封线。

④ 制作试卷表头。

⑤ 试卷分栏。

2. 操作步骤

① 略。

② 试卷通常使用 A3 纸、横向、分两栏印刷，因此在制作之前，先要设置页面。设置纸张大小为 A3 纸；再选择"页边距"，设置好边距，并选中"横向"方向，单击"确定"按钮返回。

③ 一般的试卷上都有密封线，可以用文本框来制作。

选择"插入"选项卡中的"文本框"→"绘制竖排文本框"命令，再在文档中拖出一个文本框，并仿照图 9-7 的样式输入字符及下画线。

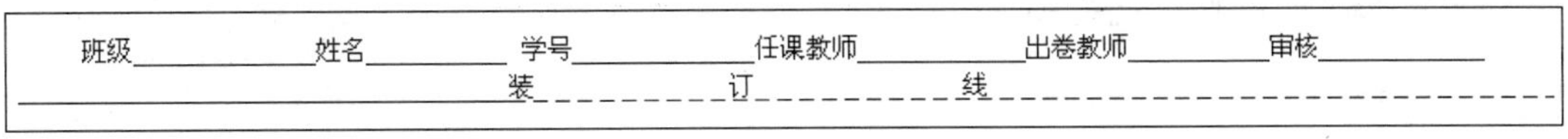

班级_____ 姓名_____ 学号_____ 任课教师_____ 出卷教师_____ 审核_____
装 _____ 订 _____ 线 _____

图 9-7 密封线

◎提示

制作下画线时，单击"开始"选项卡"字体"组右下角的对话框启动器按钮，弹出"字体"对话框，在"下画线线型"和"下画线颜色"下拉列表中选择相应的选项，单击"确定"按钮，如图9-8所示。

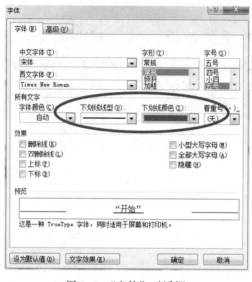

图9-8 "字体"对话框

④ 试卷表头。一般所有文档标题的字体比正文字体要大，在本试卷中标题字体设为小二号字，正文字号为五号字，标题一般为粗体。

选择"插入"选项卡中的"表格"→"插入表格"命令，弹出"插入表格"对话框，在"表格尺寸"区域中选择列数为7，行数为3，"'自动调整'操作"区域中选择根据内容调整表格，单击"确定"按钮。全选表格，右击，在弹出的快捷菜单中选择单元格对齐方式，选择中部居中，在表格中输入内容即可，如图9-9所示。

湖南铁道职业技术学院　2014　学年第　1　学期
《C语言程序设计》 期末考试试卷（E卷）

题号	一	二	三	四	五
得分					

图9-9 试卷表头

⑤ 试卷分栏。先输入试卷内容，全部选定试卷内容（选择"全选"或按 Ctrl+A 组合键），在"页面布局"选项卡中选择"分栏"→"两栏"命令。

📖课堂实践 制作"流程图"

1. 操作要求

① 按照效果图画出自选图形。

② 用连接符连接各图形。

③ 在连接符相应位置标示文字。

2. 操作步骤

① 选择"插入"选项卡中的"形状"命令,在其下拉列表中选择"流程图"中的"流程图:准备"图形,拖动鼠标左键画出流程图中的第一个图形,重复以上步骤,一一画出所有自选图形。

② 根据效果图选择相应的连接符将各个图形连接在一起。

③ 在连接符相应位置插入一个文本框,输入内容"是",选中文本框,选择"绘图工具-格式"选项卡"形状填充"下拉列表中的"无填充颜色"命令,在"形状轮廓"下拉列表中选择"无轮廓"命令即可,如图 9-10 所示。

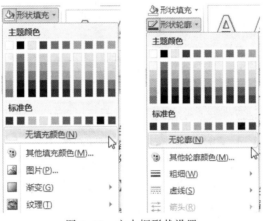

图 9-10　文本框形状设置

④ 在"流程图"左边插入文本框,将"源程序文件""目标文件""可执行文件"3 个图形框起来,然后选中文本框,在"形状轮廓"下拉列表中选择"粗细"为 2.25 磅的粗线,"虚线"为"圆点"。在"下移一层"下拉列表中选择"衬于文字下方"命令,如图 9-11 所示。

图 9-11　文本框位置设置

3. 效果展示

"流程图"效果图如图 9-12 所示。

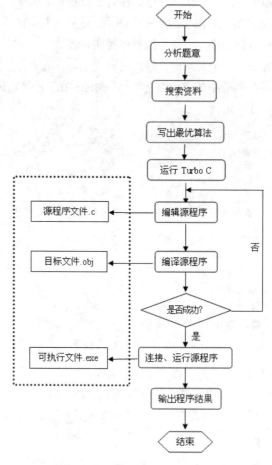

图 9-12 "流程图"效果图

疑难解析

问题 1：绘图画布的作用有哪些？

答： 它是类似图文框的一种环境，有助于在文档中插入和安排一幅或多幅图形。它对由若干形状组成的图形尤其有用。绘图画布还提供图形与文档其余部分之间的边界，默认情况下，绘图画布没有边界或背景，但是可以像对任何图形对象一样，对绘图画布应用格式。

问题 2：如何插入 SmartArt 图形？

答： SmartArt 图形是信息和观点的视觉表示形式。虽然插图和图形比文字更有助于理解和回忆信息，但大多数人仍创建仅包含文字的内容。要创建具有设计师水准的插图很困难，使用 SmartArt 图形的插入功能，只要单击几下，即可创建具有设计师水准的插图。可以通过从多种不同布局中进行选择来创建 SmartArt 图形，从而快速、轻松、有效地传达信息。方法是：选择"插入"选项卡"插入"组中的"SmartArt"命令，弹出"选择 SmartArt 图形"对话框，如图 9-13 所示。

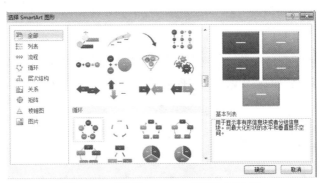

图 9-13 "选择 SmartArt 图形"对话框

课外拓展 制作"学院教职工请假流程图"

制作"学院教职工请假流程图",效果如图 9-14 所示。

学院教职工请假流程图

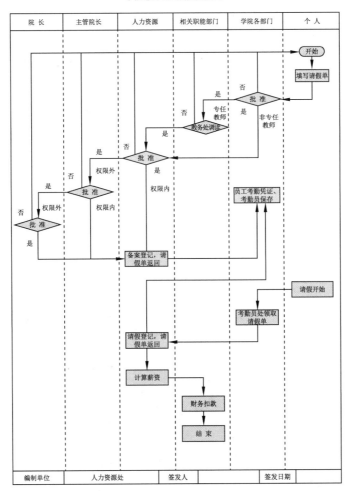

图 9-14 "学院教职工请假流程图"效果图

项目小结

本项目通过"流程图""试卷"的制作，将前面所学的知识融合在一起，同时详细介绍了新的知识点绘图画布、连接符的使用以及文本框的使用技巧。可以用同样的方法轻松地创建组织结构图等多种图表。

模块三 Excel 2010 图表制作

Excel 2010 是微软公司推出的 Office 2010 套件中的一个功能强大的图表制作软件，其计算功能强大、使用方便，具有较强的智能性，不仅可以制作各种精美的电子表格和图表，还可以对表格中的数据进行分析和处理，是提高办公效率的得力工具，广泛应用于财务、金融、统计、人事、行政管理等领域。

项目十 制作学生成绩表

本项目通过"学生的考试成绩表""企业的人事报表"由浅入深地介绍 Excel 表格的数据录入、格式设置、公式和函数、数据处理及多工作表操作等内容，循序渐进地介绍 Excel 2010 的应用。

项目描述

某学校通信与信号学院信息管理 161 班班主任让班长张帅制作本班级的学生成绩汇总表，经过几天准备，张帅把所有素材收集完毕，准备开始编辑了，首先是对 Excel 的版面进行整体设计，包括新建工作簿与工作表，设置版面的大小，文字的录入与编辑，工作表的行、列设置，工作表的格式设置，工作表的打印设置等。

教学导航

知识目标	① 熟练掌握 Excel 工作表的行、列的基本操作。 ② 熟练掌握 Excel 工作表单元格的格式设置。 ③ 熟练掌握 Excel 工作簿中多工作表的操作。 ④ 熟练掌握 Excel 工作表的打印设置。 ⑤ 熟练掌握 Excel 数据文档的修订与保护。
技能目标	① 熟练掌握 Excel 工作表的行、列的基本操作。 ② 熟练掌握 Excel 工作表单元格的格式设置的操作。 ③ 熟练掌握 Excel 工作簿中多工作表的操作。 ④ 熟练掌握 Excel 工作表的打印设置操作。 ⑤ 熟练掌握 Excel 数据文档的修订与保护操作。

续表

<table>
<tr><td>态度目标</td><td>① 培养学生的自主学习能力和知识应用能力。
② 培养学生勤于思考、认真做事的良好作风。
③ 培养学生具有良好的职业道德和较强的工作责任心。
④ 培养学生理论联系实际的工作作风、独立工作的能力，树立自信心。
⑤ 培养学生用较好的心态学习 Excel 的相关操作，并熟练 Excel 的操作流程。。</td></tr>
<tr><td>本章重点</td><td>工作表中行、列的基本操作、单元格的格式设置、工作簿中多工作表的操作、工作表的打印设置、数据文档的修订与保护等操作。</td></tr>
<tr><td>本章难点</td><td>工作表单元格的格式设置、工作簿中的多工作表、数据文档的修订与保护等操作。</td></tr>
<tr><td>教学方法</td><td>理论实践一体化，教、学、练合一。</td></tr>
<tr><td>课时建议</td><td>4 课时（含课堂实践）。</td></tr>
<tr><td>效果展示</td><td>“学生成绩表”效果图如图 10-1 所示。
<table>
<tr><th colspan="9">信息管理161班记分册</th></tr>
<tr><th>学号</th><th>姓名</th><th>性别</th><th>大学英语</th><th>计算机应用</th><th>高等数学</th><th>应用文写作</th><th>平均成绩</th><th>名次</th></tr>
<tr><td>20160371[illegible]</td><td>王帅</td><td>女</td><td>70.00</td><td>91.90</td><td>73.00</td><td>65.00</td><td>74.98</td><td></td></tr>
<tr><td>20160371[illegible]</td><td>梁浩</td><td>女</td><td>60.00</td><td>86.00</td><td>66.00</td><td>42.00</td><td>63.50</td><td></td></tr>
<tr><td>20160371[illegible]</td><td>朱圣杰</td><td>男</td><td>46.00</td><td>72.60</td><td>79.00</td><td>71.00</td><td>67.15</td><td></td></tr>
<tr><td>20160371[illegible]</td><td>李友辉</td><td>男</td><td>75.00</td><td>75.10</td><td>95.00</td><td>99.00</td><td>86.03</td><td></td></tr>
<tr><td>20160371[illegible]</td><td>王泽优</td><td>女</td><td>78.00</td><td>78.50</td><td>98.00</td><td>88.00</td><td>85.63</td><td></td></tr>
<tr><td>20160371[illegible]</td><td>詹亮</td><td>女</td><td>93.00</td><td>81.20</td><td>43.00</td><td>69.00</td><td>71.55</td><td></td></tr>
<tr><td>20160371[illegible]</td><td>徐凯</td><td>女</td><td>96.00</td><td>84.50</td><td>31.00</td><td>65.00</td><td>69.13</td><td></td></tr>
<tr><td>20160371[illegible]</td><td>王燕波</td><td>男</td><td>36.00</td><td>97.80</td><td>71.00</td><td>53.00</td><td>64.45</td><td></td></tr>
<tr><td>20160371[illegible]</td><td>楚静</td><td>男</td><td>35.00</td><td>82.40</td><td>84.00</td><td>74.00</td><td>68.85</td><td></td></tr>
<tr><td>20160371[illegible]</td><td>李志鹏</td><td>女</td><td>0.00</td><td>90.90</td><td>35.00</td><td>67.00</td><td>48.23</td><td></td></tr>
<tr><td>20160371[illegible]</td><td>张波</td><td>女</td><td>47.00</td><td>98.70</td><td>79.00</td><td>98.00</td><td>80.68</td><td></td></tr>
<tr><td>20160371[illegible]</td><td>李蔚</td><td>男</td><td>96.00</td><td>81.60</td><td>74.00</td><td>86.00</td><td>84.40</td><td></td></tr>
<tr><td>20160371[illegible]</td><td>段汝泳</td><td>女</td><td>76.00</td><td>78.40</td><td>85.00</td><td>81.00</td><td>80.10</td><td></td></tr>
</table>
图 10-1 “学生成绩表”效果图</td></tr>
<tr><td>操作流程</td><td>新建工作簿→给新建工作簿重命名→新建工作表→给新建工作表重命名→按要求录入文本→单元格的行列的操作→单元格合并对齐设置→单元格边框设置→单元格底纹设置→单元格字体设置→工作表的打印设置→工作表的保护设置→保存工作簿。</td></tr>
</table>

知识准备

要制作“学生成绩表”，可以经过几个步骤来完成。首先必须建立一个 Excel 空白工作簿，然后将相关数据（文字、数值、日期和时间、有效数据等数据）录入到新建工作簿的相应工作表中→编辑单元格格式（数字格式、对齐方式、字体格式、边框与底纹格式、工作表背景等）→页面设置（设置页面的方向、缩放、纸张大小、页边距、页眉和页脚、设置打印区域等）→保存（将编辑排版后的工作簿存放在磁盘上，可以边录入边保存，防止出现异常现象文件丢失）→打印（将文档从打印机中输出）。

一、Excel 2010 的基本概述

最新版本的 Excel 2010，与以往的各个版本相比，在功能上、界面上都有了很大的改变，本节主要就从启动与退出、工作界面和基本概念 3 个方面进行简单介绍。

1．Excel 2010 的启动与退出

（1）Excel 2010 的启动

确保在 Windows 系统环境下，已经安装了 Excel 2010，执行下列任何一个操作，均可启动 Excel。

方法一：通过"开始"菜单启动

从"开始"菜单启动：选择"开始"→"程序"→Microsoft Office 2010→Microsoft Excel 2010 命令。

方法二：通过快捷方式启动

从桌面快捷方式启动：双击桌面上的 Excel 2010 中文版的快捷图标。

（2）Excel 2010 的退出

电子表格编辑完毕并保存后，即需要退出，其方法主要有：

方法一：通过"文件"按钮退出

选择"文件"→"退出"命令，如果文档修改过且没有存盘，Excel 2010 将弹出一个对话框，询问是否存盘。当关闭所有打开文件后，即退出 Excel 2010。

方法二：通过窗口右上角的"关闭"按钮退出

在 Excel 2010 窗口的右上角单击"关闭"按钮，即可关闭 Excel 2010。

方法三：快捷键退出

在 Excel 2010 窗口中按 Alt+F4 组合键。

2．Excel 2010 的工作界面

启动 Excel 2010 时，系统将自动建立一个空白工作簿，它主要由"文件"按钮、快速访问工具栏、标题栏、功能区、名称框、编辑栏、工作区、工作表标签、状态栏、视图栏等组成。启动后屏幕将显示图 10-2 所示的 Excel 2010 工作窗口。

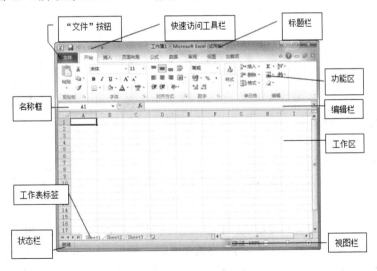

图 10-2　Excel 2010 工作窗口

（1）"文件"按钮

"文件"按钮取代了 Office 2007 版本中的 Office 按钮，主要用于工作簿的新建、打开、保存

等操作。

（2）快速访问工具栏

集成了一些常用工具按钮，除此之外，用户还可以根据个人需要添加其他按钮。

（3）标题栏

标题栏的居中位置用于显示 Excel 工作簿的名称，左侧为快速访问工具栏，右侧为 3 个控制按钮。

（4）名称框和编辑栏

名称框主要显示当前正在操作的单元格或者单元格区域名称，编辑栏主要用于向工作表中输入内容。

（5）工作区

工作区是文档窗口中最大的一块空白区域，主要供用户输入以及处理数据。

（6）工作表标签

工作表标签位于水平滚动条的左边，用于显示正在编辑的工作表名称。在同一个工作簿内单击相应的工作表标签，可在不同工作表之间进行选择与转换。

（7）状态栏

状态栏位于 Excel 2010 窗口的底部，主要用来显示已打开的工作簿当前的状态。

（8）视图栏

视图栏位于 Excel 2010 窗口的底部，用于切换不同视图以及缩小或放大工作簿比例。

3. Excel 2010 中常用的概念

（1）工作簿

工作簿是 Excel 中的一个基本概念，Excel 的文件就是工作簿，用户在 Excel 中的所有操作都是在工作簿中进行的。在深入学习 Excel 2010 之前，应先了解与掌握工作簿的一些基本知识。在 Excel 中，工作簿是处理和存储数据的 Excel 文件，其扩展名是.xlsx。

（2）工作表

工作表用于显示和分析数据。一个工作簿由若干个工作表组成，默认为 3 个，分别用 Sheet1、Sheet2、Sheet3 命名。工作表可根据需要增加或删除。工作表的名称显示在工作簿文件窗口底部的工作表标签中。当前工作表只有一个，称为"活动工作表"。用户可以在标签上单击工作表的名称，从而实现在同一工作簿不同工作表之间的切换。

（3）单元格

单元格是 Excel 工作表的基本元素，可以存放文字、数字和公式等信息。Excel 将单元格作为整体操作的最小单位。单元格的高度和宽度以及单元格内数据的对齐方式和字体大小等都可以根据需要进行调整。

每个单元格都有自己的名称和地址。单元格名称由其所在的列标和行号组成，列标在前，行号在后。如 B4 就代表了第 B 列、第 4 行所在的单元格。在 Excel 2010 中列标用字母表示，从左到右依次编号为 A，B，C，…，Z，AA，AB…，AZ，BA，BB，…，IV，…ZZ，AAA，AAB，…XFD，共 16 384 列。行号从上到下用数字 1，2，3，…，1 048 576 标记，共 1 048 576 行。

（4）填充柄

活动单元格右下角有一个小黑色方块，称为填充柄。将鼠标指针放置在填充柄上，当光标变成十字形时，按住鼠标左键并拖动即可将活动单元格的数据或公式复制到其他单元格。

二、Excel 2010 的基本操作

随着 Excel 2010 工作界面的改变，很多操作方式也会随之变化，用户对于 Excel 的应用，掌握工作簿和工作表的基本操作是必不可少的，并在此基础上掌握数据的基本输入及单元格的基本设置，从而熟练应用 Excel 2010 有效地完成有关数据的处理工作。

1. 工作簿的基本操作

（1）新建工作簿

在启动 Excel 2010 程序后，会自动产生一个标题为"工作簿 1"的空白工作簿，在该工作簿中可以输入数据，对数据进行计算和分析等操作。

① 选择"文件"→"新建"命令，在弹出的界面中选择"空白工作簿"选项，单击"创建"按钮，会再次新建工作簿，Excel 依次命名为"工作簿 2""工作簿 3"等，如图 10-3 所示。

图 10-3　利用"文件"按钮新建工作簿

② 可以利用快速访问工具栏中增加"新建"按钮创建工作簿，具体创建方式如图 10-4 所示。

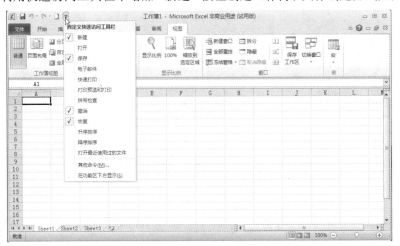

图 10-4　利用快速访问工具栏新建工作簿

③ 通过"计算机"窗口打开目标文件夹，在文件夹的空白处右击，在弹出的快捷菜单中选择"新建"→"Microsoft Excel 工作表"命令，如图 10-5 所示。

图 10-5　利用右键菜单创建空白工作簿

④ 按 Ctrl+N 组合键，可以快速创建一个新工作簿。

（2）打开工作簿

在 Excel 2010 中，如果需要对已经保存过的工作簿进行浏览或编辑操作，可以直接打开其工作簿。

① 快速打开工作簿。

a. Excel 2010 中最为普通的工作簿打开方式就是选择"文件"→"打开"命令，弹出"打开"对话框，然后在其中选择需要打开的工作簿即可，如图 10-6 所示。

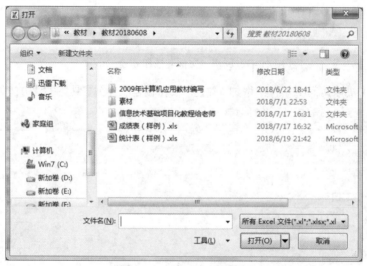

图 10-6　"打开"对话框

b. 单击"打开"按钮，即可打开所需要工作簿。

c. 如果要一次性打开多个工作簿，可按住 Ctrl 键或 Shift 键的同时选择多个要打开的工作簿名称，然后单击"打开"按钮。

② 利用快速访问工具栏打开工作簿。在 Excel 2010 中，可以通过按钮快速打开工作簿，在工作界面中单击快速访问工具栏中的"打开"按钮，如图 10-7 所示，弹出"打开"对话框，选择要打开的工作簿，单击"打开"按钮，即可打开相应工作簿。

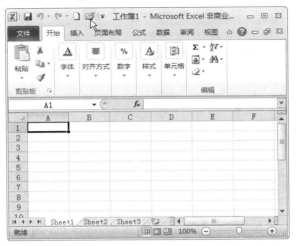

图 10-7　快速访问工具栏打开工作簿

（3）保存工作簿

对工作簿进行编辑后，可以通过按钮快速保存该工作簿，以便保存有效信息或更新后的信息。

① 单击快速访问工具栏中的"保存"按钮 🖫，如图 10-8 所示。

图 10-8　常用工具栏中的"保存"按钮

② 选择"文件"→"保存"命令可以实现保存操作，如图 10-9 所示。

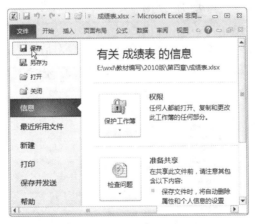

图 10-9　选择"保存"命令

③ 另存为工作簿。

a. 选择"文件"→"另存为"命令，弹出"另存为"对话框，如图 10-10 所示。

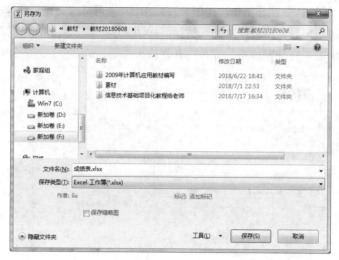

图 10-10 "另存为"对话框

b. 单击"保存位置"下拉按钮,在弹出的下拉列表中选择工作簿要存放的路径。如果要新建一个文件夹放置保存的文件,可以单击对话框上方的"新建文件夹"按钮,在弹出的"新文件夹"对话框中输入名称即可。

c. 在"文件名"文本框中输入要保存的工作簿名称。

d. 在"保存类型"下拉列表中选择要保存工作簿的文件类型,Excel 默认的文件类型为Microsoft Office Excel 工作簿,扩展名为.xlsx。

e. 全部选项设置完毕后,单击对话框中的"确定"按钮,可将工作簿保存到用户指定的文件夹位置。

④ 设置自动保存。编辑工作簿时难免会遇到计算机死机、突然断电等突发情况,如果为工作簿设置自动保存功能,则可在指定时间间隔后,自动保存所打开的工作簿,降低数据丢失的损失,从而避免不必要的麻烦。

a. 选择"文件"→"选项"命令,弹出"Excel 选项"对话框,如图 10-11 所示。

图 10-11 "Excel 选项"对话框

b. 选择"保存"选项卡，在右边选项区中勾选"保存自动恢复信息时间间隔"复选框，并在右侧数值框中输入保存时间的间隔，如图10-12所示。

图10-12 "Excel选项"对话框

c. 单击"确定"按钮，退出对话框。

（4）保护工作簿

① 选择"文件"→"另存为"命令，弹出"另存为"对话框，选择"工具"下拉列表中的"常规选项"命令，如图10-13所示。

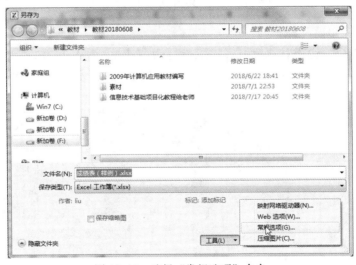

图10-13 选择"常规选项"命令

② 弹出"常规选项"对话框，如图10-14所示，并在"打开权限密码"和"修改权限密码"中输入所需密码。

③ 单击对话框中的"确定"按钮，弹出"确认密码"对话框，进一步确定所输入的密码。

④ 在对话框中再次输入相同的密码，然后单击"确定"按钮即可。

⑤ 如果要取消或更改密码，重新进行以上操作，在"常规选项"对话框中将设置的密码删

除或修改即可。

2．新建工件表

① 利用"插入工作表"命令插入工作表。

a. 单击工作表标签，确定要添加工作表的位置。

b. 选择"开始"→"单元格"→"插入"→"插入工作表"命令，如图 10-15 所示，即可在当前工作表前面插入一个新的工作表。

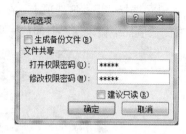

图 10-14 "常规选项"对话框

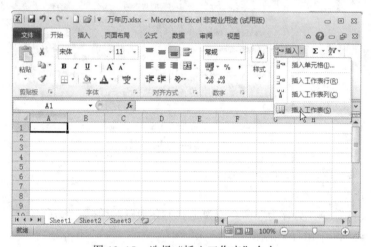

图 10-15 选择"插入工作表"命令

② 利用快捷菜单插入工作表。

a. 将鼠标指针放至工作表名称上，右击，弹出快捷菜单，如图 10-16 所示。

b. 选择"插入"选项，弹出"插入"对话框，如图 10-17 所示。默认选中工作表，单击"确定"按钮即可。

图 10-16 右键快捷菜单

图 10-17 "插入"对话框

3．切换工作表

在工作表的操作中，有时需要在打开的不同的工作表中采集数据，这就需要切换工作表。切换工作表方法如下：

① 单击工作簿底部的工作表标签。

② 使用组合键切换工作表：按 Ctrl+PgUp 组合键，切换到前一页工作表；按 Ctrl+PgDn 组合键，切换到后一页工作表。

③ 在标签滚动按钮上右击，在弹出的工作表列表中选择工作表。

④ 使用标签滚动按钮 可将隐藏的工作表显示出来。

4．重命名工作表

在日常生活中，工作表的名字与内容一般是一致的，而不能用 Excel 2010 所默认的名字，这就需要给工作表进行重命名。工作表重命名的方法如下：

① 将要重命名的工作表转化为当前工作表，在工作表标签上右击，在弹出的快捷菜单中选择"重命名"命令，输入新的工作表名称然后按 Enter 键即可。

② 将鼠标的光标置于要重命名的工作表的名称上，直接双击该工作表名称，输入要重命名的名称即可。

5．单元格的基本操作

（1）选定单元格

① 用鼠标选定单个单元格。在单元格上单击一下即可。

② 使用名称框选定单个单元格。在"名称框"中输入单元格的引用位置，如"B4"，然后按 Enter 键。

③ 使用搜索选定单个单元格。选定单个单元格的一种方式是选择"开始"→"查找和选择"→"查找"命令（或按快捷键 Ctrl+F），该命令允许用户通过单元格的内容来选择单元格。弹出"查找和替换"对话框，如图 10-18 所示，图中显示了单击"选项"按钮时出现的附加选项。

输入想要查找的文本后单击"查找全部"按钮，对话框将扩大，然后显示所有满足搜索条件的单元格。例如，图 10-19 显示了"所有女学生"的单元格。可以单击列表中的一项，滚动屏幕可看到上下文单元格。若要选择列表中的全部单元格，可先在列表中选择任意一项，然后按快捷键 Ctrl+A 选择全部单元格。

图 10-18　"查找和替换"对话框

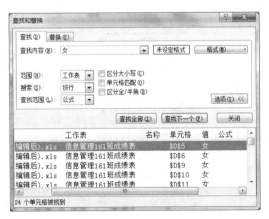

图 10-19　查找"女学生"的结果

（2）选定多个单元格

① 选定连续的单元格区域，主要有两种方法，具体的操作步骤如下：

方法一：

a. 将鼠标指针移到需要连续选定的单元格区域的第一个单元格。

b. 按住鼠标左键，沿需要选定区域的对角线方向拖动鼠标至最后一个单元格，选定区域会变成蓝色（其中第一个选定的单元格是白色），释放鼠标，即选定了所需的连续单元格区域。

方法二：

a. 单击需要选定的连续单元格区域左上角的第一个单元格。

b. 按住 Shift 键，同时单击该区域右下角的最后一个单元格。

② 选定不连续的单元格区域。

a. 单击需选定的不连续单元格区域中的任意一个单元格。

b. 按住 Ctrl 键，单击需选定的其他单元格，直到选定最后一个单元格，即可选定所有不连续的单元格。

③ 选定局部连续总体不连续的单元格。

a. 先用选定连续单元格的方法选定第一个连续区域。

b. 按住 Ctrl 键，用上面的方法选定另一个连续区域，直到把所有需选定的区域都选上。

（3）选定行和列

① 选定行。用户可以选定单行、连续行或局部连续总体不连续的行，操作步骤如下：

a. 将鼠标指针置于要选定行的行号上，鼠标指针变为 → 时，单击即可，如图 10-20 所示。

b. 单击连续行区域第一行的行号，按住 Shift 键，然后单击连续行区域最后一行的行号，选定连续行。

c. 若要选定局部连续但总体不连续的行，只要按住 Ctrl 键，然后依次选定需要选定的行即可。

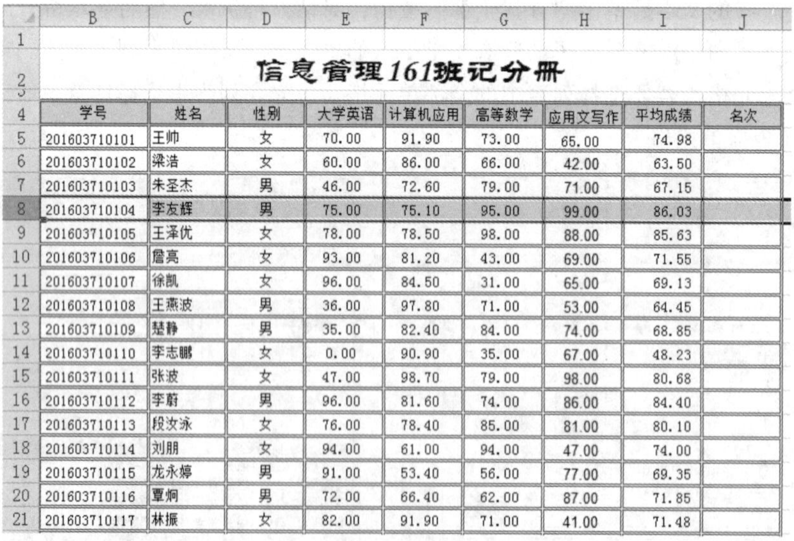

	B	C	D	E	F	G	H	I	J
1									
2	信息管理161班记分册								
4	学号	姓名	性别	大学英语	计算机应用	高等数学	应用文写作	平均成绩	名次
5	201603710101	王帅	女	70.00	91.90	73.00	65.00	74.98	
6	201603710102	梁浩	女	60.00	86.00	66.00	42.00	63.50	
7	201603710103	朱圣杰	男	46.00	72.60	79.00	71.00	67.15	
8	201603710104	李友辉	男	75.00	75.10	95.00	99.00	86.03	
9	201603710105	王泽优	女	78.00	78.50	98.00	88.00	85.63	
10	201603710106	詹亮	女	93.00	81.20	43.00	69.00	71.55	
11	201603710107	徐凯	女	96.00	84.50	31.00	65.00	69.13	
12	201603710108	王燕波	男	36.00	97.80	71.00	53.00	64.45	
13	201603710109	楚静	男	35.00	82.40	84.00	74.00	68.85	
14	201603710110	李志鹏	女	0.00	90.90	35.00	67.00	48.23	
15	201603710111	张波	女	47.00	98.70	79.00	98.00	80.68	
16	201603710112	李蔚	男	96.00	81.60	74.00	86.00	84.40	
17	201603710113	段汝泳	女	76.00	78.40	85.00	81.00	80.10	
18	201603710114	刘朋	女	94.00	61.00	94.00	47.00	74.00	
19	201603710115	龙永婷	男	91.00	53.40	56.00	77.00	69.35	
20	201603710116	覃峒	男	72.00	66.40	62.00	87.00	71.85	
21	201603710117	林振	女	82.00	91.90	71.00	41.00	71.48	

图 10-20 选定一行

② 选定列。选定列区域的操作与选定行区域的操作基本相同，只是将行换为列即可。

（4）选定工作表的所有单元格

用下面两种方法可以选定所有单元格：

① 单击工作表左上角行号与列号相交处的"选定全部"　　按钮。

② 按 Ctrl+A 组合键。

（5）编辑单元格的数据

① 撤销和恢复。如果对上次的操作情况不满意或者不小心删除了不应该删除的数据，即可用撤销的方式恢复上一步的操作。主要方法有两种，具体操作如下：

方法一：可以单击快速访问工具栏中的"撤销"按钮　，若要一次撤销多项操作，可单击"撤销"下拉按钮，在下拉列表中选择要撤销的项，Excel 将撤销所选操作及其之前的全部操作。

a.　"撤销"按钮右侧的"恢复"按钮　平时处于不可选状态，只有在经过撤销操作后，才会被激活，此时如果想恢复所做的撤销操作，单击该按钮即可。

b.　可以使用快捷键 Ctrl+Z 和 Ctrl+Y 实现撤销和恢复功能。

② 编辑单元格数据。当输入数据或者单击一个包含数据的单元格时，单元格的内容会显示在编辑栏中。需要编辑单元格中的内容时，可以双击单元格直接在单元格中进行编辑，也可以在编辑栏中输入新的数据进行编辑。当在单元格中进行编辑时，如果只是选取单元格，然后输入信息，则新的内容会覆盖单元格中的原始内容，如果不想覆盖原始内容，可双击单元格，直接在单元格中对数据进行编辑即可。

在编辑状态下，按 ↑ 键、↓ 键、← 键、→ 键，可在单元格或编辑栏中移动；按 Home 键或 End 键，可以使光标跳到单元格数据的开始或末尾；按 Insert 键，可以设置数据的插入或改写状态；按 Delete 键或 Backspace（有些键盘显示为←键）可以删除数据或选取的内容等。

如果在编辑的过程中想取消此次编辑，可用以下两种方法进行操作：

a.　在编辑过程中没有按 Enter 键或单击编辑栏左侧的"输入"按钮　进行确认，即可按 Esc 键或单击编辑栏左侧的"取消"按钮　。

b. 如果对编辑的内容已经进行确认且没有进行保存操作，可单击快速访问工具栏中的"撤消"按钮　进行撤销编辑操作。

③ 移动单元格数据。

a. 运用鼠标移动单元格数据。用鼠标移动单元格内容是最便捷的方式，但只适于在小范围内移动单元格内容。

- 单击要移动的单元格，将其选取。
- 将光标置于选定单元格边框的任意位置，光标将变为带箭头的十字形状。
- 按住鼠标左键并拖动至工作表新的位置，然后释放鼠标，所选单元格内容就被移到新的目标单元格。

b.　运用命令移动单元格数据。

- 选定要移动的单元格区域。
- 选择"开始"选项卡"剪贴板"组中的"剪切"命令，所选区域的边框将变成流动的虚线。
- 单击 Sheet2 工作表标签，使其成为当前工作表。
- 在 Sheet2 工作表中，按 Ctrl+A 组合键，然后单击"开始"选项卡"剪贴板"组中的"粘贴"命令，则所选表格被粘贴到 Sheet2 工作表中。

④ 复制单元格数据。

选择"开始"→"剪贴板"组中的"复制"命令或按快捷键 Ctrl+C，将选定内容复制到剪贴板中。

对单元格数据进行粘贴，粘贴的往往不仅是数据，还有可能包括公式、格式、背景颜色等特定内容，可通过"粘贴"下拉列表选择"选择性粘贴"命令，在弹出的对话框中进行所需格式设置，如图 10-21 所示。

6．工作表格式设置

若用户对建立好的工作表不满意，可以对工作表做一些格式设置，使工作表更加美观、更加一目了然。

（1）设置单元格字体

图 10-21 "选择性粘贴"对话框

对工作表的内容进行一些格式设置，就像 Word 中对正文进行排版一样，需要进行字体、段落等格式设置。设置字体格式需要使用"开始"选项卡中的"字体"组。具体操作如下：选定要设置字体的单元格，单击"开始"选项卡"字体"组右下角的对话框启动器按钮，弹出"设置单元格格式"对话框，如图 10-22 所示。切换到"字体"选项卡进行设置即可。

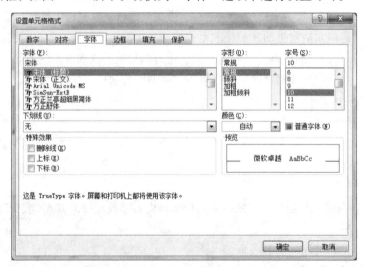

图 10-22 "设置单元格格式"对话框

（2）对齐单元格

默认情况下，单元格中的文字保持左对齐，而数字则右对齐，用户可以根据需要设置各种对齐方式。

要设置单元格文本的对齐方式，打开"设置单元格格式"对话框，选择"对齐"选项卡，选定所需要的对齐方式即可。

（3）格式化数字

工作表往往是由大量的数字组成的，而数字大致有以下几种类型，如表 10-1 所示。

表 10-1　Excel 的数字类型

类　型	说　明
常规	这种类型既无逗号也无小数点，如 100 000
数值	这种类型有一个可供选择的千位分隔以及可供选择的小数位数，如 100 000
货币	这种类型有可供选择的所有主要货币类型标志，如"240 元"即表示为￥240.00
日期	有十几种可供选择的显示日期的方式，如 110108-11-23、23-11-110108 等
时间	有 10 种可供选择的时间类型，如 1:30PM、13:00:00 等
百分比	输入的数据以百分数的形式显示，小数点的位数可以选择，如 1010.1010%
分数	可选择多种类型的分数表示方式，如百分之几（$\frac{30}{100}$）
文本	此方式可告诉 Excel，所输入的内容将作为文本处理
特殊	如邮政编码、电话号码等
自定义	可以自己建立数据类型

（4）合并单元格

在 Excel 工作表中，有时需要将几个单元格设置成一个单元格，具体操作如下：选定所要合并的单元格，打开"设置单元格格式"对话框，选择"对齐"选项卡，在"水平对齐"与"垂直对齐"中均选择"居中"，在"文本控制"中选择"合并单元格"即可。

（5）添加底纹

默认情况下，单元格既无颜色也无图案，可以根据自己的喜好为单元格添加颜色和图案，以增强工作表的视觉效果。

设置单元格颜色和图案的操作步骤如下：

① 选定要添加图案的单元格区域。

② 单击"开始"选项卡中"字体"组右下角的对话框启动按钮。

③ 在弹出的"设置单元格格式"对话框中选择"填充"选项卡。

④ 可以设置单元格底纹颜色和图案，在"示例"预览框中可以预览设置的效果，选择颜色之后单击"确定"按钮即添加了单元格颜色和图案。

三、工作表的打印设置

当建立好电子表格并做了一些修改工作后，最终结果往往需要通过打印机输出到纸上，Excel 能够轻松方便地打印出具有专业水平的报表，本节将详细说明如何进行打印操作、如何设置打印格式、如何在打印前先预览打印结果。

1．插入、删除分页线

插入垂直和水平分页线的操作方法：选定想从其开始新一页的单元格，选择"页面布局"选项中"页面设置"组中的"分隔符"→"插入分页符"命令，Excel 将在所选定单元格的上面和左面插入分页线。

只插入水平（垂直）分页线的操作方法：选定想从其开始新一页的行（列），选择"页面布局"选项中"页面设置"组中的"分隔符"→"插入分页符"命令，Excel 将在所选定行（列）的上（左）面插入分页线。

删除分页线的操作方法：选定垂直分页线右边或水平分页线下边的任意单元格，选择"页面布局"选项中"页面设置"组中的"分隔符"→"删除分页符"命令。

2．打印设置

用上述的打印方式仅能原样输出表格，如果对报表有更进一步的要求，如调整页面的大小、页边距的大小、页眉、页脚的说明文字等，可以通过设置打印输出的格式实现。

3．打印预览

制作完一份工作表后，可以使用打印预览命令，在屏幕上先看到要打印出来的结果，在查看的同时，可随时针对打印设置进行检查和修改，直到满意后才将其打印出来。具体操作如下：

单击"页面布局"选项卡"页面设置"组中的对话框启动器按钮，在弹出的"页面设置"对话框中单击"打印预览"按钮。

四、打印

若打印某张工作表，先打开存放该工作表的工作簿，再单击该工作表的标签，然后按如下步骤操作：

单击"页面布局"选项卡"页面设置"组中的对话框启动器按钮，在弹出的"页面设置"对话框中单击"打印"按钮，在弹出的界面中按照需要设置即可。

操作实战 制作学生成绩表

1．操作任务

（1）工作表的操作

① 新建工作簿，以"学生成绩表.xlsx"为文件名保存至"E：\学生记分册"文件夹中。

② 在"学生成绩表.xlsx"工作簿中将"Sheet1"重命名为"信息管理161班成绩表"。

③ 按照样例文件夹中的"学生成绩表（排版前）效果图"输入表格中的内容。

（2）设置工作表行、列

① 在标题行下方插入一行，设置行高为7.5。

② 将"201603710102"一行移至"201603710103"一行的上方。

③ 删除"201603710109"行上方的一行（空行）。

（3）设置单元格格式

① 将单元格区域B2:J2合并及居中；设置字体为华文行楷，字号为20，字体颜色为浅蓝。

② 将单元格区域E5:H41应用数值型，保留两位小数。

③ 将单元格区域E5:H41的对齐方式设置为水平居中；为单元格区域B4:J4设置棕黄色的底纹。

④ 设置表格边框线：将单元格区域B4:J41的外边框和内边框设置为粉红色的双实线。

⑤ 插入批注：为"0"（E14）单元格插入批注"缺考"。

（4）设置打印标题

在Sheet2工作表的第15行前插入分页线；设置表格标题为打印标题。

（5）工作表的保护

为"信息管理161班成绩表"添加"xxgl161"密码。

2．操作步骤

（1）工作表的操作

步骤一：选择"开始"→"程序"→Microsoft Office 2010→Microsoft Excel 2010 命令。

步骤二：单击快速访问工具栏中的 🔲 按钮，弹出"另存为"对话框，在"保存位置"中选择"E:\学生记分册"，在"文件名"中输入"学生成绩表"，在"保存类型"中选择"Microsoft Excel 工作表簿"，单击"保存"按钮，如图 10-23 所示。

步骤三：将"学生成绩表.xlsx"转化为当前工作簿，在 Sheet1 上右击，选择"重命名"命令，然后输入"信息管理 161 班成绩表"即可，如图 10-24 所示。

图 10-23 "另存为"对话框

步骤四：按照样例文件夹中的"学生成绩表（排版前）效果图"输入表格中的内容，如图 10-24 所示。

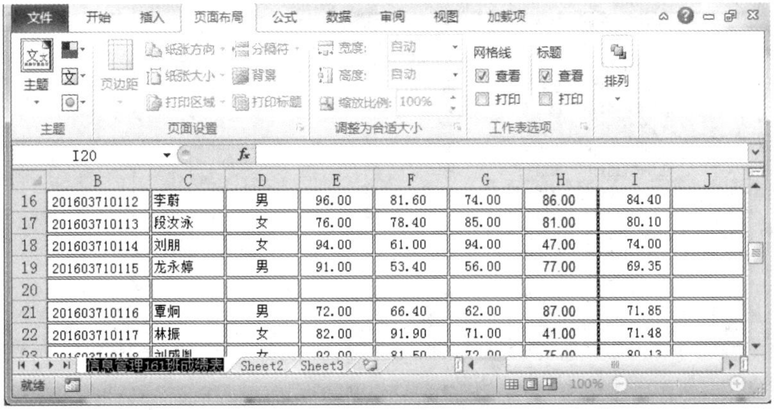

图 10-24 工作表重命名与文本录入

（2）工作表的行列操作

步骤一：将光标置于标题下方的一个单元格，点击"开始"选项，选择"开始"选项卡单击"单元格"组中的"插入"→"插入工作表行"命令。

步骤二：将光标置于刚插入行的任意单元格，选择"开始"选项卡"单元格"组中的"格式"→"行高"命令，在弹出的对话框中输入"7.5"即可，如图 10-25 和图 10-26 所示。

步骤三：选定"201603710103"一行，将鼠标指针置于该行的上边线，出现"⬆"时，按住 Shift 键的同时按下鼠标左键往上拖动到"201603710102"一行上方释放鼠标即可。

图 10-25　行高格式设置一　　　　　　　　　　　　　图 10-26　行高格式设置二

步骤四：选定"201603710109"行上方的空行，右击，在弹出的快捷菜单中选择"删除"命令即可，如图 10-27 所示。

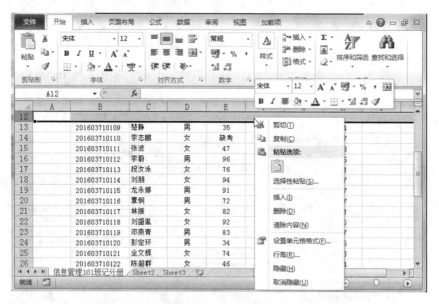

图 10-27　删除行

（3）设置单元格格式

步骤一：选定单元格区域 B2:J2，单击"开始"选项卡"字体"组的对话框启动器按钮，在弹出的"设置单元格格式"对话框中选择"对齐"选项卡，在水平和垂直对齐中均选择"居中"，在文本控制中选择"合并单元格"，如图 10-28 所示。

图 10-28　"对齐"对话框

步骤二：选择"字体"选项卡，选择"华文行楷"，"字号"中选择"20"，在字体"颜色"中选择"浅蓝"，如图 10-29 所示。

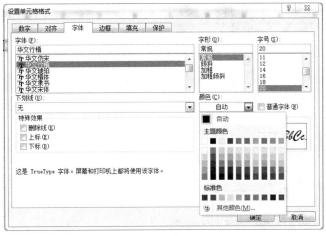

图 10-29　"字体"选项卡

步骤三：选取区域 E5:H41，打开"设置单元格格式"对话框，选择"数字"选项卡，按图 10-30 设置即可；选择"对齐"选项卡，在"水平对齐"中选择"居中"，单击"确定"按钮。

图 10-30　"数字"选项卡

步骤四：选取区域 B4:J4，打开"设置单元格格式"对话框，选择"填充"选项卡，在"背景色"中选择"棕黄色"即可，如图 10-31 所示。

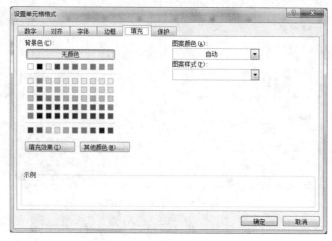

图 10-31 "填充"选项卡

步骤五：选取单元格区域"B4:J41"，打开"设置单元格格式"对话框，选择"边框"选项卡，在"线型式样"中选择"双实线"，"颜色"选择"粉红色"，"预置"中选择"外边框"与"内部"，如图 10-32 所示。

图 10-32 "边框"选项卡

步骤六：单击"E14"，选择"审阅"选项卡中的"新建批注"命令，在弹出的对话框中输入"缺考"。

（4）打印设置

步骤一：选取"信息管理 161 班成绩表"工作表，选择"开始"选项卡中的"复制"命令，将光标置于 Sheet2 的 A1 单元格，选择"开始"选项卡中的"粘贴"命令。

步骤二：将 Sheet2 转化为当前工作表，选定第 15 行，选择"页面布局"选项卡"页面设置"组中的"分隔符"→"插入分页符"命令，如图 10-33 所示。

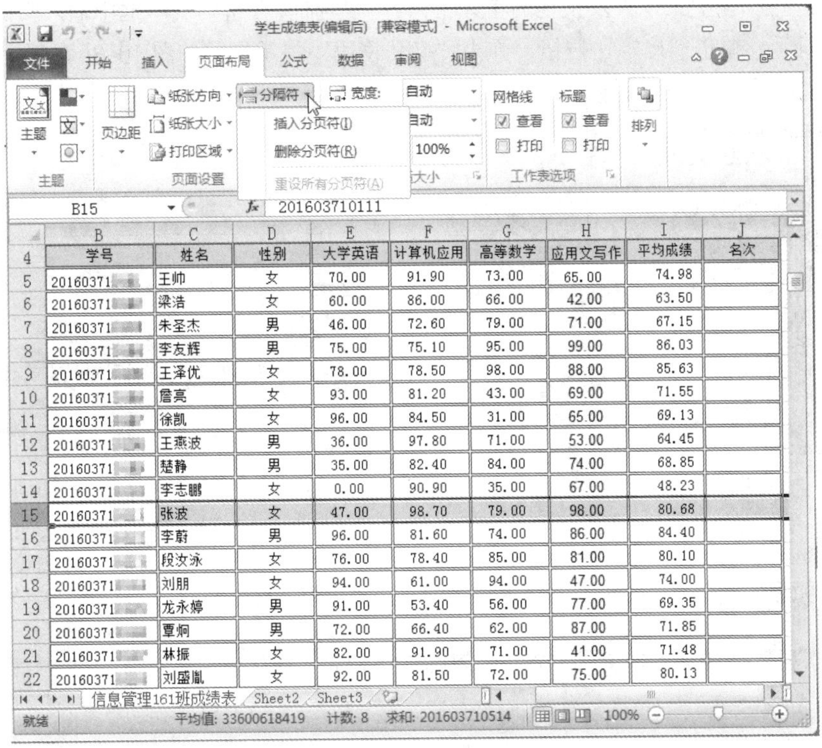

图 10-33 插入分页线

步骤三：，单击"页面布局"选项卡"页面设置"组的对话框启动器按钮，弹出"页面设置"对话框，选择"工作表"选项卡（见图 10-34），将光标置于"顶端标题行"文本框，选定"第二行"即可。

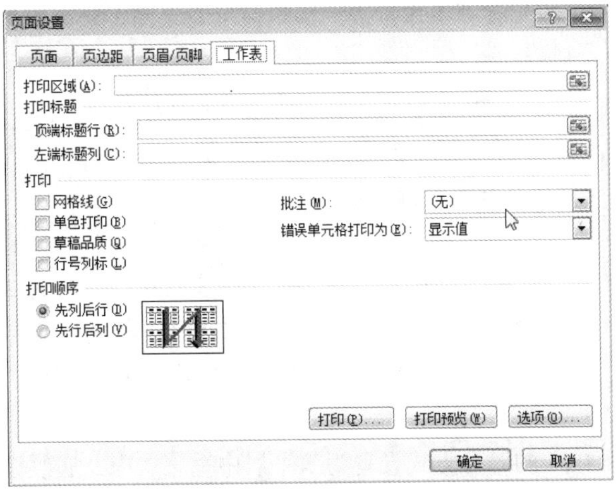

图 10-34 设置打印标题

（5）工作表的保护

步骤一：将"信息管理 161 班成绩表"转换为当前工作表，选择"审阅"选项卡"更改"组中的"保护工作表"命令，弹出"保护工作表"对话框，如图 10-35 所示。

步骤二：勾选"保护工作表及锁定的单元格内容"复选框，在密码文本框中输入密码"xxgl161"，如图 10-35 所示，单击"确定"按钮，弹出"确认密码"提示框，如图 10-36 所示。

图 10-35 "保护工作表"对话框

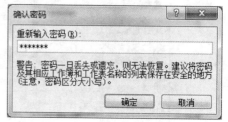

图 10-36 "确认密码"对话框

步骤三：在"重新输入密码"文本框中输入密码以作验证，单击"确定"按钮即可。

课堂实践 教师工作量表

打开"素材"文件夹下的 Excel 文件"教师工作量表.xlsx"。

1. 操作要求

（1）工作表的操作

① 新建工作簿，以"2017 学年第一学期铁道通信与信号学院教师工作量表.xlsx"为文件名保存至"E：\工作量"文件夹中。

② 在"2017 学年第一学期铁道通信与信号学院教师工作量表.xlsx"工作簿中将 Sheet1 重命名为"教师工作量表"。

③ 按照样例文件夹中的"教师工作量表（编辑前）效果图"输入表格中的内容。

（2）设置工作表行、列

① 在标题行上方插入一行，设置行高为 8，设置第 I 列列宽为 32。

② 将"序号为 4"一行移至"序号为 3"一行的下方。

③ 删除"序号为 12"行上方的一行（空行）。

（3）设置单元格格式

① 将单元格区域 B2:V2 合并及居中；设置字体为华文行楷，字号为 24，字体颜色为蓝色。

② 将单元格区域 B3:H3 合并及居中，将单元格区域 I3:V3 合并及居中，设置字体为宋体，字号为 16，字形为粗体。将单元格区域 J5:V85 应用"常规型"数字，对齐方式设置为水平居中垂直居中。

③ 将单元格区域 B4:V4 的对齐方式设置为水平居中垂直居中，底纹设置为"浅青绿色"。

④ 将单元格区域 B3:V85 的外边框和内边框设置为单实线（线条样式的第一列第七行）。为"769"（V26）单元格插入批注"工作量最高"。

（4）复制工作表

将"教师工作量表"复制到 Sheet2 工作表中。

（5）打印设置

在 Sheet2 工作表的第 27 行前插入分页线；设置表格标题为打印标题。

（6）工作表的保护

为"教师工作量表"添加"jsgzl"密码。

2．操作步骤

（1）工作表的操作

步骤一：选择"开始"→"程序"→Microsoft Office 2010→Microsoft Excel 2010 命令。

步骤二：单击快速访问工具栏中的🖫按钮，弹出"另存为"的对话框，在"保存位置"中选择"E:\工作量"，在"文件名"中输入"2017 学年第一学期铁道通信与信号学院教师工作量表"，在"保存类型"中选择"Microsoft Excel 工作表簿"，单击"保存"按钮。

步骤三：将"2017 学年第一学期铁道通信与信号学院教师工作量表.xlsx"转化为当前工作簿，在 Sheet1 上右击，选择"重命名"命令，输入"教师工作量表"即可。

步骤四：按照样例文件夹中的"教师工作量表（排版前）效果图"输入表格中的内容。

（2）工作表的行列操作

步骤一：将光标置于标题下方的一个单元格，选择"开始"选项卡"单元格"组中的"插入"→"插入工作表行"命令。

步骤二：将光标置于刚插入行的任意单元格，选择"开始"选项卡"单元格"组中的"格式"→"行高"命令，在弹出的对话框中输入"8.00"即可。选择第 I 列，选择"开始"选项卡"单元格"组中的"格式"→"列宽"命令，在弹出的对话框中输入"32.00"即可。

步骤三：选定"序号为 3"一行，将鼠标指针置于该行的上边线出现"📷"时，按住 Shift 键同时按下鼠标左键往上拖动到"序号为 4"一行上方，释放鼠标即可。

步骤四：选定"序号为 12"行上方的空行，右击，在弹出的快捷菜单中选择"删除"命令即可。

（3）设置单元格格式

步骤一：选定单元格区域 B2:V2，单击"开始"选项卡"字体"组右下方的对话框启动器按钮，在弹出的"设置单元格格式"对话框中选择"对齐"选项卡，在水平和垂直对齐中均选择"居中"，在文本控制中选择"合并单元格"；选择"字体"选项卡，选择"华文行楷"，"字号"中选择"24"，在字体"颜色"中选择"蓝色"。

步骤二：选取区域 E5:H41，打开"设置单元格格式"对话框，选择"数字"选项卡，按要求设置即可；选择"对齐"选项卡，在"水平对齐"中选择"居中"，单击"确定"按钮。

步骤三：选取区域 B4:V4，打开"设置单元格格式"对话框，选择"填充"选项卡，在"背景色"中选择"浅青绿色"即可。

步骤四：选取单元格区域"B3:V85"，打开"设置单元格格式"对话框，选择"边框"选项卡，在"线型式样"中选择"单实线"单击"确定"按钮。

（4）复制工作表

步骤：将"教师工作量表"转化为当前工作表，单击"行号"与"列标"相交的左上方空白位置选择整个工作表，右击，在弹出的快捷菜单中选择"复制"命令，将光标置于 Sheet2 工作表的 A1 单元格，右击，在弹出的快捷菜单中选择"粘贴"命令即可。

（5）打印设置

步骤一：将 Sheet2 转化为当前工作表，选定第 27 行，选择"页面布局"选项卡"页面设置"组中的"分隔符"→"插入分页符"命令。

步骤二：单击"页面布局"选项卡"页面设置"组的对话框启动器按钮，弹出"页面设置"对话框，选择"工作表"，将光标置于"顶端标题行"，选定"第二行"即可。

（6）数据修订与保护

步骤一：将"教师工作量表"转换为当前工作表，选择"审阅"选项卡"更改"组中的"保护工作表"命令，弹出"保护工作表"对话框。

步骤二：勾选"保护工作表及锁定的单元格内容"复选框，在"密码"文本框中输入密码"jsgzl"，单击"确定"按钮，弹出"确认密码"提示框。

步骤三：在"重新输入密码"文本框中输入密码以作验证，单击"确定"按钮即可。

3. 效果展示

设置"教师工作量表"效果图，如图 10-37 所示。

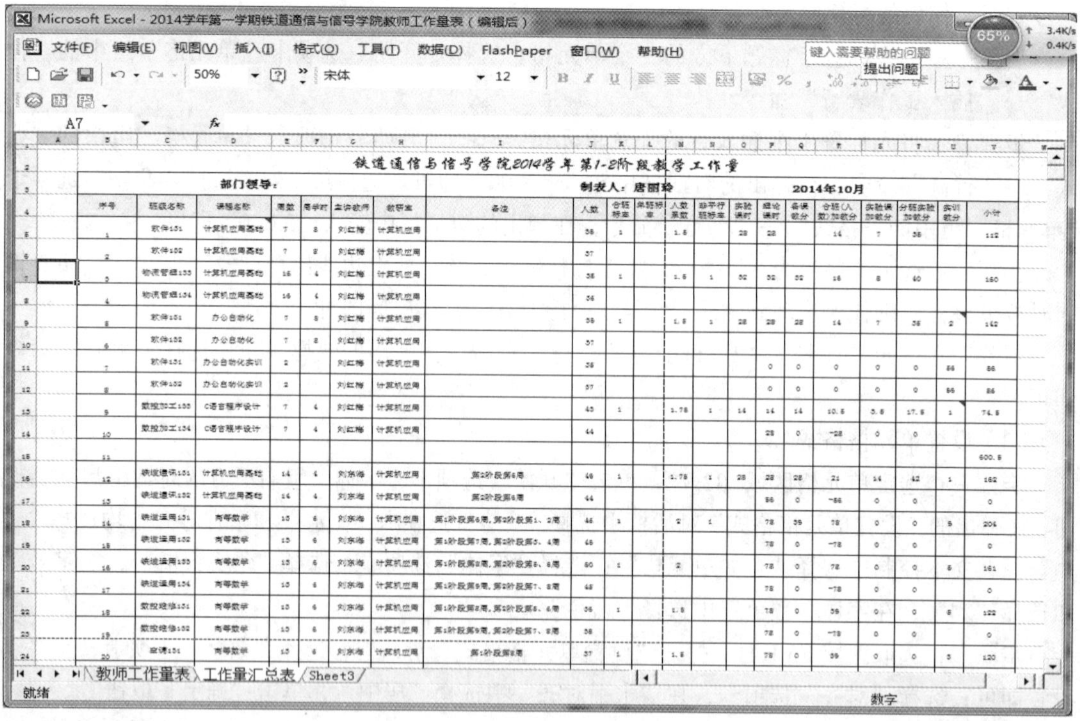

图 10-37 教师工作量效果图

疑难解析

问题 1：如何设置页边距？

步骤一：单击"页面布局"选项卡"页面设置"的对话框启动器按钮，弹出"页面设置"对话框。

步骤二：在"页面设置"对话框中选择"页边距"选项卡。

步骤三：在"页边距"选项卡中设置"上""上""左""右"文本框中进行设置即可，如图 10-38 所示。

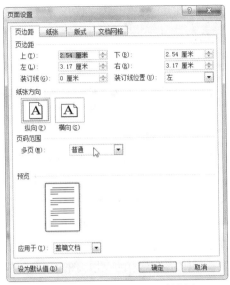

图 10-38 "页面设置"对话框

问题 2：在 Excel 中如何在某一单元格中输入多行数据？

步骤一：双击要输入多行数据的单元格，在该单元格中输入相应的文字。

步骤二：将光标置于要换行的文字后，按 Alt+Enter 组合键即可。

课外拓展

制作员工工资表。制作员工工资表效果如图 10-39 所示。

员工工资表										
员工编号	姓名	部门	基本工资	奖金	社会保险	应发工资	应纳税工资额(元)	个人所得税		实发工资
00324618	王应富	机关	￥7,000.00	￥2,000.00	￥1,260.00	￥7,740.00	￥6,140.00	￥853.00	￥853.00	￥6,887.00
00324619	曾冠琛	销售部	￥4,800.00	￥800.00	￥864.00	￥4,736.00	￥3,136.00	￥345.40	￥345.40	￥4,390.60
00324620	关俊民	客服中心	￥4,500.00	￥3,000.00	￥810.00	￥6,690.00	￥5,090.00	￥643.00	￥643.00	￥6,047.00
00324621	曾丝华	客服中心	￥2,200.00	￥3,000.00	￥396.00	￥4,804.00	￥3,204.00	￥355.60	￥355.60	￥4,448.40
00324622	王文平	技术部	￥4,300.00	￥800.00	￥774.00	￥4,326.00	￥2,726.00	￥283.90	￥283.90	￥4,042.10
00324623	孙娜	客服中心	￥1,800.00	￥300.00	￥324.00	￥1,776.00	￥176.00	￥8.80	￥8.80	￥1,767.20
00324624	丁怡瑾	业务部	￥4,800.00	￥2,000.00	￥864.00	￥5,936.00	￥4,336.00	￥525.40	￥525.40	￥5,410.60
00324625	蔡少娜	后勤部	￥4,800.00	￥300.00	￥864.00	￥4,236.00	￥2,636.00	￥270.40	￥270.40	￥3,965.60
00324626	罗建军	机关	￥4,500.00	￥3,000.00	￥810.00	￥6,690.00	￥5,090.00	￥643.00	￥643.00	￥6,047.00
00324627	肖羽雅	后勤部	￥1,800.00	￥2,000.00	￥324.00	￥3,476.00	￥1,876.00	￥162.60	￥162.60	￥3,313.40
00324628	甘晓聪	机关	￥1,800.00	￥300.00	￥324.00	￥1,776.00	￥176.00	￥8.80	￥8.80	￥1,767.20

图 10-39 员工工资表效果图

项目小结

本项目主要通过"制作学生成绩表"的基本操作，介绍了 Excel 的常用操作技术，如新建工作簿、新建工作表、工作表的行列操作、工作表的格式设置等。在"学生成绩表"的制作过程中，工作表的行、列操作，工作表的单元格的设置，工作表的打印设置及工作的保护是本任务的重要知识，希望读者掌握。

项目  制作公司人员结构图表

图表是 Excel 的一个重要对象，图表是以图形方式来表示工作表中数据之间的关系和数据变化的趋势。在工作表中创建一个合适的图表，有助于直观、形象地分析对比数据，极大地增强了数据的表现力，并为用户进一步分析数据和进行决策提供了依据。图表中的数据来源于工作表中的数据列，一般图表包含标题、数据系列、数值等元素。

Excel 可创建两种类型的图表：一种是嵌入式图表，即图表和数据在一张工作表中；另一种是工作簿中的独立图表。如果工作表中的数据发生变化，图表中的对应部分也会自动更新。

项目描述

员工学历和职称经常被用来衡量公司强弱的重要因素。海德实业有限公司人事部刘经理要新来的小李给他准备一份公司人员状况报告，小李思考再三，最后决定用人员结构图来说明公司人员的学历情况和职称情况。

教学导航

知识目标	① 学会建立常用 Excel 图表。 ② 学会修改 Excel 图表。 ③ 学会为 Excel 图表添加趋势线。 ④ 学会格式化 Excel 图表。
技能目标	① 熟练掌握 Excel 图表创立操作。 ② 熟练掌握 Excel 图表编辑修改操作。 ③ 熟练掌握 Excel 图表趋势添加操作。 ④ 熟练掌握 Excel 格式化的操作。
态度目标	① 培养学生的自主学习能力和知识应用能力。 ② 培养学生勤于思考、认真做事的良好作风。 ③ 培养学生具有良好的职业道德和较强的工作责任心。 ④ 培养学生理论联系实际的工作作风、独立工作的能力，树立自信心。 ⑤ 培养学生用较好的心态学习 Excel 图表的相关操作，并熟练制作 Excel 图表的操作流程。
本章重点	① Excel 图表的创建。 ② Excel 图表的编辑与修改。 ③ Excel 图表添加趋势线。 ④ Excel 图表格式化操作。

续表

本章难点	① Excel 图表的编辑与修改。 ② Excel 图表格式化操作。
教学方法	理论实践一体化，教、学、练合一。
课时建议	4 课时（含课堂实践）。
效果展示	"人员结构图"效果图如图 11-1 所示。 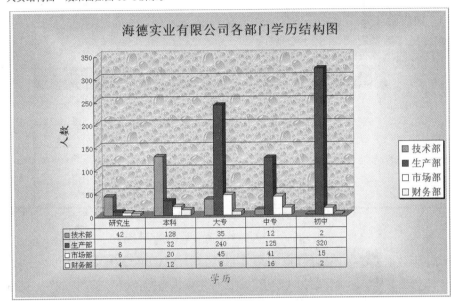 图 11-1　"人员结构图"效果图
操作流程	建立数据表→插入簇状柱形图表→添加标题→添加趋势线→修改图表→格式化图表。

知识准备

Excel 图表是指将工作表中的数据用图形表示出来。Excel 图表具有较好的视觉效果，易于阅读和评价，可以帮助用户分析和比较工作表中相关的数据，方便用户查看数据的差异并预测趋势。

一、创建图表

Excel 2010 提供了多种图表的类型供用户在创建图表时选择，每种类型中都具有几种不同的格式。用户通过选择图表类型、图表布局和图表样式可以很轻松地创建具有专业外观的图表。

创建图表有 5 个步骤：①图表类型的选择；②图表数据源的选取；③利用"图表工具-设计"选项卡；④利用"图表工具-布局"选项卡；⑤利用"图表工具-格式"选项卡。

二、修改图表

图表制作完成后，如果感到不满意，可以更改图表的类型、源数据、图表选项以及图表的位置等，使图表变得更加完善。可以通过增加图表项，如数据标记、图例、标题、文字、趋势线、误差线及网格线等来美化图表及强调某些信息。大多数图表项可以移动或调整大小，也可以用图案、颜色、对齐、字体及其他格式属性来设置这些图表项的格式。

三、格式化图表

图表建立并修改完成后，如果显示效果不太美观，可以对图表的外观进行适当地格式化，也可以对图表的各个对象进行一些必要的修饰，使其更协调、更美观。因此，在格式化图表之前，必须先熟悉图表的组成以及选择图表对象的方法。

操作实战 制作人员结构图表

1. 操作要求

（1）建立数据表，如图11-2所示。

海德实业公司各部门学历结构					
学历 部门	研究生	本科	大专	中专	初中
技术部	42	128	35	12	4
生产部	8	32	240	125	400
市场部	6	20	45	41	15
财务部	4	16	11	16	2

图 11-2　公司各部门学历结构表

（2）为数据表建立"簇状柱形图表"；为图表添加标题"海德实业有限公司各部门学历结构图"，添加主要横坐标轴标题为"学历"，添加主要纵坐标轴标题为"人数"；调整图表的位置、大小。

（3）为图表添加移动平均趋势线和线性趋势线。

（4）移动图表到图表工作表。

（5）更改图表类型为"三维簇状柱形图"。

（6）在"海德实业有限公司各部门学历结构图"图表中显示"数据表"，图表标题设置为"华文楷体、22号、蓝色、粗体"；将图表区的填充效果设置为"羊皮袄"；将背景墙的填充效果设置为"水滴"纹理效果；为图例添加"阴影边框"。

2. 操作步骤

（1）建立数据表

步骤一：选择"开始"→"程序"→Microsoft Office 2010→Microsoft Excel 2010 命令。

步骤二：单击快捷访问工具栏中的■按钮，弹出"另存为"对话框，在"保存位置"中选择所要保存的位置，在"文件名"中输入"海德有限公司各部门学历结构表"，在"保存类型"中选择"Microsoft Excel 工作表"，单击"保存"按钮即可。

（2）创建图表

步骤一：选择所要用于创建图表的数据单元格，如图11-3所示。

步骤二：选择"插入"选项卡"图表"组中的"图表"命令，弹出"插入图表"对话框，如图 11-4 所示，在"模板"域中选择"柱形图"，在右边的"柱形图"中选择"簇状柱形图"，单击"确定"按钮。

海德实业公司各部门学历结构					
学历 部门	研究生	本科	大专	中专	初中
技术部	42	128	35	12	2
生产部	8	32	240	125	400
市场部	6	20	45	41	15
财务部	4	12	8	16	2

图 11-3 选择数据区域

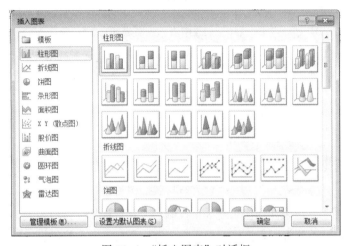

图 11-4 "插入图表"对话框

步骤三：单击新插入的图表，在"图表工具–设计"选项卡的"数据"组中选择"选择数据"或"切换行/列"命令，确定图表"数据源"和"图表图例项"，如图 11-5 所示，单击"确定"按钮。

图 11-5 "选择数据源"对话框

步骤四：在"图表布局"组中选择"布局 9"，在"图表标题"中输入"海德实业有限公司各部门学历结构"，在"分类（X）轴"中输入"学历"，在"数值（Y）轴"中输入"人数"，如图 11-6 所示。

步骤五：选择"图表工具–设计"选项卡"位置"中的"移动图表"命令，在弹出的"移动图表"对话框中选择"对象位于"选项卡，单击"确定"按钮，如图 11-7 所示。

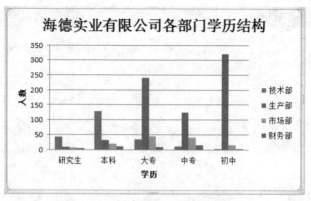

图 11-6 创建图表三（图表选项）

图 11-7 "移动图表"对话框

步骤六：选中图表，图表四周会出现 8 个控制点，将鼠标指针指向图表，当指针变成移动箭头 ⊹ 时，按住鼠标左键不放将图表拖放到相应的位置后释放左键；将鼠标指针移置到图表控制点上，当鼠标指针变成移动箭头 ↔↖↕↗ 时，按住鼠标左键不放，拖放鼠标到适合的大小再释放左键，如图 11-8 所示。

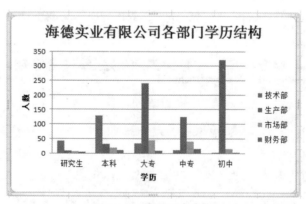

图 11-8 设置图表大小

（3）添加趋势线

步骤一：选中图表，单击所要添加趋势线的系列区域。

步骤二：在所选中的系列区域上右击，弹出图 11-9 所示的快捷菜单，选择"添加趋势线"命令，弹出图 11-10 所示的对话框。

步骤三：选择"线性"单选按钮，单击"确定"按钮即可添加图 11-11 所示的趋势线。

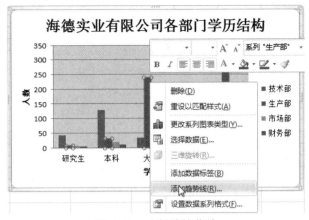

图 11-9　右键快捷菜单

图 11-10　"设置趋势线格式"对话框

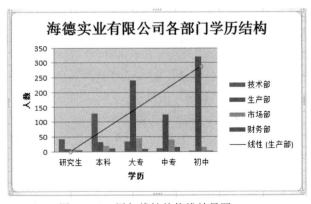

图 11-11　添加线性趋势线效果图

步骤四：按同样的方式可添加移动平均趋势线。

（4）移动图表到图表工作表

步骤一：选中图表。

步骤二：选择"图表"菜单中的"位置"子菜单，弹出"图表位置"对话框，如图11-7所示。

步骤三：在"图表位置"对话框中选择"新工作表"，再单击"确定"按钮，即可建立一个图表工作表Chart1，如图11-12所示。

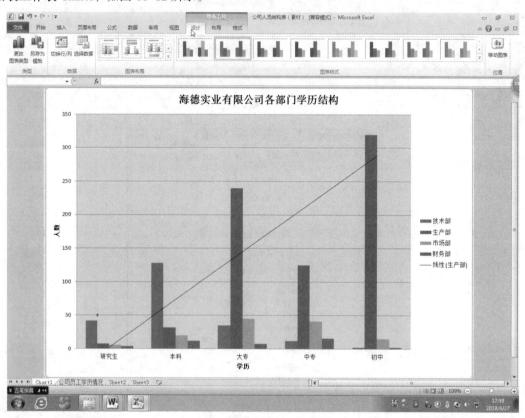

图 11-12　图表工作表

（5）改变图表类型

步骤一：单击图表，选择"图表工具-设计"选项卡中的"更改图表类型"命令，弹出"更改图表类型"对话框。

步骤二：在"更改图表类型"对话框的"模块"中选择选择"柱形图"，在右边"柱形图"中选择"三维簇状柱形图"，单击"确定"按钮。

步骤三：选择"图表工具-布局"选项卡"背景"组中的"三维旋转"命令，弹出"设置图表区格式"对话框，在左边栏中单击"三维旋转"，在右边栏中做相应设置，单击"关闭"按钮，如图11-13所示。

（6）图表格式化设置

步骤一：单击图表，"图表工具-布局"选项卡"标签"组中单击"模拟运算表"的下拉按钮，在弹出的下拉列表中选择"显示模拟运算表"命令，如图11-14所示。

图 11-13　"设置图表区格式"对话框

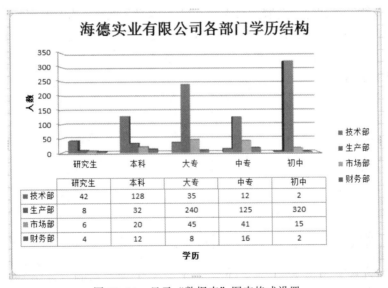

图 11-14　显示"数据表"图表格式设置

	研究生	本科	大专	中专	初中
■技术部	42	128	35	12	2
■生产部	8	32	240	125	320
▨市场部	6	20	45	41	15
■财务部	4	12	8	16	2

步骤二：选择"图表标题"，单击"开始"选项卡"字体"组的对话框启动器按钮，弹出"字体"对话框，选择"华文楷体"，选择"加粗"，"大小"为"22"，在"字体颜色"中选择"蓝色"，单击"确定"按钮，如图 11-15 所示。

步骤三：右击"图表区"，在弹出的菜单中选择"设置图表区格式"命令，在弹出"设置图表区格式"对话框的左边栏选择"填充"，在右边栏中选择"图片或纹理填充"，单击"纹理"下拉按钮，在弹出的下拉列表中选择"羊皮纸"，单击"关闭"按钮，如图 11-16 所示。

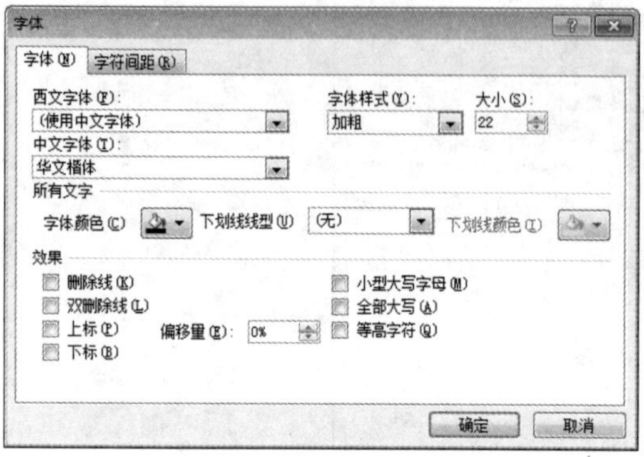

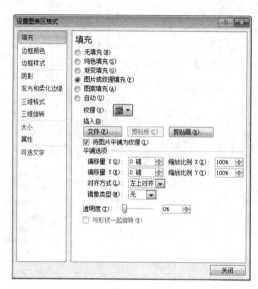

图 11-15 "字体"对话框

图 11-16 "设置图表区格式"对话框

步骤四：右击"背景墙"，在弹出的菜单中选择"设置背景墙格式"命令，在弹出"设置背景墙格式"对话框的左边栏选择"填充"，在右边栏中选择"图片或纹理填充"，单击"纹理"下拉按钮，在弹出的下拉列表中选择"水滴"，单击"关闭"按钮，如图 11-17 所示。

步骤五：右击"图例项"，在弹出的菜单中选择"设置图例格式"命令，在"设置图例格式"对话框的左边栏选择"填充"，在右边栏中选择"图案填充"，并选择"小纸屑"样式，单击"关闭"按钮，如图 11-18 所示。

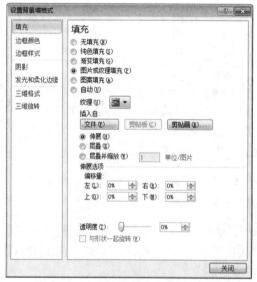

图 11-17 "设置背景墙格式"对话框

图 11-18 "设置图例格式"对话框

课堂实践 制作银鑫电器有限公司20××年部分商品销售统计图

1. 操作要求

① 创建数据表。

② 选取创建数据表 Sheet1 中的数据创建一个"簇状柱形图"图表工作表。

③ 将图表的标题格式设置为华文细黑、加粗、20 号、蓝色，将图表区格式设置为银波荡漾的过渡填充效果，将坐标轴格式设置为蓝色的细实线，将"绘图区"设置为"蓝色面巾纸"的纹理填充效果。

④ 选定图表中"电视机"系列为图表添加一条"误差线"，误差线以"正偏差"的方式显示，"定值"为 200。

2. 操作步骤

（1）建立数据表

步骤一：选择"开始"→"程序"→Microsoft Office 2010→Microsoft Excel 2010 命令。

步骤二：单击快速访问工具栏中的📄按钮，弹出"另存为"对话框，在"保存位置"中选择所要保存的位置，在"文件名"中输入"银鑫电器有限公司 20××年部分商品销售统计图"，在"保存类型"中选择"Microsoft Excel 工作表"，单击"保存"按钮即可。

（2）创建图表

步骤一：选择所要用于创建图表的数据单元格 B3:F10。

步骤二：选择"插入"选项卡中的"图表"→"图表"命令，弹出"插入图表"对话框，在"模板"区中选择"柱形图"，在右边的"柱形图"中选择"三维簇状柱形图"，单击"确定"按钮。

步骤三：单击新插入的图表，在"图表工具−设计"选项卡的"数据"组中选择"选择数据"或"切换行/列"命令，确定图表"数据源"和"图表图例项"。

步骤四：在"图表布局"组中选择"布局 9"，在"图表标题"中输入"银鑫电器有限公司2009 年部分商品销售统计图"。

步骤五：选择"图表工具−设计"选项卡中的"位置"→"移动图表"命令，在弹出的"移动图表"对话框中选择"对象位于"单选按钮，单击"确定"按钮。

步骤六：单击图表，图表四周会出现 8 个控制点，将鼠标指针指向图表，当指针变成移动箭头✥时，按住鼠标左键不放将图表拖放到相应的位置后释放左键；将鼠标指针移置到图表控制点上，当指针变成移动箭头↔↘↕↗时，按住鼠标左键不放，拖放鼠标到适合的大小再释放左键。

（3）编辑图表

步骤一：选择"图表标题"，打开"字体"对话框，选择"华文细黑"，在"字体样式"中选择"加粗"，在"大小"中选择"20"，在"字体颜色"中选择"蓝色"，单击"确定"按钮。

步骤二：在图表工作表中的"图表区"右击，在弹出的菜单中选择"设置图表区域格式"命令，在弹出"设置图表区格式"对话框的左边栏中选择"填充"，在右边栏中选择"渐变填充"，单击"预设颜色"下拉按钮，在弹出的下拉列表中选择"银波荡漾"，单击"关闭"按钮。

步骤三：在图表工作表中的"绘图区"右击，在弹出的菜单中选择"设置绘图区格式"命令，在弹出"设置绘图区格式"对话框的左边栏中选择"填充"，在右边栏中选择"图片或纹理填充"，单击"纹理"下拉按钮，在弹出的下拉列表中选择"蓝色面巾纸"，单击"关闭"按钮。

（4）添加误差线

步骤一：选中图表，单击所要添加误差线的系列区域。

步骤二：在"图表工具–布局"选项卡，单击"分析"组中的"误差线"下拉按钮，选择"其他误差线选项"命令，弹出"设置误差线格式"对话框，在左侧栏中选择"垂直误差线"，在右边栏中依次设置为"正偏差"，在"误差量"的固定值中输入"200"，单击"关闭"按钮。

3. 效果展示

制作"银鑫电器有限公司20××年部分商品销售统计图"效果图如图11-19所示。

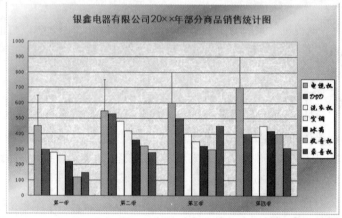

图11-19 "银鑫电器有限公司20××年部分商品销售统计图"效果图

疑难解析

问题1：**图表格式化设置有几种方法？**

答：

对图表格式化设置有4种方法：

方法一：双击图表对象，直接打开格式设置的对话框，这种方法最方便、快捷，也最常用。

方法二：右击图表对象，在快捷菜单中选择格式设置命令。

方法三：选定图表对象，选择"图表工具/格式"选项卡，单击"形状样式"或"艺术字样式"组右下角的对话框启动器按钮，弹出"设置图表区格式"对话框，然后根据自己的要求进行相关设置。

问题2：**激活图表时，如果"图表"工具栏没有出现，该怎么办？**

答：只要用鼠标右键单击工具栏的任意位置，在弹出的快捷菜单中选择"图表"命令即可。

问题3：**在创建图表时，如果要使用不相邻数据作为数据源，应如何选择？**

答：

① 拖动鼠标选定区域中的第一行或第一列数据。

② 按住Ctrl键不放，同时拖动鼠标选定要添加到选定区域中的其他行或其他列的数据即可。

课外拓展

××实业有限公司08、09年度部分产品销售情况统计表和统计图，如图11-20所示。

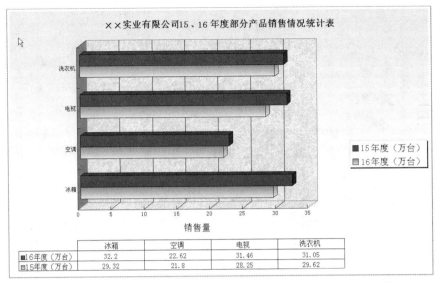

图 11-20 "××实业有限公司 15、16 年度部分产品销售情况统计图"效果图

项目小结

图表是分析数据和显示数据的重要手段，通过图表用户可以清楚地了解各个数据的大小及数据的变化情况，方便对数据进行对比和分析。本项目通过 "制作人员结构图表"的操作实战来重点讲解图表的创建、修改和格式化，介绍办公过程中经常用到的柱形图、饼图等，使用户对图表的创建、修改和格式化有较熟悉的了解。

项目 十二
制作成绩统计表

表格在人们日常生活中经常被用到，如学生的考试成绩表，企业中的人事报表、生产报表、财务报表等所有这些表格都可以通过 Excel 2010 来分析和管理。Excel 2010 软件除了可以制作常用的表格之外，在数据处理、图表分析以及金融管理等方面都被广泛地应用，因而受到广大用户的青睐。本章以学生成绩统计表为例，介绍 Excel 2010 的数据采集、数据处理和数据输出，其中包括数据排序、数据筛选、函数的嵌套应用、分类汇总和数据透视表的使用等内容。

项目描述

期末考试结束了，信息管理 161 班班主任想要了解全班一个学期以来的学习情况，包括学生总分、名次、每位学生学期的平均分、男女学生的学习情况等。班长李友辉在计算机应用老师的帮助下，将信息管理 161 班的学期学习情况用"成绩统计表""名次排序""数据筛选""合并计算""分类汇总""数据透视"及"成绩格式化"7 个工作表统计出来交给班主任。

教学导航

知识目标	① 学会 Excel 2010 中 SUM()、AVERAGE()、MIN()、MAX()、COUNT()等函数的灵活运用。
	② 掌握 Excel 2010 工作表数据的排序。
	③ 掌握 Excel 2010 工作表数据的筛选。
	④ 掌握 Excel 2010 工作表数据的合并计算。
	⑤ 掌握 Excel 2010 工作表数据的分类汇总。
	⑥ 掌握 Excel 2010 工作表的数据透视分析操作。
技能目标	① 熟练掌握 Excel 2010 工作表常用函数的使用。
	② 熟练掌握 Excel 2010 工作表数据排序的基本操作。
	③ 熟练掌握 Excel 2010 工作表数据筛选的基本操作。
	④ 熟练掌握 Excel 2010 工作表数据合并计算的基本操作。
	⑤ 熟练掌握 Excel 2010 工作表数据分类汇总的基本操作。
	⑥ 熟练掌握 Excel 2010 数据透视的基本操作。
态度目标	① 培养学生的自主学习能力和知识应用能力。
	② 培养学生勤于思考、认真做事的良好作风。
	③ 培养学生具有良好的职业道德和较强的工作责任心。
	④ 培养学生理论联系实际的工作作风、独立工作的能力，树立自信心。
	⑤ 培养学生用较好的心态学习 Excel 2010 的数据分析操作流程。

续表

本章重点	Excel 2010 工作表常用函数的使用、数据排序、数据筛选、分类汇总、合并计算、数据透视等操作。
本章难点	Excel 2010 工作表常用函数的运用、数据排序、数据筛选、分类汇总、合并计算、数据透视等操作。
教学方法	理论实践一体化，教、学、练合一。
课时建议	4 课时（含课堂实践）。
效果展示	"成绩统计"效果图如图 12-1 所示。 图 12-1　"成绩统计"效果图 "名次排序"效果图如图 12-2 所示。 图 12-2　"名次排序"效果图 "数据筛选"效果图如图 12-3 所示。 图 12-3　"数据筛选"效果图 "数据透视"效果图如图 12-4 所示。 图 12-4　"数据透视"效果图
操作流程	函数公式应用→数据排序→数据筛选→分类汇总→合并计算→数据透视表→条件格式。

"成绩统计"效果图如图 12-1 所示。

信息管理161班记分册								
学号	姓名	性别	大学英语	计算机应用	高等数学	应用文写作	总分	名次
201603710101	王帅	女	70	92	73	65	300	11
201603710103	朱圣杰	男	46	73	79	71	269	26
201603710104	王小颖	女	75	75	95	99	344	1
201603710105	李友辉	男	78	79	98	88	343	2
201603710106	詹亮	女	93	81	43	69	286	16
201603710102	梁浩	女	60	86	66	42	254	36
201603710107	徐凯	女	96	85	31	65	277	21
201603710108	王燕波	男	36	98	71	53	258	35
201603710110	慧静	男	35	82	84	74	275	22
201603710111	李志鹏	女	82	91	35	67	275	23
201603710112	张波	女	47	99	79	98	323	5
201603710113	李蔚	男	96	82	74	86	338	4
201603710114	段汝泳	女	76	78	85	81	320	7
201603710115	刘朋	女	94	61	94	47	296	12
201603710116	龙永婷	男	91	53	56	77	277	20
201603710117	覃炯	男	72	66	62	87	287	15

图 12-1　"成绩统计"效果图

"名次排序"效果图如图 12-2 所示。

信息管理161班记分册								
学号	姓名	性别	大学英语	计算机应用	高等数学	应用文写作	总分	名次
201603710104	王小颖	女	75	75	95	99	344	1
201603710105	李友辉	男	78	79	98	88	343	2
201603710127	石彬	女	68	89	94	91	342	3
201603710113	李蔚	男	96	82	74	86	338	4
201603710112	张波	女	47	99	79	98	323	5
201603710119	刘盛胤	女	92	82	72	75	321	6
201603710114	段汝泳	女	76	78	85	81	320	7
201603710131	叶琛	女	55	83	93	82	313	8
201603710120	邓燕青	男	83	60	91	77	311	9
201603710126	陈俊涛	女	81	50	95	78	304	10
201603710101	王帅	女	70	92	73	65	300	11
201603710115	刘朋	女	94	61	94	47	296	12
201603710128	龙宪泽	男	83	76	72	62	293	13
201603710136	李天杰	男	44	97	69	81	291	14
201603710117	覃炯	男	72	66	62	87	287	15

图 12-2　"名次排序"效果图

"数据筛选"效果图如图 12-3 所示。

信息管理161班记分册						
学号	姓名	性别	大学英语	计算机应用	高等数学	应用文写作
201603710104	王小颖	女	75	75	95	99
201603710105	李友辉	男	78	79	98	88
201603710113	李蔚	男	96	82	74	86
201603710114	段汝泳	女	76	78	85	81
201603710119	刘盛胤	女	92	82	72	75

图 12-3　"数据筛选"效果图

"数据透视"效果图如图 12-4 所示。

专业方向	数据	性别 男	女	总计
动漫设计	平均值项:大学英语	66	76.875	74.7
	平均值项:计算机应用	67.65	77.425	75.47
	平均值项:高等数学	73	65.625	67.1
	平均值项:应用文写作	68	66.125	66.5
广告设计	平均值项:大学英语	73.6	68.83333333	71
	平均值项:计算机应用	72.56	80.13333333	76.69090909
	平均值项:高等数学	72.8	66.33333333	69.27272727
	平均值项:应用文写作	71.6	71.16666667	71.36363636
网站设计	平均值项:大学英语	54	69.9	64.6
	平均值项:计算机应用	70.08	76.14	74.12
	平均值项:高等数学	75.6	75.6	75.6
	平均值项:应用文写作	78	76.3	76.86666667
平均值项:大学英语汇总		64.16666667	71.95833333	69.36111111
平均值项:计算机应用汇总		70.70833333	77.56666667	75.28055556
平均值项:高等数学汇总		74	69.95833333	71.30555556
平均值项:应用文写作汇总		73.66666667	71.625	72.30555556

图 12-4　"数据透视"效果图

知识准备

在 Excel 2010 中，公式是指用于计算、处理数据的算式。用户可以根据实际需要，灵活地编写公式，完成一些复杂的工作。本项目从学生成绩统计表入手分析讲解 "成绩统计表" "名次排序" "数据筛选" "合并计算" "分类汇总" "数据透视" 及 "成绩格式化" 等相关内容。

一、公式或函数的应用

使用 Excel 2010 中的公式不但可以完成一些常用的数学运算外，还可以完成很多复杂的函数运算。但不管进行什么样的运算，都必须符合一定的运算规则。

1. 公式简介

在 Excel 2010 中，所有的计算都是靠 "公式" 来完成的。只要单元格中的内容是以 "=" 开头的代表该单元格将引用公式计算。在输入公式时，要引起注意，如果正在使用中文输入法，一定要把输入状态由全角改成半角（使用英文的标点符号），否则 Excel 2010 无法识别一些全角的标点符号。在 Excel 2010 中，公式可以帮助分析工作表上的数据。

公式可以包括下列所有的内容或其中之一：函数、引用、运算和常量。如在公式 "=PIO*A2+2" 中就有这 4 种元素。

函数：PIO 函数返回值 pi:3.142。

引用（或名称）：A2 返回单元格 A2 中的数值。

运算符：+（加法符号）运算符表示将数字相加，*（星号）运算符表示相乘。

常量：直接输入公式的数字或文本的值，如 "2"。

2. 公式中的运算符

公式用于按特定次序计算数值，通过以等于号 "=" 开始，位于它之后的就是组成公式的各种字符。其中，紧随在等号之后的是需要进行计算的元素——操作数，各操作数之间以算术运算符来分隔。

运算符就是这样的一种符号，用于指明对公式中元素做计算的类型，如加法、减法或乘法等。Excel 2010 中运算符的 4 中类型：算术运算符、比较运算符、文本运算符和引用运算符。

算术运算符：完成基本数学运算的运算符，如加、减、乘、除等。它们连接数字并产生计算结果。

比较运算符：用来比较两个数值大小关系的运算符。它们返回逻辑值 TRUE 或 FALSE。

文本运算符：使用和号（&）加入或连接一个或更多文本字符串文本。

引用运算符：可以将单元格区域合并运算。

遇到混合运算的公式，必须先了解公式的运算顺序，也就是运算的优先级。对于不同优先级的运算，按照优先级从高到低的顺序进行计算。对于同一优先级的运算，按照从左到右的顺序进行计算。

和数学习惯一样，Excel 2010 也是按照先乘除再加减的顺序计算的，要更改求值的顺序，请将公式中要先计算的部分加括号。例如，公式 "=6+2*3" 的结果是 12，如果使用括号改变语法，将公式变为 "=(6+2)*3"，则先用 6 加上 2，再用结果乘以 3，得到的结果是 24。

3．几个常用函数

① 求和函数：SUM()，计算机单元格区域中所有数值的和。

② 求平均值函数：AVERAGE()，求一组数值中的平均值。

③ 求最小值函数：MIN()，求一组数值中的最小值。

④ 求最大值函数：MAX()，求一组数值中的最大值。

⑤ 计数函数：COUNT()，计算机区域中包含数字的单元格的个数。

⑥ 计数函数：COUNTIF()，计算机某个区域中满足给定条件的单元格数目。

4．复制公式到其他单元格

为了更高效地计算表格中的同类数据，Excel 2010 提供了复制公式的功能，在复制公式的过程中，Excel 2010 会自动更改引用单元格的地址，避免了大量手动输入公式的重复操作。复制单元格公式的操作方法同复制文本操作一样，可以按 Ctrl+C 组合键来复制，按 Ctrl+V 组合键来粘贴。

二、数据管理

在 Excel 2010 中可以对数据进行排序，也可以使用"筛选器"查找符合所指定的规则的数据。Excel 2010 有自动筛选器和高级筛选器。使用自动筛选器是筛选数据库很简便的方法，而使用高级筛选器可以规定很复杂的筛选条件，下面分别给予介绍。

1．数据排序

对于 Excel 2010 中的数据，有多种排序的依据，如"数值""单元格颜色""字体颜色""单元格图标"等，排序的次序有"升序""降序""自定义序列"等。。

数据排序的步骤如下：

① 将光标置于要排序的工作表的数据区域。

② 在"开始"选项卡"编辑"组中选择"排序和筛选"→"自定义排序"命令，弹出"排序"对话框。根据需要依次在对话框中选择"主要关键""次要关键字""第三关键字""排序依据"及"次序"，单击"确定"按钮后即可按规定要求进行排序。

2．数据筛选

自动筛选器提供了快速访问数据的管理功能。通过简单的操作，用户就能筛选掉那些不想看到或不想打印的数据。下面具体说明自动筛选的使用方法。

① 单击数据区域中的任意单元格。

② 在"开始"选项卡"编辑"组中选择"排序和筛选"→"筛选"命令；或选择"数据"选项卡中的"排序和筛选"→"筛选"命令。

③ 在每个字段右边都有一个下拉按钮，单击字段右边的下拉按钮按需要进行筛选。

3．Excel 2010 分类汇总

（1）分类汇总简介

前面介绍的数据筛选和排序只是简单的数据库操作。在数据库应用中还有一种重要的操作，那就是对数据的分类汇总。分类汇总是数据处理的另一种重要工具。使用 Excel 2010 的分类汇总工具可以完成以下工作：

① 创建数据组。

② 在数据库中显示一级字的分类汇总及总和。

③ 在数据库中显示多级组的分类汇总及总和。

④ 对数据组执行各种计算，如求和、求平均值等。

⑤ 创建分类汇总后，打印结果报告。

对数据库进行分类汇总，首先要求数据库的每个字段都有字段名，即数据区的每一列都有列标题。Excel 2010 是根据字段名来创建数据组并进行分类汇总。

（2）分类汇总的具体操作

使用数据分类汇总的操作步骤如下：

① 单击数据库中需汇总的数据区域内的任意单元格。

② 以"分列字段"为关键字进行排序（在分类汇总之前必须先以分类字段进行排序）。

③ 选择"数据"选项卡"分级显示"组中的"分类汇总"命令，弹出"分类汇总"对话框。

④ 在"分类汇总"对话框的"分类字段"下拉列表中选择"所需的分列字段"选项。

⑤ 在"汇总方式"下拉列表中选择"所需的汇总方式"选项。

⑥ 在"选定汇总项"列表框中勾选"所需的汇总项"复选框。

⑦ 单击"确定"按钮即可。

4．合并计算

在 Excel 2010 中，有时为了得到产品的平均价格，或学生的综合平均成绩等，就必须学会应用 Excel 2010 合并计算。合并计算具体操作步骤如下：

① 将需要合并计算的工作表转化为当前工作表。

② 将光标置于需要合并计算单元格的起始位置，选择"数据"选项卡中的"数据工具"→"合并计算"命令，弹出"合并计算"对话框。

③ 在"合并计算"对话框按需要进行设置，单击"确定"按钮即可。

三、数据分析

1．使用"数据透视表"

数据透视表是一种交互式工作表，可以用于对现有工作表进行汇总和分析。创建数据透视表后，可以按不同的需要、依不同的关系提取和组织数据。

2．条件格式

条件格式的功能是突出显示满足特定条件的单元格。如果单元格中的值发生了改变而不满足设定的条件时，Excel 2010 会暂停突出显示的格式。具体操作步骤如下：

① 打开需要设置的工作表，选择目标单元格区域。

② 选择"开始"选项卡"样式"组中的"条件格式"命令，根据需要选择相关选项进行相应设置。如果需要突出显示单元格格式，可以选择"突出显示单元格规则"→"其他规则"命令，弹出"新建格式规则"对话框。

③ 在"新建格式规则"对话框的"选择规则类型"中选择"只为包含以下内容的单元格设置格式"，在"编辑规则说明"选项中按需要进行相应的设置。

④ 单击"确定"按钮，完成条件格式的设置。

操作实战　成绩表统计分析

1．操作要求

① 使用"信息管理 161 班成绩表"工作表中的数据，计算"总分""班级平均分""班级最高分、"班级最低分""每门课程各分数段人数"和"计算每位学生的名次"，结果分别放在相应的单元格中。

② 使用"名次排序"工作表中的数据，以"名次"为主要关键字进行"升序"排序。

③ 将"信息管理 161 班成绩表"工作表复制一份，并将复制后的工作表改名为"数据筛选"。在"数据筛选"工作表中筛选出各科成绩均大于等于 70 的记录。

④ 将"合并计算"工作表中的"信息管理 161 班期中考试成绩"与"信息管理 161 班期末考试成绩"中的数据进行"平均值"合并计算。

⑤ 在"分类汇总"工作表中，以"性别"为分类字段，将"大学英语""计算机应用""高等数学"和"应用文写作"分别进行"求平均值"分类汇总。

⑥ 使用"数据透视数据源"工作表中的数据，以"专业方向"为行字段，以"性别"为列字段，分别以各科成绩为平均值项，从 Sheet8 工作表的 A1 单元格起建立数据透视表。

⑦ 将单元格中小于"60"的数据设置为"梅红"的底纹，字体颜色设置为"白色"，字形为"粗体"。

2．操作步骤

（1）公式应用

① 求和。

步骤一：打开"成绩表.xlsx"，将"信息管理 161 班成绩统计表"工作表转化为当前工作表，选择目标单元格"I4"，选择"开始"选项卡"编辑"组中的"自动求和"→"求和"命令；或选择"公式"选项卡"公式"组中的"函数库"→"插入函数"命令，弹出"插入函数"对话框，在"或选择类别"下拉列表中选择"常用函数"，如图 12-5 所示。

步骤二：在"选择函数"列表框中选择"SUM"函数，如图 12-6 所示。单击"确定"按钮，打开"函数参数"对话框。

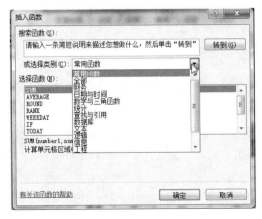

图 12-5　"插入函数"对话框 1

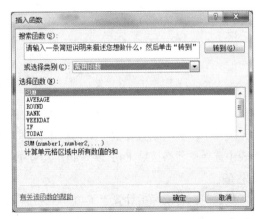

图 12-6　"插入函数"对话框 2

步骤三：在"函数参数"对话框中，将插入点定位在第一个参数"Number1"处，从当前工作表中选择单元格区域"E4:H4"，如图 12-7 所示，单击"确定"按钮，在"I4"单元格中返回计算结果"299.9"。

步骤四：将鼠标指针置于"I4"单元格右下角的填充柄上，当指针变成+时，双击填充柄。

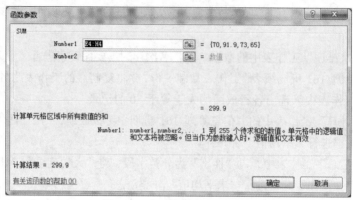

图 12-7 "函数参数"对话框

② 班级平均数。

步骤一：选择目标单元格 E40，选择"开始"选项卡"编辑"组中的"自动求和"→"平均值"命令；或选择"公式"选项卡"函数库"组中的"插入函数"命令，弹出"插入函数"对话框，在"或选择类别"下拉列表框中选择"常用函数"，如图 12-5 所示。

步骤二：在"选择函数"列表框中选择"AVERAGE"函数，单击"确定"按钮，弹出"函数参数"对话框，如图 12-8 所示。

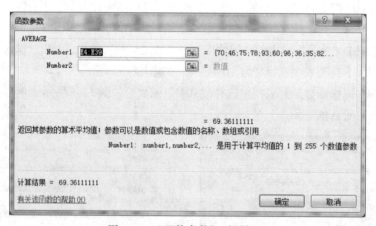

图 12-8 "函数参数"对话框 2

步骤三：在"函数参数"对话框中，将插入点定位在第一个参数"Number1"处，从当前工作表中选择单元格区域 E4:E39，如图 12-8 所示，单击"确定"按钮，在 E40 单元格中返回计算结果 69。

步骤四：将鼠标指针置于 E40 单元格右下角的填充柄上，当指针变成+时，按住鼠标左键向右拖动到 H40，释放鼠标左键即可。

③ 最大值（最小值）。

步骤一：选择目标单元格 E41，打开"插入函数"对话框，在"或选择类别"下拉列表中选择"常用函数"。

步骤二：在"选择函数"列表框中选择"MAX"函数（最大值）或"MIN"函数（最小值）。单击"确定"按钮，弹出"函数参数"对话框。

步骤三：在"函数参数"对话框中，将插入点定位在第一个参数"Number1"处，从当前工作表中选择单元格区域 E4:E39，单击"确定"按钮，在 E41 单元格中返回计算结果 96。

步骤四：将鼠标指针置于 E41 单元格右下角的填充柄，当指针变成＋时，按住鼠标左键向右拖动到 H41，释放鼠标即可。

④ 统计各分数段人数。

步骤一：选择目标单元格 E43，直接在编辑栏输入"=COUNTIF(信息管理 161 班成绩统计表!E4:E39,">=90")"，按 Enter 键确认。

步骤二：将鼠标指针置于 E43 单元格右下角的填充柄上，当指针变成＋时，按住鼠标左键向右拖动到 H43，释放鼠标即可。

步骤三：选择目标单元格 E44，直接在编辑栏输入"=COUNTIF(信息管理 161 班成绩统计表!E4:E39,">=80")-E43"，按 Enter 键确认。

步骤四：将鼠标指针置于 E44 单元格右下角的填充柄上，当指针变成＋时，按住鼠标左键向右拖动到 H44，释放鼠标即可。

步骤五：选择目标单元格 E45，直接在编辑栏输入"=COUNTIF(信息管理 161 班成绩统计表!E4:E39,">=70")-E43-E44"，按 Enter 键确认。

步骤六：将鼠标指针置于 E45 单元格右下角的填充柄上，当指针变成＋时，按住鼠标左键向右拖动到 H45，释放鼠标即可。

步骤七：选择目标单元格 E46，直接在编辑栏输入"=COUNTIF(信息管理 161 班成绩统计表!E4:E39,">=60")-E43-E44-E45"，按 Enter 键确认。

步骤八：将鼠标指针置于 E46 单元格右下角的填充柄上，当指针变成＋时，按住鼠标左键向右拖动到 H46，释放鼠标即可。

步骤九：选择目标单元格"E47"，直接在编辑栏输入"=COUNTIF(信息管理 161 班成绩统计表!E4:E39,"<60")"，按 Enter 键确认。

步骤十：将鼠标指针置于"E47"单元格右下角的填充柄上，当指针变成＋时，按住鼠标左键向右拖动到 H47，释放鼠标即可。

⑤ 排名次。

步骤一：选择目标单元格 J4，直接在编辑栏输入"=RANK(信息管理 161 班成绩统计表!I4,$I$4:$I$39)"，按 Enter 键确认。

步骤二：将鼠标指针置于 J4 单元格右下角的填充柄上，当指针变成＋时，按住鼠标左键向右拖动到 J39，释放鼠标即可。

（2）名次排序

步骤一：将"名次排序"工作表转化为当前工作表，单击该工作表中的任一单元格。

步骤二：选择"数据"选项卡"排序和筛选"组中的"排序"命令，弹出"排序"对话框。

步骤三：在"排序"对话框中的"主要关键字"下拉列表中选择"名次"字段，在"排序依据"下拉列表中选择数值，在"次序"下拉列表中选择"升序"，如图12-9所示，单击"确定"按钮，结果如图12-10所示。

图12-9 "排序"对话框

信息管理161班记分册							
学号	姓名	性别	大学英语	计算机应用	高等数学	应用文写作	总分	名次
201603710104	王小颖	女	75	75	95	99	344	1
201603710105	王泽优	女	78	79	98	88	343	2
201603710127	石彬	女	68	89	94	91	342	3
201603710113	李蔚	男	96	82	74	86	338	4
201603710112	张波	女	47	99	79	98	323	5
201603710119	刘盛胤	女	92	82	72	75	321	6
201603710114	段汝泳	女	76	78	85	81	320	7
201603710131	叶琛	女	55	83	93	82	313	8
201603710120	邓燕青	男	83	60	91	77	311	9
201603710126	陈俊涛	女	81	50	95	78	304	10
201603710101	王帅	女	70	92	73	65	300	11
201603710115	刘朋	女	94	61	94	47	296	12

图12-10 排序结果

（3）数据筛选

步骤一：选择"信息管理161班成绩表"工作表标签，按住Ctrl键，把"信息管理161班成绩表"工作表拖动到目标位置后释放。将"信息管理161班成绩表（2）"工作表重命名为"数据筛选"。

步骤二：在"数据筛选"工作表中，单击数据区域中的任一单元格。

步骤三：选择"数据"选项卡"排序和筛选"组中的"筛选"命令，此时标题列中自动出现下拉箭头，如图12-11所示。

信息管理161班记分册					
学号 ▾	姓名 ▾	性别 ▾	大学英语 ▾	计算机应 ▾	高等数学 ▾	应用文写 ▾
201603710101	王帅	女	70	92	73	65
201603710103	朱圣杰	男	46	73	79	71
201603710104	王小颖	女	75	75	95	99
201603710105	王泽优	女	78	79	98	88
201603710106	詹亮	女	93	81	43	69
201603710102	梁浩	女	60	86	66	42
201603710107	徐凯	女	96	85	31	65
201603710108	王燕波	男	36	98	71	53
201603710110	楚静	男	35	82	84	74
201603710111	李志鹏	女	82	91	35	67
201603710112	张波	女	47	99	79	98
201603710113	李蔚	男	96	82	74	86

图12-11 数据筛选

步骤四：分别单击"大学英语""计算机应用""高等数学"和"应用文写作"各标题列旁的下拉箭头，选择"数字筛选"中的"自定义筛选"，弹出"自定义自动筛选方式"对话框，设置各科成绩"大于等于70"，如图12-12所示，单击"确定"按钮，结果如图12-13所示。

图 12-12　"自定义自动筛选方式"对话框

信息管理161班记分册

学号 ▽	姓名 ▽	性别 ▽	大学英语 ▽	计算机应 ▼	高等数学 ▼	应用文写 ▼
201603710104	王小颖	女	75	75	95	99
201603710105	王泽优	女	78	79	98	88
201603710113	李蔚	男	96	82	74	86
201603710114	段汝泳	女	76	78	85	81
201603710119	刘盛胤	女	92	82	72	75

图 12-13　自动筛选结果

（4）合并计算

步骤一：单击"合并计算"工作表，将"合并计算"工作表转化为当前工作表。

步骤二：将光标放置在"信息管理161班期评成绩"数据区域中的"大学英语"下面的单元格，选择"数据"选项卡"数据工具"组中的"合并计算"命令，弹出"合并计算"对话框。

步骤三：在"合并计算"对话框中，在"函数"选项中选择"平均值"，在"引用位置"选项中，首先选择单元格区域"$E$4:$H$39"，单击"添加"按钮，然后选择单元格区域"$N$4:$Q$39"，再单击"添加"按钮，结果如图12-14所示，单击"确定"按钮，"合并计算"的结果如图12-15所示。

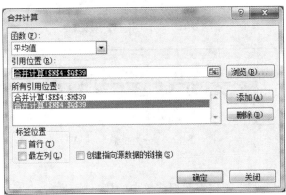

图 12-14　"合并计算"对话框

信息管理161班期评成绩						
学号	姓名	性别	大学英语	计算机应用	高等数学	应用文写作
201603710101	王帅	女	79	65	75	60
201603710103	朱圣杰	男	69	72	61	72
201603710104	王小颖	女	69	73	84	82
201603710105	王泽优	女	74	65	83	82
201603710106	詹亮	女	69	89	56	75
201603710102	梁浩	女	63	79	67	56
201603710107	徐凯	女	96	85	31	65
201603710108	王燕波	男	36	98	71	53
201603710110	楚静	男	35	82	84	74
201603710111	李志鹏	女	82	91	35	67
201603710112	张波	女	47	99	79	98

图 12-15　"合并计算"结果

（5）分类汇总

步骤一：单击"分类汇总"工作表，将"分类汇总"工作表转化为当前工作表。

步骤二：在"分类汇总"工作表中，单击数据区域中的任一单元格，首先以"性别"为"主要关键字"进行"升序"排列。

步骤三：选择"数据"选项卡"分级显示"组中的"分类汇总"命令，弹出"分类汇总"对话框，在"分类字段"选项中选择"性别"，在"汇总方式"选项中选择"平均值"，在"选定汇总项"中选择"大学英语""计算机应用""高等数学"和"应用文写作"，如图 12-16 所示，单击"确定"按钮，结果如图 12-17 所示。

图 12-16　"分类汇总"对话框

1 2 3		A	B	C	D	E	F	G	H
	1								
	2				信息管理161班记分册				
	3		学号	姓名	性别	大学英语	计算机应用	高等数学	应用文写作
	16				男 平均值	64	71	74	74
	41				女 平均值	72	78	70	72
	42				总计平均值	69	75	71	72

图 12-17　"分类汇总"结果

（6）数据透视

步骤一：单击"数据透视"工作表数据清单中的任一单元格，选择"插入"选项卡"表格"组中的"数据透视表"→"数据透视表"命令，弹出"创建数据透视表"对话框，如图 12-18 所示。

图 12-18　"创建数据透视表"对话框

步骤二：在"选择放置数据透视表的位置"中选择"现有工作表"，单击 Sheet8 的 A1 单元格，如图 12-18 所示。

步骤三：单击"确定"按钮，弹出"数据透视表工具"窗口，将右边"数据透视表字段列表"中的"专业方向"拖动到左边表的"将行字段拖至此处"位置上，将"性别"拖动到"将列字段拖至此处"位置上，"大学英语""计算机应用""高等数学"和"应用文写作"拖动到"将值字段拖至此处"位置上，双击"数据"区域中的"求和项：大学英语""求和项：计算机应用""求和项：高等数学"和"求和项：应用文写作"，在"值字段设置"对话框的"值字段汇总方式"中选择"平均值"，如图 12-19 所示，单击"确定"按钮，即得到所需的"数据透视表"，如图 12-20 所示。

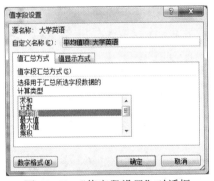

图 12-19　"值字段设置"对话框

		性别		
专业方向	数据	男	女	总计
ERP设计	平均值项:大学英语	73.6	68.83333333	71
	平均值项:计算机应用	72.56	80.13333333	76.69090909
	平均值项:高等数学	72.8	66.33333333	69.27272727
	平均值项:应用文写作	71.6	71.16666667	71.36363636
程序设计	平均值项:大学英语	66	76.875	74.7
	平均值项:计算机应用	67.65	77.425	75.47
	平均值项:高等数学	73	65.625	67.1
	平均值项:应用文写作	68	66.125	66.5
数据库设计	平均值项:大学英语	54	69.9	64.6
	平均值项:计算机应用	70.08	76.14	74.12
	平均值项:高等数学	75.6	75.6	75.6
	平均值项:应用文写作	78	76.3	76.86666667
平均值项:大学英语汇总		64.16666667	71.95833333	69.36111111
平均值项:计算机应用汇总		70.70833333	77.56666667	75.28055556
平均值项:高等数学汇总		74	69.95833333	71.30555556
平均值项:应用文写作汇总		73.66666667	71.625	72.30555556

图 12-20　"数据透视表"效果图

（7）条件格式

步骤一：单击"信息管理 161 班成绩表格式化"工作表，将"信息管理 161 班成绩表格式化"工作表转化为当前工作表。

步骤二：选择"开始"选项卡"样式"组中的"条件格式"→"突出显示单元格规则"→"其他规则"命令，弹出"新建格式规则"对话框。

步骤三：在"新建格式规则"对话框的"选择规则类型"中选择"只为包含以下内容的单元格设置格式"，在"编辑规则说明"前 3 个选项中依次选择"单元格值""小于""60"。

步骤四：单击"编辑规则格式"中的"格式"按钮，弹出"设置单元格格式"对话框，选择"字体"选项卡，在"字体"选项中选择"加粗"字形，字体颜色选择"白色"，如图 12-21 所示。

图 12-21 "设置单元格格式"对话框

步骤五：选择"填充"选项卡，在"其他颜色"中选择"梅红"，单击"确定"按钮，如图 12-22 所示，单击"确定"按钮。

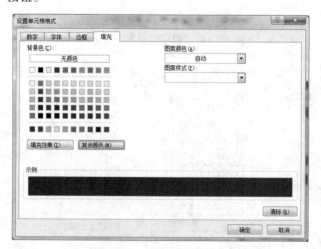

图 12-22 "填充"选项卡

步骤六：单击"确定"按钮即可。

课堂实践 制作饮料销售统计与分析表

1. 操作要求

① 使用"销售统计"工作表中的数据，计算"销售额"和"毛利润"，结果分别放在相应的单元格中。

② 使用"销售排序"工作表中的数据，以"毛利润"为主要关键字，以"销售额"为次要关键字，进行"降序"排序。

③ 在"数据筛选"工作表中筛选出"销售额"大于500，"毛利润"大于100的记录。

④ 将"合并计算"工作表中的"销售额"与"毛利润"中的数据进行"求和"合并计算。

⑤ 在"分类汇总"工作表中，以"所在区"为分类字段，将"销售额"和"毛利润"分别进行"求和"分类汇总。

⑥ 使用"数据透视"工作表中的数据，以"所在区"为行字段，以"饮料名称"为列字段，分别以"销售额"和"毛利润"为求和项，从 Sheet8 工作表的 A1 单元格起建立数据透视表。

⑦ 在"条件格式"工作表中将"销售额"大于或等于"500"的数据设置为"梅红"的底纹，字体颜色设置为"白色"，字形为"粗体"。

2. 操作步骤

（1）公式应用

步骤一：打开"××实业有限公司一月一日深圳部分饮料销售统计.xlsx"，单击"销售统计"工作表，将"销售统计"工作表转化为当前工作表，选择目标单元格 J3，在单元格 J3 中输入"=F3*I3"后按 Enter 键。

步骤二：将鼠标指针置于 J3 单元格右下角的填充柄上，当指针变成＋时，按住鼠标左键拖动到 J1262，释放鼠标即可。

步骤三：选择目标单元格 K3，在单元格 K3 中输入"=J3−F3*H3"后按 Enter 键。

步骤四：将鼠标指针置于 K3 单元格右下角的填充柄上，当指针变成＋时，按住鼠标左键拖动到 K1262，释放鼠标即可。

（2）名次排序

步骤一：将"销售排序"工作表转化为当前工作表，单击该工作表中的任一单元格。

步骤二：选择"数据"选项卡"排序和筛选"组中的"排序"命令，弹出"排序"对话框。

步骤三：在"排序"对话框中的"主要关键字"下拉列表中选择"毛利润"字段，在"排序依据"的下拉列表中选择"数值"，在"次序"下拉列表中选择"降序"；单击"排序"对话框中"添加条件"按钮，在"次要关键字"下拉列表中选择"销售额"字段，在"排序依据"的下拉列表中选择"数值"，在"次序"下拉列表中选择"降序"，单击"确定"按钮。

（3）数据筛选

步骤一：在"数据筛选"工作表中，单击数据区域中的任一单元格。

步骤二：选择"数据"选项卡"排序和筛选"组中的"筛选"命令，此时标题列中自动出现下拉箭头。

步骤三：分别单击"销售额"和"毛利润"各标题列旁的下拉箭头，选择"数字筛选"中的"自定义筛选"，弹出"自定义自动筛选方式"对话框，设置销售额"大于500"，设置毛利润"大于 100"，单击"确定"按钮。

（4）合并计算

步骤一：单击"合并计算"工作表，将"合并计算"工作表转化为当前工作表。

步骤二：将光标放置在"合并计算"工作表的 "饮料名称"下面的单元格，选择"数据"选项卡"数据工具"组中的"合并计算"命令，弹出"合并计算"对话框。

步骤三：在"合并计算"对话框中，在"函数"选项中选择"求和"，在"引用位置"选项中，选择单元格区域为"$E$3:$G$1262"，单 击"添加"按钮，在"标签位置"选择"最左列"，单击"确定"按钮。

（5）分类汇总

步骤一：单击"分类汇总"工作表，将"分类汇总"工作表转化为当前工作表。

步骤二：在"分类汇总"工作表中，单击数据区域中的任一单元格，以"所在区"为"主要关键字"进行"升序"排列。

步骤三：选择"数据"选项卡"分级显示"组中的"分类汇总"命令，弹出"分类汇总"对话框。在"分类字段"选项中选择"所在区"，在"汇总方式"选项中选择"求和"，在"选定汇总项"中选择"销售额"和"毛利润"，在"分类汇总"复选框中勾选"替换当前分类汇总"和"汇总结果显示在数据下方"，单击"确定"按钮。

（6）数据透视

步骤一：单击"数据透视数据源"工作表数据清单中的任一单元格，选择"插入"选项卡"表格"组中的"数据透视表"→"数据透视表"命令，弹出"创建数据透视表"对话框。

步骤二：在"选择放置数据透视表的位置"中选择"现有工作表"，单击 Sheet8 工作表中的 A1 单元格。

步骤三：单击"确定"按钮，弹出"数据透视表工具"窗格，将右边"数据透视表字段列表"中的"所在区"拖动到左边表的"将行字段拖至此处"位置上，将"饮料名称"拖动到"将列字段拖至此处"位置上，将"销售额"和"毛利润"拖动到"将值字段拖至此处"位置上。

（7）条件格式

步骤一：单击"条件格式"工作表，将"条件格式"工作表转化为当前工作表。

步骤二：选择"销售额"一列的数据，选择"开始"选项卡"样式"组中的"条件格式"→"突出显示单元格规则"→"其他规则"命令，打开"新建格式规则"对话框。

步骤三：在"选择规则类型"中选择"只为包含以下内容的单元格设置格式"，在"编辑规则说明"前 3 个选项中依次选择"单元格值""大于或等于""500"。

步骤四：单击"编辑规则格式"中的"格式"按钮，弹出"设置单元格格式"对话框，在"字体"选项中选择"加粗"字形，字体颜色选择"白色"。

步骤五：选择"填充"选项卡，在"其他颜色"中选择"梅红"，单击"确定"按钮，单击"确定"按钮。

步骤六：单击"确定"按钮即可。

3．效果展示

各效果图如图 12-23 ~ 图 12-28 所示。

图 12-23 "销售统计"效果图

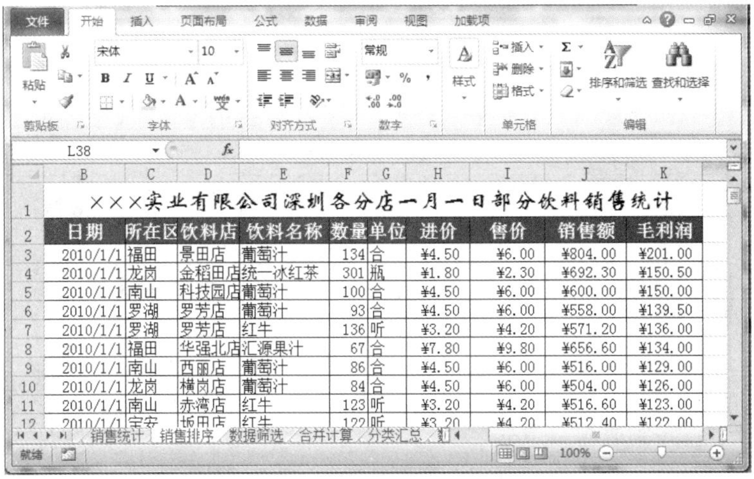

图 12-24 "销售排序"效果图

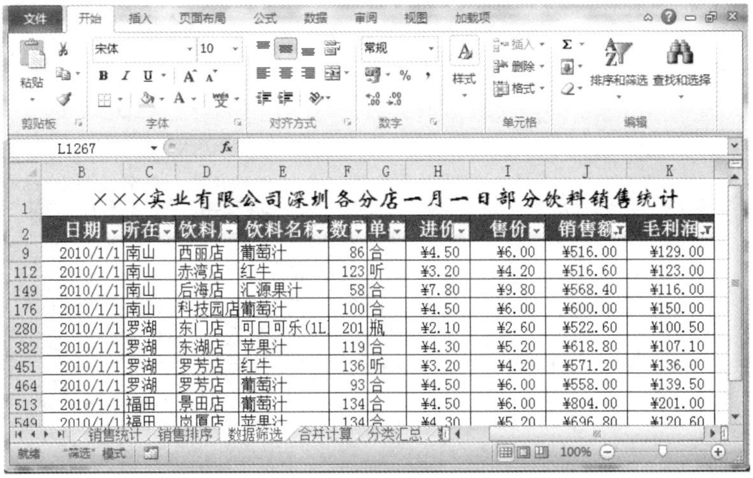

图 12-25 "数据筛选"效果图

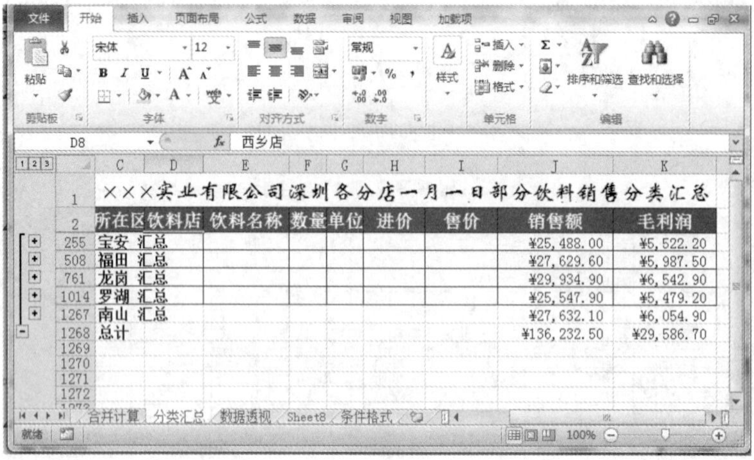

D8 | 西乡店

所在区饮料店	饮料名称	数量单位	进价	售价	销售额	毛利润
×××实业有限公司深圳各分店一月一日部分饮料销售分类汇总						
255 宝安 汇总					¥25,488.00	¥5,522.20
508 福田 汇总					¥27,629.60	¥5,987.50
761 龙岗 汇总					¥29,934.90	¥6,542.90
1014 罗湖 汇总					¥25,547.90	¥5,479.20
1267 南山 汇总					¥27,632.10	¥6,054.90
1268 总计					¥136,232.50	¥29,586.70

图 12-26 "分类汇总"效果图

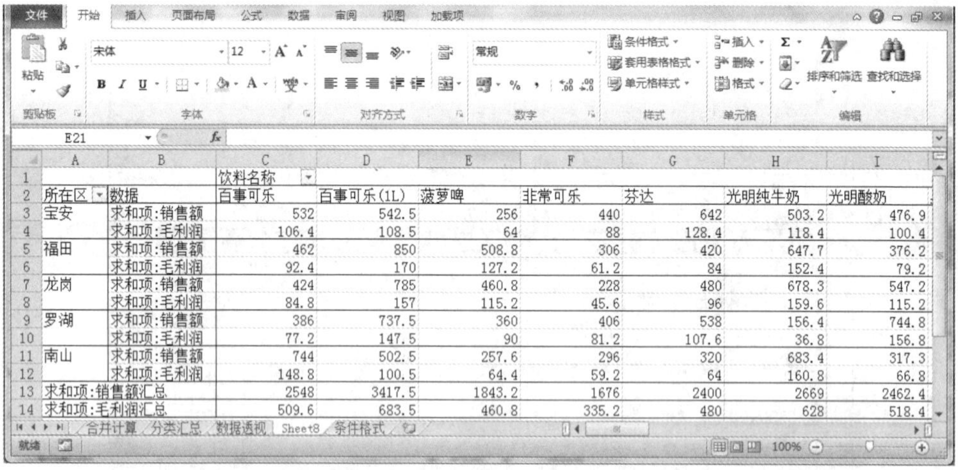

E21

所在区	数据	饮料名称 百事可乐	百事可乐(1L)	菠萝啤	非常可乐	芬达	光明纯牛奶	光明酸奶
宝安	求和项:销售额	532	542.5	256	440	642	503.2	476.9
	求和项:毛利润	106.4	108.5	64	88	128.4	118.4	100.4
福田	求和项:销售额	462	850	508.8	306	420	647.7	376.2
	求和项:毛利润	92.4	170	127.2	61.2	84	152.4	79.2
龙岗	求和项:销售额	424	785	460.8	228	480	678.3	547.2
	求和项:毛利润	84.8	157	115.2	45.6	96	159.6	115.2
罗湖	求和项:销售额	386	737.5	360	406	538	156.4	744.8
	求和项:毛利润	77.2	147.5	90	81.2	107.6	36.8	156.8
南山	求和项:销售额	744	502.5	257.6	296	320	683.4	317.3
	求和项:毛利润	148.8	100.5	64.4	59.2	64	160.8	66.8
求和项:销售额汇总		2548	3417.5	1843.2	1676	2400	2669	2462.4
求和项:毛利润汇总		509.6	683.5	460.8	335.2	480	628	518.4

图 12-27 "数据透视"效果图

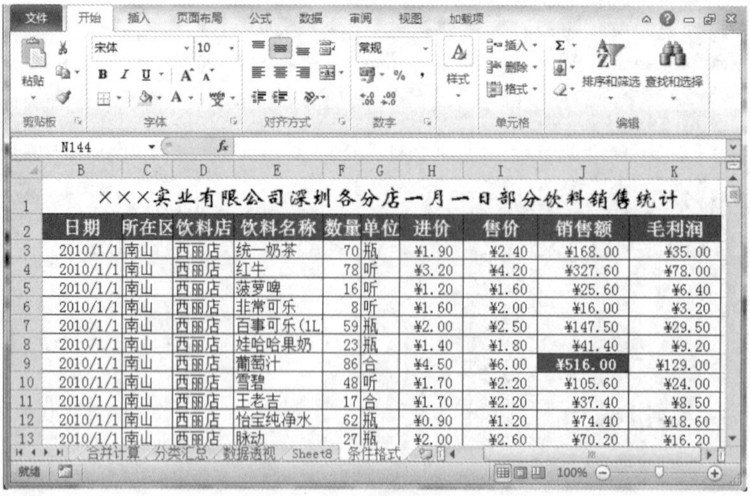

N144

日期	所在区	饮料店	饮料名称	数量单位	进价	售价	销售额	毛利润
×××实业有限公司深圳各分店一月一日部分饮料销售统计								
2010/1/1	南山	西丽店	统一奶茶	70 瓶	¥1.90	¥2.40	¥168.00	¥35.00
2010/1/1	南山	西丽店	红牛	78 听	¥3.20	¥4.20	¥327.60	¥78.00
2010/1/1	南山	西丽店	菠萝啤	16 听	¥1.20	¥1.60	¥25.60	¥6.40
2010/1/1	南山	西丽店	非常可乐	8 听	¥1.60	¥2.00	¥16.00	¥3.20
2010/1/1	南山	西丽店	百事可乐(1L	59 瓶	¥2.00	¥2.50	¥147.50	¥29.50
2010/1/1	南山	西丽店	娃哈哈果奶	23 瓶	¥1.40	¥1.80	¥41.40	¥9.20
2010/1/1	南山	西丽店	葡萄汁	86 合	¥4.50	¥6.00	¥516.00	¥129.00
2010/1/1	南山	西丽店	雪碧	48 听	¥1.70	¥2.20	¥105.60	¥24.00
2010/1/1	南山	西丽店	王老吉	17 合	¥1.70	¥2.20	¥37.40	¥8.50
2010/1/1	南山	西丽店	怡宝纯净水	62 瓶	¥0.90	¥1.20	¥74.40	¥18.60
2010/1/1	南山	西丽店	脉动	27 瓶	¥2.00	¥2.60	¥70.20	¥16.20

图 12-28 "条件格式"效果图

疑难解析

问题 1：分类汇总时是否需要先排序再分类汇总？为什么？

答：在对数据进行分类汇总之前首先必须以"分类字段"为关键字进行排序，然后才能进行"分类汇总"，否则不在同一区域的同一类型"分类字段"会显示在各自区域，达不到"分类汇总"的效果。

问题 2：如何在单元格中绘制斜线？

答：

步骤一：选中要绘制斜线的单元格。

步骤二：选择"开始"选项卡"单元格"组中的"格式"→"设置单元格格式"命令，弹出"设置单元格格式"对话框。

步骤三：在"设置单元格格式"对话框中选择"边框"选项卡，选择斜线线型，单击"确定"按钮即可。

课外拓展

提交"Excel 2010 统计函数功能"总结报告，如表 12-1 所示。

表 12-1 Excel 2010 统计函数功能

序　号	函数名称	函　数　功　能	备　注
1	AVEDEV	返回一组数据点到其算术平均值的绝对偏差的平均值。参数可以是数字、名称、数组或包含数字的引用	
2	AVERAGE	返回其参数的算术平均值；参数可以是数值或包含数值的名称、数组或引用	
3	AVERAGEA	返回所有参数的算术平均值。字符串和 FLASE 相当于 0；TRUE 相当于 1。参数可以是数值、名称、数组或引用	
4	BETADIST	返回累积 beta 分布的概率密度	
5	BETAINV	返回具有给定概率的累积 beta 分布的区间点	
6	BINOMDIST	返回一元二项式分布的概率	
7	CHIDIST	返回 χ^2 分布的收尾概率	
8	CHIINV	返回具有给定概率的收尾 χ^2 分布的区间点	
9	CHITEST	返回检验相关性	
10	CONFIDENCE	返回总体平均值的置信区间	
11	CORREL	返回两组数值的相关系数	
12	COUNT	计算包含数字的单元格以及参数列表中的数字的个数	
13	COUNTA	计算参数列表所包含的数值个数以及非空单元格的数目	
14	COUNTBLANK	计算某个区域空单元格的数目	
15	COUNTIF	计算某个区域中满足给定条件的单元格数目	
16	COVAR	返回协方差，即每对变量的偏差乘积的均值	
17	CRITBINOM	返回一个数值，它是使累积二项式分布的函数值大于等于临界值 α 的最小整数	
18	DEVSQ	返回各数据点与数据均值点之差（数据偏差）的平方和	

续表

序　号	函数名称	函 数 功 能	备　注
19	EXPONDIST	返回指数分布	
20	FDIST	为两组数据返回 F 概率分布	
21	FISHER	返回 Fisher 变换值	
22	FORECAST	通过一条线性回归拟合线返回一个预测值	
23	FREQUENCY	以一列垂直数组返回一组数据的频率分布	
24	LINEST	返回线性回归方程的参数	
25	LOGEST	返回指数回归拟合曲线方程的参数	
26	LOGINV	返回具有给定概率的对数正态分布函数的区间点	
27	LOGNORMDIST	返回对数正态分布	
28	MAX	返回一组数值中的最大值，忽略逻辑值及文本	
29	MAXA	返回一组参数中的最大值（不忽略逻辑值和字符串）	
30	MEDIAN	返回一组数的中值	
31	MIN	返回一组数值中的最小值，忽略逻辑值及文本	
32	MINA	返回一组参数中的最小值（不忽略逻辑值和字符串）	
33	MODE	返回一组数据或数据区域中的众数（出现频率最高的数）	
34	NEGBINOMDIST	返回负二项式分布函数值	
35	NORMDIST	返回正态分布函数值	
36	NORMINV	返回具有给定概率正态分布的区间点	
37	NORMSDIST	返回标准正态分布函数值	
38	NORMSINV	返回标准正态分布的区间点	
39	PERCENTILE	返回数组的 K 百分比数值点	
40	PERCENTRANK	返回特定数值在一组数中的百分比排位	
41	PERMUT	返回从给定元素数目的集合中选取若干元素的排列数	
42	POISSON	返回泊松（POISSON）分布	
43	PROB	返回一概率事件组中符合指定条件的事件集所对应的概率之和	
44	QUARTILE	返回一组数据的四分位点	
45	RANK	返回某数字在一列数字中相对于其他数值的大小排位	
46	RSQ	返回给定数据点的 Pearson 积矩法相关系数的平方	
48	SKEW	返回一个分布的不对称度：用来体现某一分布相对其平均值的不对称度	
49	SLOPE	返回经过给定数据点的线性回归拟合线方程的斜率	
50	SMALL	返回数据组中第 K 个最小值	
51	STANDARDIZE	通过平均值和标准方差返回正态分布概率值	
52	STDEV	估算基于给定样本的标准偏差（忽略样本中的逻辑值及文本）	
53	STDEVA	估算基于给定样本(包括逻辑值和字符串)的标准偏差。字符值和逻辑值 FALSE 数值为 0；逻辑值 TRUE 为 1	
54	STDEVP	计算基于给定的样本总体的标准偏差（忽略逻辑值及字符串）	

续表

序　号	函数名称	函　数　功　能	备　注
55	STDEVPA	计算样本（包括逻辑值和字符串）总体的标准偏差。字符值和逻辑值 FALSE 数值为 0；逻辑值 TRUE 为 1	
56	VAR	估算基于给定样本的方差（忽略样本中的逻辑值及文本）	
57	VARA	估算基于给定样本（包括逻辑值和字符串）的方差。字符值和逻辑值 FALSE 数值为 0；逻辑值 TRUE 为 1	
58	VARP	计算基于给定的样本总体的方差（忽略样本中的逻辑值及文本）	
59	VARPA	计算样本（包括逻辑值和字符串）总体的方差。字符值和逻辑值 FALSE 数值为 0；逻辑值 TRUE 为 1	
60	WEIBULL	请在"帮助"中查看有关该函数及其参数的详细信息	
61	ZTEST	返回 Z 检验的双尾 P 值	

项目小结

　　数据分析是 Excel 2010 的重要功能，本项目对函数调用、数据排序、数据筛选、合并计算、分类汇总、数据透视及条件格式这几个常用的数据分析方法进行了详细介绍。

模块四 PowerPoint 2010 演示文稿制作

PowerPoint 是 Office 系列软件中的一员，主要用于制作可供展示用的电子版幻灯片。随着办公自动化的普及，其以简洁、醒目、生动的方式广泛应用于各种公众场合（诸如学术演讲、论文答辩、课堂讲解、产品宣传、公司简介等）。

项目 十三

制作以"我的校园"为主题的演示文稿

幻灯片制作是集视觉艺术、演讲艺术、幻灯片制作艺术的综合视觉表达，本任务主要介绍 PowerPoint 文档的创建方法、幻灯片格式设置、插入对象处理以及幻灯片放映等内容。

项目描述

新生入学报道是开学最忙碌的一段时间，新同学及其陪同家长在学校参观、报名、交费、领寝室用具、整理铺位、购买日常生活用品、熟悉新同学与新环境等。张华特地制作了一份演示文稿来展示学校的基本情况，在新生到来时进行播放，使刚来的同学与家长能够更好地了解以后同学们在学校的学习与生活情况。

教学导航

知识目标	① 掌握演示文稿的创建。 ② 掌握基本格式编辑。 ③ 掌握动画及切换设置。
技能目标	① 学会制作简单 PPT 演示文稿文件。 ② 学会使用动画、切换方式、插入多媒体对象等方式提升 PPT 文件的视觉效果。 ③ 学会按实际需求设计简单演示文稿。
态度目标	① 培养学生养成模仿加思考的学习模式。 ② 培养学生养成认真做事的良好习惯。 ③ 培养学生具有良好的职业道德素养及较强的责任心。 ④ 培养学生的需求分析能力。
本章重点	① 掌握基本演示文稿创建及修改设置。 ② 学会按实际需求设计简单演示文稿。
本章难点	动画设置及对象理解。

续表

教学方法	理论实践一体化，教、学、做合一。
课时建议	6课时（含课堂实践）。
效果展示	"我的校园"演示文稿效果图如图13-1所示。 

图13-1　"我的校园"演示文稿样张

续表

效果展示	图 13-1 "我的校园"演示文稿样张（续）
操作流程	创建空白 PPT 文档→保存文档（位置及命名）→应用模板→确定标题文字→设置文字及段落格式→插入对象（背景声音、图片、剪贴画、表格）→设置动画及切换效果→幻灯片放映。

知识准备

要制作演示文稿并演讲，需要经过多个步骤才能完成。首先必须确认演示文稿主题→明确演讲思路→搜索要表达内容的资料→整理收集到的各种素材→制作演示文稿→增强演示文稿表达效果（通过文字格式、背景、图片、声音、视频、形状、动画等方式）→撰写演讲时的讲稿→正式演讲前预演→熟悉演讲环境→准备演讲资料→正式演讲（通过声调、音量、身体语言、情绪表达等方式提升演讲效果）。

一、新建演示文稿

用 PowerPoint 制作的文件称为电子演示文稿,由一系列连续的页面组成,每一个页面称为一张幻灯片,电子演示文稿对应的文件类型(扩展名)为.pptx。用户建立演示文稿的过程,就是建立一张张幻灯片的过程。

1. PowerPoint 2010 的启动与退出

在 Windows 桌面上双击 Microsoft Office PowerPoint 2010 快捷方式图标或选择"开始"→"程序→Microsoft Office→Microsoft Office PowerPoint 2010"命令,即可启动 PowerPoint 2010。启动后屏幕将显示如图 13-2 所示的工作窗口。

工作窗口主要由标题栏、功能区、大纲与幻灯片窗格、幻灯片编辑窗格、备注窗格、任务窗格、状态栏等组成。下面只作简要介绍。

① 标题栏:位于屏幕顶部,左侧包含窗口控制菜单与快速访问工具栏,中间显示出被编辑的文件名(默认名为演示文稿 1、演示文稿 2…)及软件名称,右侧为窗口调节与关闭按钮。

② 功能区:提供操作命令及按钮。PowerPoint 2010 操作包含文件、开始、插入、设计、切换、动画、幻灯片放映、审阅、视图、加载项等几大功能,可通过功能区选项卡进行功能切换。将鼠标放在功能区命令或按钮上片刻,将显示帮助信息,提示用户该命令或按钮的功能。功能区选项卡右侧有两个按钮:一个是"功能区最小化"按钮,可将功能区折叠,仅显示功能区选项卡,从而增大工作区显示面积;另一个是"Microsoft PowerPoint 帮助"按钮,可获取软件帮助信息。

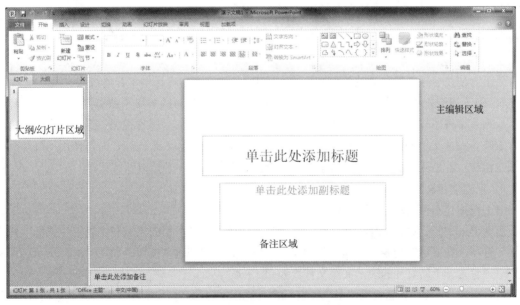

图 13-2 PowerPoint 2010 的工作窗口

③ 工作区:是 PowerPoint 2010 文档编辑区,显示 PowerPoint 2010 演示文稿的内容。编辑幻灯片是通过对工作区中的内容进行操作完成的。利用工作区的滚动条可以查看不同区域的内容。工作区被分成 3 个窗格:

幻灯片编辑窗格:中间的编辑区,用于编辑幻灯片内容。

大纲和幻灯片窗格:显示编辑大纲内容。大纲窗格和幻灯片窗格放在一起,通过选择标签进行切换，大纲窗格以大纲方式显示幻灯片内容，而幻灯片窗格则以一张一张幻灯片的形式出现。

备注窗格：编辑对本张幻灯片的简要说明，即备注内容。

④ 状态栏：位于程序窗口的底部，用于显示当前文档的部分属性或状态（如当前显示的幻灯片的序号和幻灯片总数及使用的模板）、切换演示文稿的查看方式、调整演示文稿的显示比例等。

当需要退出 PowerPoint 时，单击窗口关闭按钮，或选择"文件"→"退出"命令，或选择 PowerPoint 控制菜单的"关闭"，也可以直接按快捷键 Alt+F4。如果输入或修改了内容，PowerPoint 在退出前将询问是否要保存演示文稿，此时可根据需要单击"是""否"或"取消"按钮。

2．界面简介

PowerPoint 软件具有同 Office 系列软件相似的界面。不同之处在于 PowerPoint 的编辑区由 3 个区域，即大纲/幻灯片区、主编辑区和备注区组成，如图 13-2 所示。

拖动区域间的框架，可任意调整每个区域的面积，以适应编辑的需要。其中每个区域的功能如表 13-1 所示。

表 13-1　界面区域功能

	界面区域	功　　能
1	大纲/幻灯片区	大纲区编辑最基本的标题； 幻灯片区以整体方式显示每张幻灯片布局
2	主编辑区	设计版式、插入各种对象
3	备注区	在全屏浏览幻灯片时，提供给演示者的提示性文字说明。

3．浏览视图

为了方便快捷地编辑和播放演示文稿，PowerPoint 软件为用户提供了普通视图、幻灯片浏览、备注页、阅读视图 4 种视图方式。并将最常用的视图方式以按钮形式放置于状态栏右侧，如图 13-2 所示。这几个视图按钮分别用于切换普通视图、幻灯片浏览视图、阅读视图，最后一个按钮为幻灯片放映。一般文档初建立时默认为普通视图□。如需同时设置多张幻灯片时可使用幻灯片浏览视图按钮▦。若想从当前幻灯片开始浏览，可单击从当前幻灯片开始放映按钮▢。

4．新建演示文稿

（1）根据样本模板新建演示文稿

启动 PowerPoint 后，选择"文件"→"新建"命令，在"可用的模板和主题"中选择"样本模板"选项，在显示的列表中选择需要的模板，单击右侧"创建"按钮，如图 13-3 所示，即可得到一个包含若干幻灯片的演示文稿文件，如图 13-4 所示。

最后单击"保存"按钮，或使用快捷键 Ctrl+S 进行保存命名操作。在制作时间较短的情况下，可采用此方法快速制作演示文稿文件。因为这些幻灯片中已按事物逻辑设置好了标题与提示文字并添加了动画效果。

（2）根据主题新建演示文稿

选择"文件"→"新建"命令，在"可用的模板和主题"中选择"主题"选项，在显示的列表中选择需要的主题，单击右侧窗格中"创建"按钮，从而得到一个包含一张幻灯片的演示文稿。此演示文稿继承用户所选模板之外观、背景、配色方案以及项目符号。

图 13-3　模板选择

图 13-4　根据样本模板创建的演示文稿

（3）新建空演示文稿

启动 PowerPoint 后，软件会自动创建一个默认名为 "演示文稿 1" 的空白演示文稿，且只包含一张标题幻灯片。该演示文稿中无任何格式和动画设置。若想再次创建空白演示文稿文件，可选择 "文件" → "新建" 命令，在 "可用的模板和主题" 中选择 "空白演示文稿" 选项，在右侧窗格中单击 "创建" 按钮。或者也可以使用快捷键 Ctrl+N 完成新建操作。

利用空白幻灯片可以从头开始创建演示文稿，虽然工作量大一些，但可以更好地体现制作者的创意。

5．添加与删除幻灯片

（1）添加幻灯片

选择"开始"选项卡"幻灯片"组中的"新建新幻灯片"命令，或按快捷键 Ctrl+M，可在当前幻灯片后插入新空白幻灯片。

◎注意

　　幻灯片中出现的带有"单击此处添加标题"字样的虚线框称为标题占位符。带有"单击此处添加文字"字样的虚线框称为文本占位符，带有表格、图表等 6 个小图形的虚线框，称为内容占位符。这 3 种占位符中，前两种占位符主要用来放置文字，最后一种占位符则主要用来放置图片、表格、SmartArt 图形等内容。

选择"开始"选项卡"幻灯片"组中的"新建新幻灯片"命令，可在列表中选择新生成幻灯片的版式。幻灯片的版式决定了幻灯片中占位符的种类、数量以及位置。

选择"开始"选项卡"幻灯片"组中的"幻灯片版式"命令，可修改当前幻灯片的版式。

一般第一张幻灯片默认为标题版式，第二张及其后的幻灯片则默认为标题和内容版式。新创建的演示文稿文件中，默认只有一张幻灯片，因此其默认采用标题版式。

（2）删除幻灯片

如果有多余或出错的幻灯片需要删除，可在左侧"大纲/幻灯片"窗格中单击待删除的幻灯片后右击，在快捷菜单中选择"删除幻灯片"命令；或按 Delete 键进行直接删除；或者选择"开始"选项卡"剪贴板"组中的"剪切"命令进行剪切。

在选择幻灯片时，请注意观察"大纲/幻灯片"窗格区域：只有被选中的幻灯片周围才会出现黄色边框与底纹。如果同时删除多张幻灯片，可在单击时按 Ctrl 键或 Shift 键进行间隔或连续选择。

6．添加标题文字

创建演示文稿后，可先在大纲区添加标题文字，以确定演示思路。单击演示文稿窗口左侧的"大纲"区域，添加标题文字。

二、插入对象

在幻灯片中可以直接插入工作表、表格、图表、图片、影片和声音等对象来增强演示文稿的直观表现能力。

1．输入文本

幻灯片版式中提供有标题占位符、文本占位符的，可直接在占位符中输入文本。

若要在其他位置输入文本，可使用两种方法：选择"插入"选项卡"文本"组中的"文本框"命令，插入横排或垂直文本框，在文本框中输入文本；选择"插入"选项卡"插图"组中的"形状"命令，在幻灯片中插入某一形状，在形状上右击选择"编辑文字"命令，可在形状中添加文本。

2．插入图片

选择标题栏"插入"选项卡"图像"组中的"图片"命令，插入来自文件的图片。

3．插入表格对象

选择"插入"选项卡"表格"组中的"表格"命令，指定表格的行数与列数，即可插入表格。

4．插入声音对象

选择"插入"选项卡"媒体"组中的"音频"命令，即可指定插入音频对象。

三、演示文稿编辑

幻灯片基本格式主要包括字体、段落（对齐方式和行距）、项目符号和编号、页眉和页脚、日期和幻灯片编号显示这六部分。其中前 3 部分针对设置幻灯片内部文字与段落，后 3 部分针对设置幻灯片页面区域。

幻灯片中的对象在编辑时具有相似的规律，比如对象被选中时，其周围会出现 8 个空心圆形态的控制句柄，调整句柄可改变对象的大小；若准备同时选中多个对象进行操作，可以使用 Shift 或 Ctrl 键进行连续或间隔选择；删除对象时，可在选中对象后直接按 Delete 键进行删除。特别是双击工作表或图表时，可进入 Excel 环境中进行编辑。

1．编辑基本格式

（1）设置幻灯片内部文字与段落格式

幻灯片内部格式主要指占位符或文本框、图形内部的文字及段落格式。其操作通过"开始"选项卡的"字体""段落"组进行设置。

（2）设置幻灯片页面区域格式

幻灯片页面区域指每张幻灯片的下方所提供的"日期和时间""幻灯片编号""页脚"3 个区域。选择任一张幻灯片后，选择"插入"选项卡"文本"组中的"页眉页脚"命令，在弹出的对话框中进行参数设置，如图 13-5 所示。

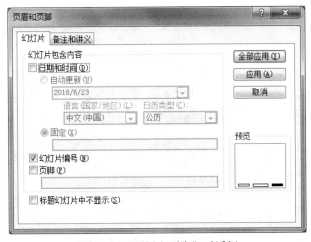

图 13-5　"页眉和页脚"对话框

日期和时间的"自动更新"指演示文稿放映时将保持与其所在计算机时间的同步；"标题幻灯片中不显示"表示对话框中勾选的内容不会出现在版式为标题幻灯片的幻灯片中。"全部应用"按钮将设置应用于本演示文稿文件中所有幻灯片，而"应用"按钮只将设置应用于已选中的幻灯片。

2．版式调整

幻灯片中的多个占位符的位置可以通过"幻灯片版式"进行重新排列。首先选择需改变占位符位置的幻灯片，选择"开始"选项卡"幻灯片"组中的"幻灯片版式"命令，选择所需版式。

3. 配色方案

配色方案就是一组颜色约定。它可以对幻灯片背景、文本与线条、阴影、标题文本、填充和强调进行色彩约束，但此种约束可由用户修改。

具体操作时可先选择标题栏"设计"选项卡，在"主题"功能区中单击"颜色"按钮，从中挑选一套主题颜色。若想修改主题颜色中的一项或多项，则选择"新建主题颜色"命令，在弹出的"新建主题颜色"对话框中双击颜色块，即可改变相应内容的颜色。

4. 超链接设置

幻灯片在放映时，演示者一般会将目录文字与其所对应的幻灯片相关联。这种关联的实现是由超链接完成的。PowerPoint 中的超链接主要分为文字超链接和对象超链接两种类型。文字和对象超链接的操作方法相同，均为选择文字或对象后，选择"插入"选项卡"链接"组中的单击"超链接"命令，在弹出的"插入超链接"对话框中选择需链接的幻灯片，如图 13-6 所示。

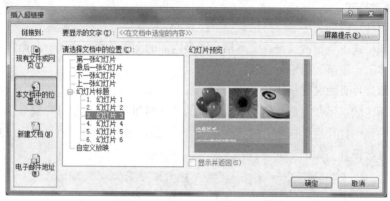

图 13-6 "插入超链接"对话框

通常情况下，演示者在描述完演讲内容后，往往希望回到目录幻灯片中继续演示其他目录内容，这就是说内容幻灯片中应该提供返回目录幻灯片的链接。一般将这种返回链接放置于幻灯片右下角，并由文本框、图形、图片或动作按钮等幻灯片对象充当链接载体。

5. 动画设置

在真实的演示过程中，演示者经常需要在讲述某个论点之后，才展示幻灯片中的内容。而当论点文字与展示内容恰好处于同一张幻灯片时，就需要对幻灯片中的对象进行时间控制。这种时间控制即为动画设置。

选择幻灯片中对象（文本框、图片、形状、表格等），选择"动画"选项卡"动画"组中的"动画样式"命令，从中选择动画类型。若想修改动画参数，只需在"动画"组中选择"效果选项"命令进行参数设置，如图 13-7 所示。

图 13-7 "动画"选项卡

四、幻灯片放映

1. 幻灯片的放映

（1）观看放映

放映当前选择幻灯片时，可单击 PowerPoint 窗口左下角的"幻灯片放映"按钮 🖵。

若想从第一张幻灯片开始放映，则选择"幻灯片放映"选项卡"开始放映幻灯片"组中的"从头开始"命令。也可以按 F5 键，从头播放幻灯片。

如果没有打开演示文稿，则在"计算机"窗口中右击演示文稿文件，并在弹出的快捷菜单中选择"显示"命令，可以直接放映演示文稿。

◎注意

全屏播放幻灯片时可使用鼠标单击来控制幻灯片的播放进度，直至出现黑屏提示结束放映。若想中途退出放映状态，请按 Esc 键。

（2）无环境放映

在很多情况下，待放映幻灯片的计算机中不一定安装了 PowerPoint 应用程序。因此，若想在无 PowerPoint 环境下运行演示文稿文件，就必须事先进行"打包"操作。所谓"打包"，其实就是将播放幻灯片的播放器和演示文稿文件制作成一个文件包。PowerPoint 软件可将此文件直接写入 CD，或以一个独立文件夹形式存放于磁盘分区中。

实现"打包"时，可选择"文件"→"保存并发送"命令，选择"将演示文稿打包成 CD"选项，单击"打包成 CD"按钮，在弹出的对话框中单击"复制到文件夹"按钮，在弹出对话框的"文件夹名称"中命名后，使用"浏览"按钮确定此打包文件的磁盘存放位置，最后单击"确定"按钮，如图 13-8 和图 13-9 所示。

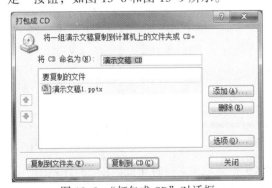

图 13-8　"打包成 CD"对话框

图 13-9　"复制到文件夹"对话框

◎说明

单击"打包成 CD"按钮，可将演示文稿通过刻录机存储在光盘中。单击"选项"按钮可以设置密码权限、复制演示文稿中链接的外部文件等相关操作。而单击"添加"按钮则可以将多个演示文稿文件打包在一个文件包中，并实现按指定顺序播放演示文稿文件。

（3）幻灯片切换

幻灯片放映时，每两张相邻幻灯片之间的过渡状态称为幻灯片切换。

设置切换时，选择"切换"选项卡"切换到此幻灯片"组中的"切换方案"命令可选择切换动画。单击"计时"组中的"全部应用"按钮，可以将选中切换效果应用于所有幻灯片。

◎注意

幻灯片切换窗格中可在设置切换类型时，同时设置切换速度、声音以及换片方式。需说明的是，如果换片方式选择"每隔00:00"，则幻灯片的放映将按间隔时间的长短进行自动放映，且无须人为控制。

2．打印幻灯片

演示文稿制作完成后，常常需要将之打印输出到纸张。用户可自行确定每张纸上打印的幻灯片的张数以及讲义、备注页、大纲视图的打印确定，如图13-10所示。

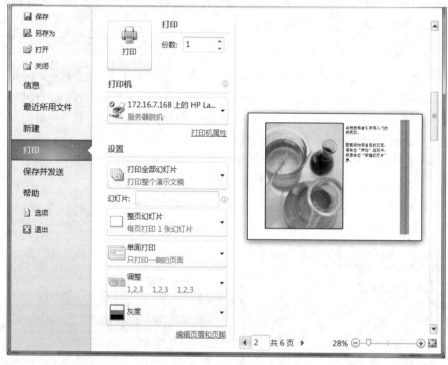

图13-10 "打印"界面

打印时，选择"文件"→"打印"命令，在"名称"区域中选择打印机；在"打印范围"区域中，选择幻灯片的张数；"打印版式"中选择打印内容"整张幻灯片、备注页、大纲、讲义"；"打印份数"区域可设置想打印的份数。最后单击"确定"按钮，即时开始打印。

◎说明

"打印版式"选择"讲义"内容时，可规定每张纸中的幻灯片数量，最多为9张幻灯片。

操作实战 制作以"我的校园"为主题的演示文稿

张华先在纸上罗列出学生家长可能想要了解的一些学校情况，然后从中选择校园环境、特色、就业前景这几个方面进行校园介绍。再加上开始与结束过程，他设计出一份包含 7 张幻灯片的演示文稿文件来展示其所在校园的优势与特色。

1．操作任务

① 创建新演示文稿文件"我的校园–湖铁职院.pptx"，并应用主题。

② 修改模板。

③ 大纲区内输入演讲文字标题（形成 7 张幻灯片）。

④ 为第一张幻灯片添加文字，并添加动画。

⑤ 为第一张幻灯片添加校徽，并添加动画。

⑥ 为第二张幻灯片添加图片及剪贴画，并添加动画。

⑦ 为第三张幻灯片添加文字及图片，并添加动画。

⑧ 为第四张幻灯片添加 SmartArt 图形，并添加动画。

⑨ 为第五张幻灯片添加文字与 SmartArt 图形，并添加动画。

⑩ 为第六张幻灯片添加文字与图片，并添加动画。

⑪ 在第一张幻灯片中插入背景音乐，音乐设置循环播放。

⑫ 设置各张幻灯片切换效果。

⑬ 幻灯片浏览，并保存。

2．操作步骤

① 创建新演示文稿文件"我的校园–湖铁职院.pptx"，并应用主题

步骤一：选择"文件"→"新建"命令，在"可用的模板和主题"中选择"空白演示文稿"，单击右侧窗格中"创建"按钮，如图 13–11 所示。

图 13–11　新建文件

◎注意

选择可用模板和主题时，"样本模板"选项其实放置的就是内容向导所提供的主题模板，而"我的模板"选项则是将来放置用户自定义模板文件的地方。

步骤二：单击"保存"按钮，确定保存位置后，命名此演示文稿文件为"我的校园–湖铁职院.pptx"。

步骤三：选择"设计"选项卡"主题"组中的"其他"→"浏览主题"命令，选中模板文件Template1.potx。

② 修改模板。

步骤一：选择"视图"选项卡"母版视图"组中的"幻灯片母版"命令，进入幻灯片母版编辑状态，如图 13-12 所示。

图 13-12　母版视图

步骤二：单击 "页面设置"选项卡"页面设置"组中的对话框启动器按钮，修改幻灯片大小为"全屏显示（16∶9）"，单击"确定"按钮完成幻灯片大小设置。

步骤三：选择"插入"选项卡"图像"组中的"图片"命令，在弹出的对话框中选择图片"新校区.jpg"。移动图片到恰当的位置，如图 13-13 所示。

13-13　标题母版

步骤四：单击左侧窗格第一张幻灯片。选择"插入"选项卡"文本"组中的"文本框"命令，插入一个横排文本框，输入"www.hnrpc.com"。单击文本框边框，设置文字大小为 11 磅，文字颜色白色。将文本框移至相应位置。

步骤五：打开"图片"对话框，选择图片"校名.gif"，移动图片到恰当的位置，如图 13-14所示。

图 13-14　修改母版

③ 大纲区内输入演讲文字标题（形成 7 张幻灯片）。

步骤一：单击状态栏普通视图按钮，即可关闭母版视图。

步骤二：单击窗口左侧"大纲"视图，输入标题文字"湖南铁道
职业技术学院"，按 Enter 键，生成第二张幻灯片。

步骤三：使用步骤二的方法，依次生成"欢迎您到我的校园来"
"校园风貌""学习环境""学校特色及专业""学生就业前景"和"联
系方式"6 张幻灯片。大纲窗格如图 13-15 所示。

④ 为第一张幻灯片添加文字，并添加动画。

步骤一：左侧窗格中单击，选择第一张幻灯片，单击此幻灯片中
的"单击此处添加副标题"位置，输入内容 www.hnrpc.com，适当调整文本框位置。

图 13-15　"大纲"窗格

步骤二：选择"插入"选项卡"文本"组中的"文本框"命令，在幻灯片标题上方单击，插
入一个横排文本框，输入"我的校园"。设置文本框中字体格式：华文楷体、24 磅、加粗、倾斜。

步骤三：选择"插入"选项卡"文本"组中的"文本框"按钮，在幻灯片标题下方单击，插入
一个横排文本框，输入"Hunan Railway Professional Technology College"。设置文本框中字体格式：
MS PGothic、18 磅、加粗、深蓝 文字 2。调整文本框位置，如图 13-16 所示。

图 13-16　添加文字

步骤四：单击文本框"Hunan Railway Professional Technology College"，按住 Shift 键，单击文本框"湖南铁道职业技术学院"和"我的校园"，选中 3 个文本框。选择"动画"选项卡在"动画"组中的"其他"→"更多进入效果"命令。选择细微型中的"缩放"，单击"确定"按钮，添加进入动画。

步骤五：在"动画"选项卡中选择"高级动画"组中的"动画窗格"命令，可在窗口右侧打开"动画窗格"任务窗格。此时，窗格中 3 个动画处于选中状态，单击动画的下拉按钮，选择"效果选项"命令，如图 13-17 所示。在弹出对话框的"效果"选项卡中的设置消失点为"幻灯片中心"，如图 13-18 所示。

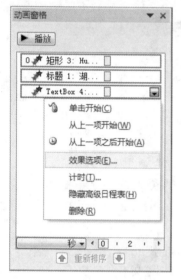

图 13-17　添加动画效果

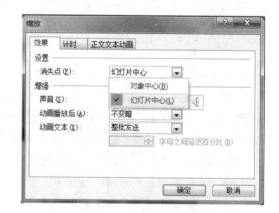

图 13-18　"效果"选项卡

步骤六：单击"动画窗格"任务窗格中的第一个动画，修改"计时"组中的"开始"方式为"上一动画之后"。

⑤　为第一张幻灯片添加校徽，并添加动画。

步骤一：打开"图片"对话框，选择图片"校徽.gif"。单击"格式"选项卡"大小"组的对话框启动器按钮，在弹出的对话框中修改缩放比例为 28%，移动图片到恰当的位置。

步骤二：选择"动画"选项卡"动画"组中的"其他"命令，选择"进入"动画类型中的"淡出"动画。修改"计时"组中的"开始"方式为"与上一动画同时"，持续时间 0.5 秒，延迟 1 秒。

步骤三：在"动画"选项卡中选择"高级动画"组中的"动画窗格"命令，在窗口右侧打开"动画窗格"任务窗格。拖动窗格中的校徽淡出动画至最上方，改变动画播放顺序为第一个。

步骤四：在"高级动画"组中的"添加动画"→"其他动作路径"命令，在弹出的对话框中选择直线和曲线中的"向左"，单击"确定"按钮，添加向左运动的动画。修改"计时"组中的"开始"方式为"上一动画之后"，持续时间 0.5 秒，延迟 0.25 秒，如图 13-19 所示。

步骤五：在"高级动画"组中选择"添加动画"→"其他动作路径"命令，在弹出的对话框中选择直线和曲线中的"对角线向右下"，单击"确定"按钮，添加向右下的动画。修改"计时"

组中的"开始"方式为"上一动画之后"，持续时间0.3秒，延迟0.5秒，如图13-20所示。

图13-19　向左运动动画　　　　　　　　　　图13-20　向左上运动动画

步骤六：在对角线向右下的路径线上右击，选择"反转路径方向"命令，修改动画路径方向为对角向左上。拖动路径线，使路径线起点与向左路径线终点重合。

步骤七：单击"动画窗格"任务窗格上的"播放"按钮，观看动画效果。单击校徽向右下运动路径线，调整终点位置，使校徽动画播放完成后完整显示在幻灯片中，动画如图13-21所示。

图13-21　校徽路径动画

步骤八：选择"插入"选项卡"图像"组中的"图片"命令，在弹出的对话框中选择图片"校徽.gif"。单击"格式"选项卡"大小"组中的对话框启器按钮，修改缩放比例为28%，移动图片，与上一个插入的校徽重叠。

步骤九：选择"动画"选项卡"动画"组中的"其他"→"更多进入效果"命令，在弹出的对话框中选择温和型中的"基本缩放"，单击"确定"按钮，添加进入动画。拖动动画窗格中该动画，移至最上方，放在第一的位置。修改"计时"组中参数，"开始"方式为"上一动画同时"，持续时间1.5秒，延迟0.25秒，如图13-22所示。

步骤十：在"高级动画"组中选择"添加动画"命令，选择"强调"类型中的"透明"命令，添加强调动画。拖动动画窗格中该动画，放在第二的位置。修改"计时"组中的"开始"方式为"上一动画之后"，持续时间1.5秒，延迟0秒，如图13-23所示。

步骤十一：在"高级动画"组中选择"添加动画"命令，选择"其他退出效果"命令。选择华丽型中的"基本旋转"，单击"确定"按钮，添加退出动画。拖动动画窗格中该动画，放在第三的位置。修改"计时"组中的"开始"方式为"与上一动画同时"，持续时间1.5秒，延迟0秒，如图13-24所示。

图 13-22　基本缩放动画

图 13-23　透明动画

步骤十二：单击"幻灯片放映"按钮，查看第一张幻灯片动画播放效果。

⑥ 为第二张幻灯片添加图片及剪贴画，并添加动画。

步骤一：左侧窗格中单击第二张幻灯片，选择标题为"欢迎您到我的校园来"幻灯片，关闭右侧动画窗格。

步骤二：选择"开始"选项卡"幻灯片"组中的"幻灯片版式"→"两栏内容"版式。

步骤三：单击左侧内容占位符中的"插入来自文件的图片"按钮，在"插入图片"对话框中选择"地图.jpg"，单击"插入"按钮，插入地图。在"格式"选项卡"大小"组中单击右下角的对话框启动器按钮，修改缩放比例为100%，移动图片到恰当的位置。在"图片工具-格式"选项卡中，设置图片样式为"柔化边缘矩形"。

步骤四：选择"动画"选项卡"动画"组中的"其他"按钮，选择"进入"动画类型中的"翻转由远及近"动画，为地图添加进入动画。修改"计时"组中的"开始"方式为"上一动画之后"，持续时间1秒，延迟0秒，如图13-25所示。

图 13-24　基本旋转动画

图 13-25　翻转由远及近动画

步骤五：单击右侧内容占位符中的"插入来自文件的图片"按钮，在"插入图片"对话框中选择"公交车.gif"，单击"插入"按钮，插入公交车。在"格式"选项卡"大小"组中单击右下角的对话框启动器按钮，修改缩放比例为11%。移动图片到恰当的位置，如图13-26所示。

图13-26　第一张幻灯片动画设置

步骤六：选择"动画"选项卡，在"动画"组的中选择进入类别的"浮入"动画，为公交车添加进入动画。在"动画"组中选择"效果选项"命令，修改方向为"下浮"。修改"计时"组中的"开始"方式为"上一动画之后"，持续时间1秒，延迟0秒，如图13-27所示。

步骤七：在"高级动画"组中选择"添加动画"→"更多强调效果"命令，在弹出的对话框中选择"温和型"中的"跷跷板"，单击"确定"按钮，添加强调动画。修改"计时"组中的"开始"方式为"上一动画之后"，持续时间1.5秒，延迟0.25秒，如图13-28所示。

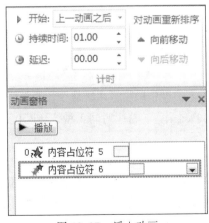

图13-27　浮入动画

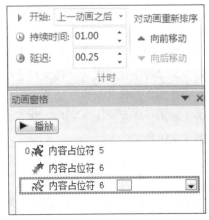

图13-28　跷跷板动画

步骤八：单击窗口右下角的放大按钮，将幻灯片显示比例调整为130%。移动滚动条，将起点到终点线完整显示在屏幕中间。

步骤九：在"高级动画"组中选择"添加动画"→"动作路径"→"自定义路径"命令，添加路径动画。在公交车图片中心单击，并沿起点到终点线绘制路径，到达终点后双击，结束路径线绘制，如图 13-29 所示。

步骤十：修改"计时"组中的"开始"方式为"上一动画之后"，持续时间 2.75 秒，延迟 0秒，如图 13-30 所示。

图 13-29　路径线

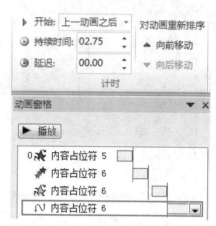

图 13-30　自定义路径动画

步骤十一：单击"幻灯片放映"按钮，查看第一张幻灯片动画播放效果。

⑦ 为第三张幻灯片添加文字及图片，并添加动画。

步骤一：左侧窗格中单击第三张幻灯片，选择标题为"校园风貌"幻灯片。关闭右侧动画窗格。

步骤二：选择"开始"选项卡"幻灯片"组中的"幻灯片版式"→"两栏内容"版式。

步骤三：单击左侧内容占位符中的"插入来自文件的图片"按钮，在"插入图片"对话框中选择"校门.jpg"，单击"插入"按钮，插入校门图片。在"格式"选项卡中单击"大小"组中的对话框启动器按钮，修改缩放比例为 118%，移动图片到恰当的位置。在图片工具的 "格式"选项卡中，设置图片样式为"映像右透视"。

步骤四：选择"动画"选项卡，在"动画"组中选择进入类型中的"浮入"命令，为校门添加进入动画。修改"计时"组中的"开始"方式为"上一动画之后"，持续时间 1 秒，延迟 0 秒，如图 13-31 所示。

步骤五：在右侧文本框占位符中输入段落"1951 年建校""2009 年全国首批国家示范高职院校之一"。选择"动画"选项卡，在"动画"组中选择进入类型中的"擦除"命令，为文字添加进入动画。选择"动画"组中的"效果选项"命令，修改擦除方向自左侧。修改"计时"组中的"开始"方式为"上一动画之后"， 持续时间 1 秒，延迟 0 秒，如图 13-32 所示。

步骤六：选中该文本框，在"开始"选项卡"字体"组中，设置字号为 14 磅。单击文本框上方中间的控点，向下拖动控点，将文字显示在校门图片下方，如图 13-33 所示。

图 13-31 浮入动画

图 13-32 擦除动画

图 13-33 第三张幻灯片

⑧ 为第四张幻灯片添加 SmartArt 图形，并添加动画。

步骤一：左侧窗格中单击第四张幻灯片，选择标题为"学习环境"幻灯片。关闭右侧动画窗格。

步骤二：单击文本占位符中的"插入 SmartArt 图形"按钮，在弹出的对话框中单击左侧"图片"类别，选择"图片重点块"图形，单击"确定"按钮，插入 SmartArt 图形，如图 13-34 所示。

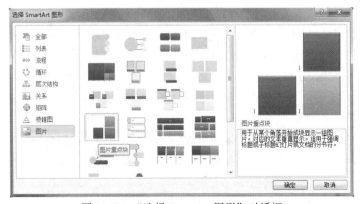

图 13-34 "选择 SmartArt 图形"对话框

步骤三：在 SmartArt 图形的"在此处键入文字"区域，输入"教学楼 1"，按 Enter 键增加项目，依次输入文字"教学楼 2""实训基地""篮球场"。选中所有文字，在"开始"选项卡的"字体"组中，设置字体华文中宋、字号 14 磅。在 SmartArt 图形区域中依次单击"图片"按钮，插入相应图片。单击 SmartArt 图形外框，调整图形大小与位置，如图 13-35 所示。

图 13-35　编辑 SmartArt 图形

步骤四：选择"动画"选项卡"动画"组中的"其他"→"更多进入效果"命令。在弹出的对话框中选择华丽型中的"螺旋飞入"，单击"确定"按钮，添加进入动画。在"动画"组中修改"效果选项"为"逐个"。修改"计时"组中的参数，"开始"方式为"上一动画之后"，持续时间 1.25 秒，延迟 0.25 秒，如图 13-36 所示。

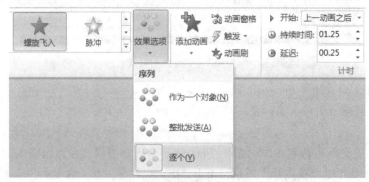

图 13-36　螺旋飞入动画

⑨ 为第五张幻灯片添加文字与 SmartArt 图形，并添加动画。

步骤一：左侧窗格中单击第五张幻灯片，选择标题为"学校特色及专业"幻灯片。

步骤二：选择"开始"选项卡"幻灯片"组中的"幻灯片版式"→"两栏内容"版式。

步骤三：在左侧文本占位符中输入以下段落："工科专业为主、文管经等专业共同发展""主要面向行业""轨道交通""装备制造""电子信息""商贸管理等""培养适应岗位需求的高端技能型人才""准工艺师""准技师"。

步骤四：选中文本"轨道交通""装备制造""电子信息""商贸管理等"，在"开始"选项卡的"段落"组中，单击"提高列表级别"按钮以增大缩进级别。选中文本"准工艺师""准技师"，单击"提高列表级别"按钮。

步骤五：选择左侧文本占位符边框，在"开始"选项卡的"段落"组的对话框启动器按钮，弹出"段落"对话框，单击"行距"按钮的右侧选项按钮，选择"多倍行距"命令。设置行距为多倍行距1.2倍，如图13-37所示。

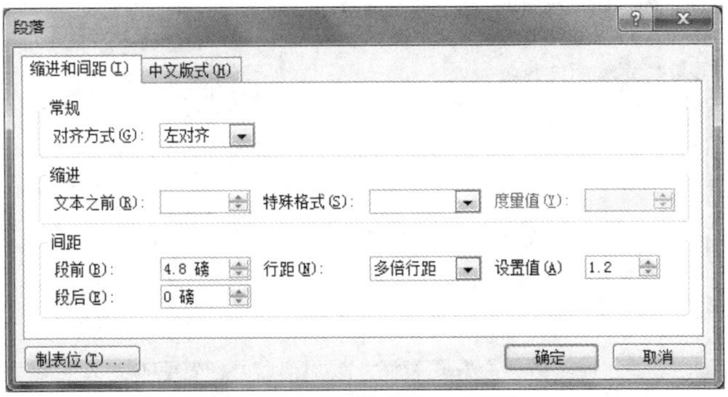

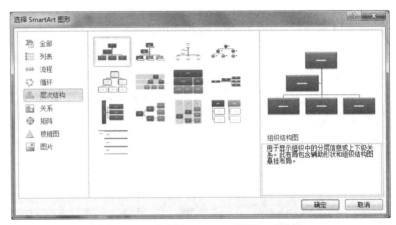

图13-37　"段落"对话框

步骤六：单击右侧占位符中的"插入SmartArt图形"按钮，在弹出的对话框中单击左侧"层次结构"类别，选择"组织结构图"图形，单击"确定"按钮，插入SmartArt图形，如图13-38所示。

图13-38　"选择SmartArt图形"对话框

步骤七：在SmartArt图形的"在此处键入文字"区域，单击第二行，选中右侧图形中对应形状，按Delete键删除该形状。

步骤八：选中右侧图形中第一个形状，选择"SmartArt工具-设计"选项卡"创建图形"组中的"组织结构图布局"→"两者"命令。选择"SmartArt工具-设计"选项卡，"SmartArt样式"组中的"快速样式"为三维的"嵌入"。

步骤九：在SmartArt图形的左侧区域，依次输入文本"院系""铁道牵引与动力学院""铁道供电与电气学院""铁道车辆与机械学院""铁道通信与信号学院""铁道运营与管理学院""继续教育学院""国际教育学院""创新创业学院"。

步骤十：选中SmartArt图形外框，在"开始"选项卡的"字体"组中，设置字号11磅。单击SmartArt图形外框，调整图形大小与位置，如图13-39所示。

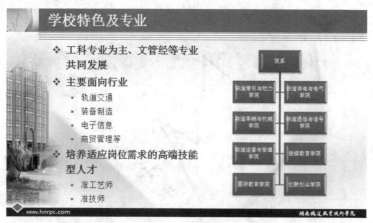

图 13-39　第五张幻灯片

步骤十一：选中左侧文本占位符，选择"动画"选项卡"动画"组中的"动画样式"→"擦除"动画。在"动画"组中修改"效果选项"为"自左侧"。"计时"组中设置"开始"方式为"上一动画之后"，如图 13-40 所示。

步骤十二：选中右侧 SmartArt 图形，选择"动画"选项卡，在"动画"组中选择"动画样式"中进入类别的"缩放"动画。在"动画"组中修改"效果选项"为"幻灯片中心"。"计时"组中设置"开始"方式为"上一动画之后"，持续时间 1.25 秒，如图 13-41 所示。

图 13-40　擦除动画

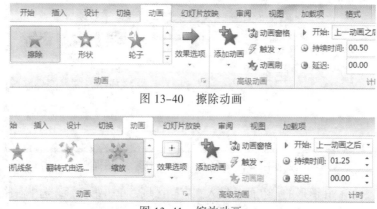

图 13-41　缩放动画

⑩ 为第六张幻灯片添加文字与图片，并添加动画。

步骤一：左侧窗格中单击第六张幻灯片，选择标题为"学生就业前景"幻灯片。

步骤二：选择 "开始"选项卡，在"幻灯片"组中选择"幻灯片版式"→"两栏内容"版式。

步骤三：在左侧文本占位符中输入以下段落："学校与 270 余家企业建立了长期人才供需关系""全国各铁路局""全国各地铁公司""中国中车股份有限公司""北汽集团""格力集团""深圳华为""三一重工等"。

步骤四：拖动该占位符的右侧中间控点，修改占位符宽度，使第一段文字不需换行就能够完全显示。

步骤五：选中除第一段外的其他段落文字，在"开始"选项卡的"段落"组中，单击"提高列表级别"按钮以增大缩进级别。单击第一段，在"开始"选项卡的"段落"组中，单击"行距"按钮修改为 2 倍行距。

步骤六：单击右侧内容占位符中的"插入来自文件的图片"按钮，在"插入图片"对话框中选择"学生.jpg"，单击"插入"按钮，插入学生图片。在"格式"选项卡的"大小"功能区中单击右下角的对话框启动器按钮，修改缩放比例为 230%，移动图片到恰当的位置。在"图片工具-格式"选项卡中，设置图片样式为"映像圆角矩形"，结果如图 13-42 所示。

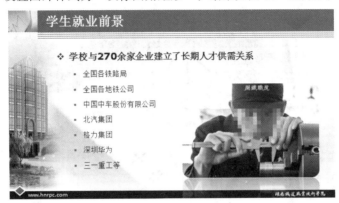

图 13-42　第六张幻灯片

步骤七：单击左侧文本占位符，按住 Shift 键单击学生图片，即选中两个对象。选择"动画"选项卡，在"动画"组中选择"其他"→"更多进入效果"命令。选择华丽型中的"阶梯状"，单击"确定"按钮，添加进入动画。在"动画"组中修改"效果选项"为"右下"。

步骤八：打开动画窗格，单击第一个文本动画，单击右侧选项按钮，选择"效果选项"命令。在"计时"选项卡中，设置"开始"为"上一动画之后"、期间 1.5 秒。在"正文文本动画"选项卡中，设置"组合文本"为"作为一个对象"播放动画，如图 13-43 所示。

步骤九：单击动画窗格第二个图片动画，修改"动画"选项卡"计时"组中的参数，设置"开始"方式为"与上一动画同时"，持续时间 1 秒，延迟 0.5 秒，如图 13-44 所示。

图 13-43　文本阶梯状动画

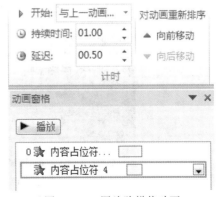

图 13-44　图片阶梯状动画

⑪ 为第七张幻灯片添加文字及图片，并添加动画。

步骤一：单击文本占位符，输入以下段落："学校地址：湖南省株洲市田心路 18 号""邮政编码：412001""校网址：www.hnrpc.com""联系电话："" 党政办：0731-22783802，28441889（传真）""招生与就业处：0731-22783888，22783889（兼传真）"。

步骤二：选择最后两个段落，在"开始"选项卡的"段落"组中，单击"提高列表级别"按钮以增大缩进级别。

步骤三：选中文字"www.hnrpc.com"，右击，选中快捷菜单中"超链接"命令。在弹出的对话框中选择"链接到"下方的"现有文件或网页"，在"地址"栏中输入"http://www.hnrpc.com/"，单击对话框右上方"屏幕提示"按钮，在弹出的对话框中输入屏幕提示文字"湖南铁道官网"，如图 13-45 所示。

图 13-45　超链接设置

步骤四：选择"插入"选项卡"图像"组中的"图片"命令，在弹出的对话框中选择图片"二维码.gif"，移动图片到合适的位置。

步骤五：选择"插入"选项卡"文本"组中的"艺术字"命令，选择样式"填充-蓝色，强调文字颜色 1，塑料棱台，映像"。输入文字"重播"。选定艺术字边框，选择"开始"选项卡，在"字体"组中修改字号为 16 磅，取消加粗。移动艺术字到合适的位置，如图 13-46 所示。

图 13-46　第七张幻灯片

步骤六：右击艺术字"重播"的边框，选中快捷菜单中的"超链接"命令。在弹出的对话框中选择"链接到"下方的"本文档中的位置"，在"请选择文档中的位置"中选中"第一张幻灯片"，单击"确定"按钮，如图 13-47 所示。

图 13-47 超链接设置

步骤七：选中文本占位符边框，选择"动画"选项卡，在"动画"组的"动画样式"中选择进入类别的"浮入"动画。打开"动画窗格"任务窗格，单击上浮动画右侧选项按钮，选择"效果选项"命令。在弹出对话框的在"计时"选项卡中，设置参数：开始"上一动画之后"。在"正文文本动画"选项卡中，设置组合文本"作为一个对象"播放动画，如图 13-48 所示。

步骤八：选中二维码图片，选择"动画"选项卡，在"动画"组的"动画样式"中选择进入类别的"随机线条"动画。在"高级动画"组中，设置"开始"方式为"上一动画之后"，持续时间 1 秒，如图 13-49 所示。

图 13-48 上浮动画

图 13-49 随机线条动画

步骤九：选中艺术字，选择"动画"选项卡，在"动画"组的动画样式中选择进入类别的"缩放"动画。在"计时"组中，设置"开始"方式为"上一动画之后"，持续时间 0.75 秒，如图 13-50 所示。

步骤十：选中艺术字，在"高级动画"组中，单击"添加动画"按钮，选择进入类别的"淡出"动画。在"计时"组中，修改"开始"方式为"与上一动画同时"，持续时间 0.75 秒，如图 13-51 所示。

⑫ 在第一张幻灯片中插入背景音乐，音乐设置循环播放。

步骤一：左侧窗格中单击第一张幻灯片，选择标题为"湖南铁道职业技术学院"幻灯片。关闭右侧动画窗格。

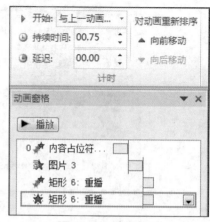

图 13-50　浮入动画　　　　　　　　　　　　　图 13-51　擦除动画

步骤二：选择"插入"选项卡，在"媒体"组中选择"音频"命令，选择素材文件夹中的声音文件"Canon in D – The O'Neill Brothers Group.mp3"，插入背景音乐。

步骤三：选择"动画"选项卡，在"高级动画"组中选择"动画窗格"命令。在"动画窗格"任务窗格中单击音乐播放动画，单击下方的"重新排序"按钮，将音乐播放移至第一个动画位置，如图 13-52 所示。

步骤四：单击音乐播放动画右侧选项按钮，选择"效果选项"命令。在弹出的对话框中，修改"效果"选项卡中"停止播放"为"在 7 张幻灯片后"，修改"计时"选项卡中"开始"方式为"与上一动画同时"、重复"直到幻灯片末尾"，如图 13-53 所示。

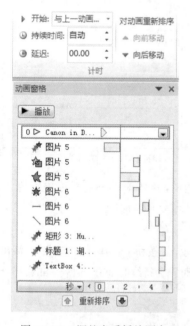

图 13-52　调整音乐播放顺序

图 13-53　设置音乐循环播放

步骤五：将幻灯片上的音乐图标移至幻灯片外，如图 13-54 所示。

图 13-54　音乐图标移至幻灯片外

⑬ 设置各张幻灯片切换效果。

步骤一：左侧窗格中单击第一张幻灯片，选择标题为"湖南铁道职业技术学院"幻灯片。关闭右侧动画窗格。

步骤二：选择"切换"选项卡，在"切换到此幻灯片"组中选择切换方案中细微型的"分割"效果，如图 13-55 所示。

图 13-55　第一张幻灯片切换动画

步骤三：左侧窗格中单击第二张幻灯片，选择标题为"欢迎您到我的校园来"幻灯片。在标题栏"切换"选项卡中的"切换到此幻灯片"组中，选择切换方案中华丽型的"门"效果，如图 13-56 所示。

图 13-56　第二张幻灯片切换动画

步骤四：左侧窗格中单击第三张幻灯片，选择标题为"校园风貌"幻灯片。在标题栏"切换"选项卡中的"切换到此幻灯片"组中，选择切换方案中华丽型的"立方体"效果，如图 13-57 所示。

图 13-57　第三张幻灯片切换动画

步骤五：左侧窗格中单击第四张幻灯片，选择标题为"校园环境"幻灯片。在标题栏"切换"选项卡中的"切换到此幻灯片"组中，选择切换方案中华丽型的"库"效果，如图 13-58 所示。

图 13-58　第四张幻灯片切换动画

步骤六：左侧窗格中单击第五张幻灯片，选择标题为"学校特色及专业"幻灯片。在标题栏"切换"选项卡中的"切换到此幻灯片"组中，选择切换方案中细微型的"揭开"效果，如图 13-59所示。

图 13-59　第五张幻灯片切换动画

步骤七：左侧窗格中单击第六张幻灯片，选择标题为"学生就业前景"幻灯片。在标题栏"切换"选项卡中的"切换到此幻灯片"组中，选择切换方案中细微型的"揭开"效果。

步骤八：左侧窗格中单击第七张幻灯片，选择标题为"联系方式"幻灯片。在标题栏"切换"选项卡中的"切换到此幻灯片"组中，选择切换方案中华丽型的"涟漪"效果，如图 13-60 所示。

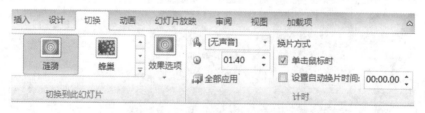

图 13-60　第七张幻灯片切换动画

⑭ 浏览幻灯片，并保存。

步骤一：按 F5 键，播放幻灯片，查看演示文稿播放效果。

步骤二：选择"文件"→"保存"命令，保存修改。

课堂实践 制作以"活动策划"为主题的演示文稿

产品推广或上市前，需要进行一系列的研究与分析，才能制订出一个好的计划。为了能够更好地执行推广或上市计划，通常在会议中采用演示文稿辅以说明活动的安排。我们现在就来制作一个关于产品上市的活动策划演示文稿。由于课堂时间有限，可先按本实战内容进行制作，然后使用同样的方法自行设计与校园或寝室活动相关的演示文稿。

1．操作要求

（1）使用提供的模板新建演示文稿

步骤一：双击提供的模板文件"活动策划模板.potx"，建立新的演示文稿，保存文件为"上市活动计划.pptx"。

（2）大纲区内输入文字标题（形成5张幻灯片）

步骤一：多次单击"新建幻灯片"按钮，插入4张新的空白幻灯片。

步骤二：在大纲视图中确定每张幻灯片的标题文字，如图13-61所示。

（3）为每张幻灯片添加内容并进行简单格式设置

① 第一张幻灯片。

步骤一：添加标题文字"丹芭碧 上市推广 活动策划"、副标题"国泰广告"。

步骤二：设置标题"丹芭碧"字体"黑体"、字号"44号"、字形"阴影"。设置标题"上市推广 活动策划"字体"黑体"、字号"40号"、字形"阴影"，如图13-62所示。

图13-61　大纲标题文字

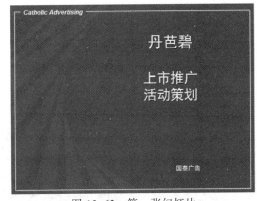

图13-62　第一张幻灯片

② 第二张幻灯片。

步骤一：选择第二张幻灯片，修改幻灯片版式为"比较"。

步骤二：在左侧文本占位符中添加文字"活动第一波："。在右侧文本占位符中添加文字"活动第二波："。选定两个文本占位符，向上移动拉开与下方内容占位符的距离。

步骤三：在左侧下方内容占位符中添加文字"时间：9月中–11月底""目的：""新上市陈列，完成目标终端的铺货""建立试用人群，促进使用体验""建立目标消费群对产品的初步认识""建立品牌知名度"。

步骤四：修改左侧内容占位符最后三段，提高列表级别。选中左侧内容占位符，修改文字颜色白色、字号20磅，行距1.1倍。

步骤五：在右侧下方内容占位符中添加文字"时间：12 月–1 月底""目的：""提升品牌知名度""以独特的产品利益点，配合大市场环境机会抢占品类第一品牌的战略高地""建立试用人群对产品的好感，促进主动购买行为，发展核心消费人群""建立新产品上市的首轮销量增长点"。

步骤六：修改右侧内容占位符最后四段，提高列表级别。选中右侧内容占位符，修改颜色白色、字号 20 磅，行距 1.1 倍。第二张幻灯片效果如图 13-63 所示。

③ 第三张幻灯片。

步骤一：选择第三张幻灯片，添加标题文字"宣传主题"。在文本占位符中添加文字"主题概念：洁净空气，让身心尽情呼吸和放松，犹如在都市中畅享'森林浴'""宗旨：产品理性利益点为传播主导""现场演示""样品派"。

步骤二：修改最后两段文字的缩进量。更改占位符中文字颜色白色、字号 20 磅。将占位符上框线向下拖动，更改文字显示位置。

步骤三：选择"插入"选项卡"插图"组中的"形状"命令，选择基本形状"椭圆"。拖动鼠标在幻灯片上绘制椭圆。选择"格式"选项卡"形状样式"组，设置形状填充"绿色"、形状效果"预设 3"。

步骤四：在椭圆上右击，选择"编辑文字"命令，输入文字"体验都市'深呼吸'！"。选中椭圆边框，设置文字加粗、倾斜、白色、32 磅。

步骤五：右击椭圆边框，选择"设置形状格式"命令。在弹出对话框的"文本框"选项中，设置文字排版的垂直对齐方式为"中部居中"，如图 13-64 所示。调整椭圆大小及位置，效果如图 13-65 所示。

图 13-63 第二张幻灯片

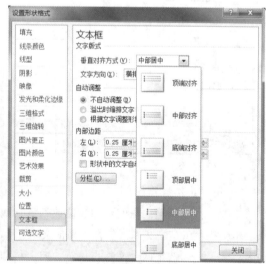

图 13-64 椭圆对其方式设置

④ 第四张幻灯片。

步骤一：选择第四张幻灯片。

步骤二：在文本占位符中添加文字"围绕秋冬季节 SARS 再度降临时期的公众话题，以 PR 活动为主，强力出击，争取媒体新闻报道，品牌造势""DM 消费者使用满意度调查表信息反馈，赠抵用券促销"。

步骤三：更改占位符中文字的行距 1.5 行、段后 12 磅，如图 13-66 所示。

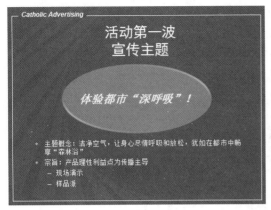

图 13-65 第三张幻灯片　　　　　　图 13-66 第四张幻灯片

⑤ 第五张幻灯片。

步骤一：单击"内容占位符"中"插入图表"按钮，选择簇状柱形图，输入表 13-2 中的数据。

表 13-2 图表数据

8月	9月	10月	11月	12月	1月	2月	3月	4月	5月	6月	7月	8月	9月	10月
10	50	80	120	200	180	80	80	141	205	180	80	80	80	80

步骤二：关闭输入数据的 Excel 窗口。在标题栏"图表工具–设计"选项卡中，选择"数据"组中的"选择数据"命令，在弹出的对话框中，选中"图例项（系列）"中的系列 2、系列 3，单击"删除"按钮，删除多余系列。选中"图例项（系列）"中的系列 1，单击"编辑"按钮，修改系列值为"=Sheet1!$B$2:$B$16"。单击"水平（分类）轴标签"中"编辑"按钮，修改轴标签区域为"=Sheet1!$A$2:$A$16"，如图 13-67 所示。

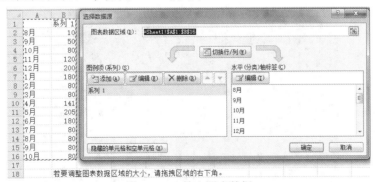

图 13-67 输入图表数据

步骤三：在"图表工具–设计"选项卡中，修改图表布局为"布局 3"。在标题栏"图表工具–布局"选项卡的"标签"组中，修改图表标题为"无"，修改图例为"无"。

步骤四：在"图表工具–布局"选项卡的当前所选内容功能区中，选择图表元素"系列'系列 1'"。单击"设置所选内容格式"按钮，修改"系列选项"中的分类间距为 55%，渐变填充为"麦浪滚滚"，如图 13-68 所示。

图 13-68　系列 1 渐变填充

步骤五：在"图表工具-布局"选项卡的当前所选内容功能区中，选择图表元素"垂直（值）轴"。单击"设置所选内容格式"按钮，修改坐标轴选项的最大值固定为 200，主要刻度单位固定为 50。

步骤六：在"图表工具-布局"选项卡的当前所选内容功能区中，选择图表元素"水平（类别）轴"。单击"设置所选内容格式"按钮，修改坐标轴选项的标签间隔为 2 个单位。

步骤七：插入 3 个竖排文本框，分别输入文字"上市活动 媒体广告""促销广告 媒体广告""全年户外和公交广告"。修改文本框中文字颜色白色、文字大小 20 磅、行距 1.5 倍，并将其移动到相应位置，如图 13-69 所示。

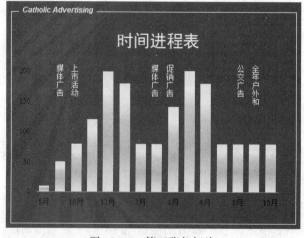

图 13-69　第五张幻灯片

（4）设置幻灯片切换效果

步骤一：在左侧窗格中选择所有幻灯片。

步骤二：在"切换"选项卡的"切换到此幻灯片"组中，选择华丽型中的"库"效果。设置切换声音为"单击"。

（5）自定义动画

步骤一：选择第二张幻灯片中的文本框对象，设置进入的升起动画，持续时间 1.5 秒。先播放左边文本框，再播放右边文本框。

步骤二：选择第三张幻灯片中的文本框，设置进入的劈裂动画，设置作为一个对象从中央向上下展开。选择第三张幻灯片中的自选图形，设置进入的缩放动画，设置上一动画之后延迟 0.5 秒开始，持续 2 秒。

步骤三：选择第四张幻灯片中的文本框，设置进入的缩放动画，设置上一动画之后播放，持续时间 1 秒。

步骤四：选择第五张幻灯片中的图表，设置进入的擦除动画，单击启动动画、方向自底部、速度 1 秒。选择 3 个文本框，设置进入的浮入动画，上一图表动画之后，3 个文本框同时播放动画。

2. 效果展示

"活动策划"主题演示文稿最终效果如图 13-70 所示。

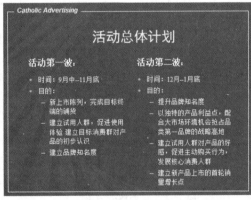
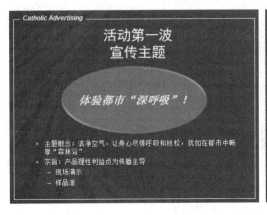
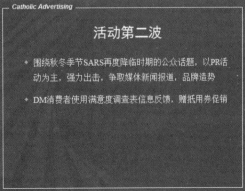

图 13-70 "活动策划"演示文稿结果

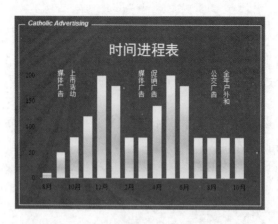

图 13-70 "活动策划"演示文稿结果（续）

疑难解析

问题 1：如果左侧大纲/幻灯片窗格被关闭，该如何恢复？

答：单击"普通视图"按钮，即可恢复左侧"大纲/幻灯片"窗格。若选择"视图"选项卡中的"普通视图"命令，也可恢复左侧大纲/幻灯片窗格显示。

问题 2：由模板创建的演示文稿文件，可否在创建后更改模板？

答：可以。只需在"设计"选项卡的"主题"组中重新选择即可。还可以在设计主题上右击，选择"应用于选定幻灯片"命令，即可在一个演示文稿中应用多个主题。

课外拓展 制作以"演讲技能"为主题的演示文稿

要求：以"演讲技能"为主题，使用"Balloons"模板制作幻灯片。幻灯片中需插入剪贴画、自选图形等，如图 13-71 所示。

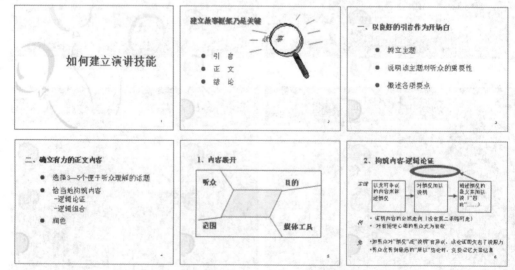

图 13-71 "演讲技能"演示文稿结果

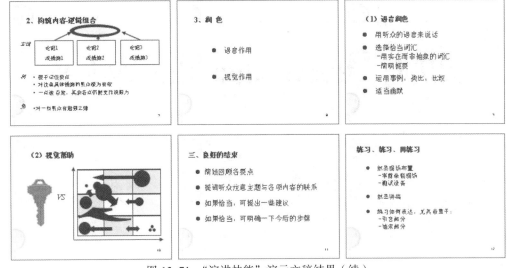

图 13-71 "演讲技能"演示文稿结果（续）

项目小结

本项目通过制作"我的校园"幻灯片展现演示文稿的完整制作流程。从简单的文字输入到版式设计，以及对象插入（表格、声音、图表等），到最后的切换方式以及动画定义均是为了能让听众清晰地理解演讲者的意图而存在的功能。

模块五　Photoshop CS6 的应用

Photoshop 是由美国 Adobe 公司推出的一款优秀的图形图像处理软件。该软件集图像设计、编辑、合成以及高品质图像输出于一体，可以为美术设计人员的作品添加艺术魅力；为摄影师提供颜色校正和润饰、瑕疵修复以及装饰装潢等行业的设计人员可以设计出灯箱广告、海报、招贴、宣传画和企业 CIS 等高质量的平面作品。深受计算机美术设计人员的欢迎，是目前最优秀的平面图形图像处理软件之一。

项目 十四

本项目将介绍图像处理的选区创建、图形绘制、颜色填充、色彩调整、图像修饰等基本操作。数码照片拍摄后，可使用 Photoshop 进行合成与修饰，达到美化的目的。

项目描述

家长使用手机或相机为孩子拍摄了许多数码照片，希望使用这些照片制作成艺术相册，以记录孩子的成长过程。拍摄的照片因为各种原因，有时不够完美，此时可以对照片进行相应处理，让它更能满足家长的审美需求。照片一般需要处理的有色彩色调问题、人物或背景的瑕疵部分等。

教学导航

知识目标	① 掌握 Photoshop 图像文件的新建、保存、打开和关闭等操作。 ② 掌握选区的创建方法。 ③ 掌握图像的自由变换方法。 ④ 掌握图层的复制、粘贴、删除的操作方法。 ⑤ 掌握形状的绘制方法。 ⑥ 掌握图像的色彩与色调的调整方法。 ⑦ 掌握图像的修饰与修补方法。
技能目标	① 熟悉 Photoshop 图像文件的新建、保存、打开和关闭等操作。 ② 熟悉选区的创建。 ③ 熟悉图像的变换。 ④ 熟悉图层的基本操作。 ⑤ 熟悉形状的绘制。 ⑥ 熟悉图像的色彩与色调的调整。 ⑦ 熟悉图像的修饰与修补。

续表

态度目标	① 培养学生的自主学习能力和知识应用能力。 ② 培养学生勤于思考、认真做事的良好作风。 ③ 培养学生具有良好的职业道德和较强的工作责任心。 ④ 培养学生理论联系实际的工作作风、独立工作的能力，树立自信心。
本章重点	选区的创建、图像的修饰、色彩与色调的调整。
本章难点	图像的修饰操作。
教学方法	理论实践一体化，教、学、做合一。
课时建议	6课时（含课堂实践）。
效果展示	美化前的人物素材和风景素材如图14-1所示，美化后的图像效果如图14-2所示。  <div align="center">图14-1 美化前的人物和风景</div>  <div align="center">图14-2 美化后的效果</div>
操作流程	打开人物素材、风景素材→创建人物选区→将人物移入风景素材→修饰人物→修饰背景→为图像加画框→保存修改后图像→关闭文件。

知识准备

要美化人物照片，可以经过几个步骤来完成。首先必须选择好人物→然后将人物移入背景当中→修饰人物（调整大小、调整亮度与对比度、去痣等）→修饰背景（调整色彩色调、修补瑕疵、添加画框等）→保存（将美化后的文档存放在磁盘上，可以边美化边保存，防止出现异常现象文件丢失）。

一、绘制图像

1. Photoshop CS6 的启动与退出

在 Windows 桌面上双击 Photoshop CS6 快捷方式图标或选择"开始"→"程序"→Adobe Photoshop CS6→Adobe Photoshop CS6 命令，即可启动 Photoshop CS6。启动后屏幕将显示如图 14-3 所示的 Photoshop CS6 的工作窗口。

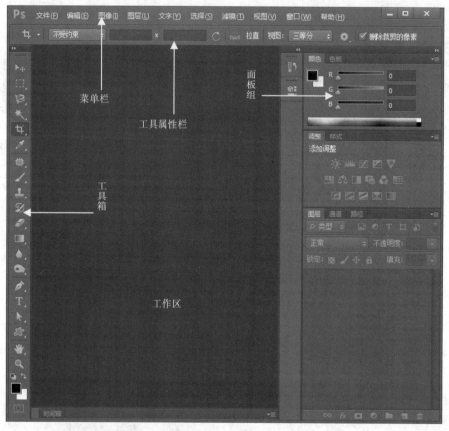

图 14-3　Photoshop CS6 工作窗口

工作窗口主要由菜单栏、各种工具栏、标尺、工作窗口、滚动条及状态栏等组成。下面做简要介绍。

① 菜单栏：提供操作命令。Photoshop CS6 菜单包含文件、编辑、图像、图层、选择、滤镜、视图、窗口、帮助等几个部分。通过其中的菜单命令几乎可以完成所有的 Photoshop 的操作和设置。

② 工具属性栏：当用户选择工具箱中的任意一个工具后，都将在工具属性栏中显示该工具的相关信息和参数设置。在工具属性栏中可以对该工具的各个参数进行设置，从而产生不同的图像效果。

③ 工具箱：包含了 Photoshop 中所有的绘图工具，如果工具图标右下角带有标记，表示该工具是一个工具组，其中包含有多个工具，在该工具上单击并按住鼠标左键不放将弹出该组中的所

有工具列表。工具箱各工具组如图 14-4 所示。

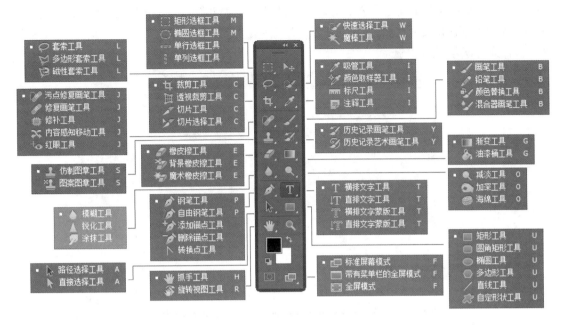

图 14-4　Photoshop CS 工具箱

④ 工作区：Photoshop 显示、处理图像的工作区域。

⑤ 面板组：在 Photoshop 中进行选择颜色、编辑图层、新建通道、编辑路径和还原编辑等操作的主要功能面板。

当需要退出 Photoshop 时，单击窗口中的"关闭"按钮，或选择"文件"→"退出"命令，或选择控制菜单的"关闭"命令，也可以直接按快捷键 Alt+F4。

2．图层的概念与作用

图层功能是 Photoshop 中一种非常有用的功能，也是使用最多的功能。它的作用相当于将各个图形对象放在不同的层中，利用层把各个图形对象分隔起来，在对某一对象进行编辑和操作时不会影响到其他对象。图层与图层之间可以合成、组合和改变叠放次序。

图层可以独立存在易于修改，同时还可以控制透明度、颜色混合模式，从而能够产生许多特殊的效果。

要显示"图层"面板，可选择"窗口"→"图层"命令或按 F7 键。

（1）新建图层

在右侧功能面板区域的"图层"面板上单击"新建图层"按钮，创建新图层"图层 1"，如图 14-5 所示。双击"图层"面板上的文字"图层 1"，可对"图层 1"重新命名。

（2）删除图层

用鼠标拖动"图层 1"至面板右下角的"删除"按钮上，可删除"图层 1"。

图 14-5　新建图层

3．新建图像文件

建立一个新图像文件的几种方法：选择"文件"→"新建"命令建立新图像文件；通过快捷键 Ctrl+N 建立新图像文件，如图 14-6 所示。注意宽度和高度有像素、英寸、厘米、毫米等多种单位。背景内容可为透明色。

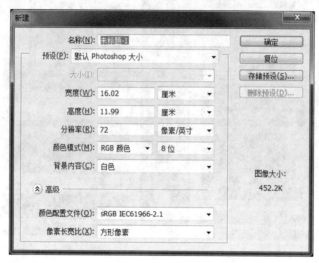

图 14-6　新建图像文件

4．保存图像文件

保存一个新图像文件的几种方法：选择"文件"→"存储为"命令保存新图像文件；通过快捷键 Ctrl+Shift+S 保存新图像文件，如图 14-7 所示。

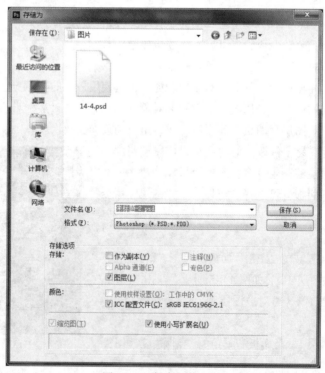

图 14-7　保存图像文件

图像文件默认存储为 Photoshop 的默认格式 PSD，还可以保存为其他格式文件如 TIF、BMP、JPEG、GIF 等格式。

5．绘制图像

使用绘图工具可绘制图像。

（1）使用画笔工具

使用画笔工具、铅笔工具可直接在图层中进行绘画。

（2）使用形状工具

选择相应的形状工具，在工具属性栏中选择"像素"，可在图层中进行相应形状的绘制，如图 14-8 所示。

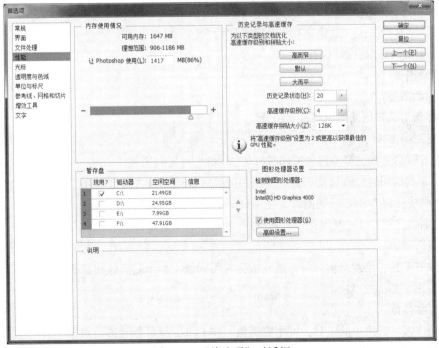

图 14-8　形状工具属性栏

（3）使用选框工具与油漆桶工具、"描边"命令

先使用选框工具绘制选区，再使用油漆桶工具进行填充，可绘制相应图形。

先使用选框工具绘制选区，再使用"编辑"→"描边"命令进行描边操作，可绘制相应线条。

6．撤销与恢复操作

打开"历史记录"面板，其中记录了最近的操作步骤。在相应步骤上单击可进行撤销或恢复操作。

"历史记录"面板通常可记录 20 个操作步骤。如果需要调整记录的步数，可选择"编辑"→"首选项/性能"命令，在"首选项"对话框中调整"历史记录状态"中的参数，如图 14-9 所示。

图 14-9　"首选项"对话框

二、编辑图像

1. 选择图像

Photoshop 中选择的区间或对象称为选区。

（1）创建选区

单击选框工具组中的工具可创建规则选区。通过选框工具属性栏可以设置下一次使用选框工具的工作方式为下列之一：创建新选区、添加到已有选区、从已有选区中删去、与已有选区交叉。在选框工具属性栏的"样式"中可选择正常、固定长宽比、固定大小，创建的选区分别是任意大小、固定比例、固定大小选区。选框工具属性栏如图 14-10 所示。

图 14-10　选框工具属性栏

使用套索工具组中的工具可选择不规则选区，使用魔棒工具、快速选择工具可根据颜色创建选区。

（2）修改选区

在选区内右击，选择"变换选区"命令，可使用控制点进行选区的修改，也可在属性栏中修改选区位置、长宽比例、旋转角度、斜切角度、变形等。变换选区时的属性栏如图 14-11 所示。

图 14-11　变换选区时的属性栏

变换完成后，需在选区内双击以确定对选区的修改。

（3）取消选区

① 选择"选择"→"取消选择"命令可取消选区。

② 通过 Ctrl+D 组合键取消选区。

2. 编辑图像

（1）移动图像

单击移动工具，拖动图像可移动位置。

（2）复制图像

① 单击移动工具，拖动图像的同时按住 Alt 键，可复制图像。

② 按 V 键的同时选择移动工具，使用快捷键 Alt+Shift 与方向键组合，也可复制图像。

③ 使用快捷键 Ctrl+C 复制图像，使用快捷键 Ctrl+V 粘贴到新图层。

④ 使用快捷键 Ctrl+J 复制图像到新图层。

（3）裁剪图像

单击裁剪工具，绘制裁剪区间，区间内为保留区域。如果裁剪区间比原画布大，则增加部分用背景色填充。

（4）删除图像

单击橡皮擦工具组中的工具，可擦除图像。按 Delete 键可删除选定图像。

（5）自由变换

使用快捷键 Ctrl+T，对图像进行自由变换，可完成缩放、旋转、变形等功能。调整完成后，需双击自由变换区域确定本次变换操作。

三、调整图像色彩与色调

调整图像的色彩与色调，可直接在图像上调整。选择"图像"→"调整"命令，可根据不同的需要使用多种调整命令对图像的色彩或色调进行细微的调整。"调整"子菜单如图 14-12 所示。

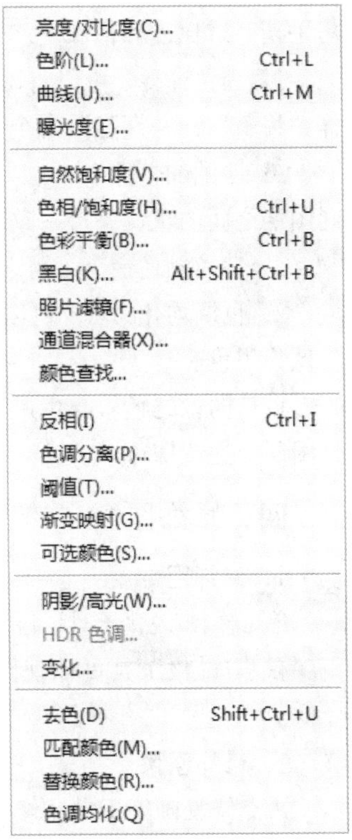

"调整"子菜单中各命令的作用如下：

① 亮度/对比度命令：可以直观地调整图像的明暗程度，还可以通过调整图像亮部区域与暗部区域之间的比例来调节图像的层次感。

② 色阶命令：可以调整图像的阴影、中间调和高光的关系，从而调整图像的色调范围或色彩平衡。

③ 曲线命令：能够对图像整体的明暗程度进行调整。

④ 曝光度命令：可以对图像的暗部和亮部进行调整，常用于处理曝光不足的照片。

⑤ 自然饱和度命令：可以调整图像的色彩的鲜艳程度，并智能处理图像中不够饱和的部分和忽略足够饱和的颜色，使图像整体的饱和趋于正常。

⑥ 色相/饱和度命令：可以调整图像的色彩及色彩的鲜艳程度，还可以调整图像的明暗程度。

⑦ 色彩平衡命令：可以改变图像颜色的构成。

⑧ 黑白命令：可以将图像中的颜色丢弃，使图像以灰色或单色显示。可以调整图像的明暗度，并应用色调创建单色图像效果。

亮度/对比度(C)...	
色阶(L)...	Ctrl+L
曲线(U)...	Ctrl+M
曝光度(E)...	
自然饱和度(V)...	
色相/饱和度(H)...	Ctrl+U
色彩平衡(B)...	Ctrl+B
黑白(K)...	Alt+Shift+Ctrl+B
照片滤镜(F)...	
通道混合器(X)...	
颜色查找...	
反相(I)	Ctrl+I
色调分离(P)...	
阈值(T)...	
渐变映射(G)...	
可选颜色(S)...	
阴影/高光(W)...	
HDR 色调...	
变化...	
去色(D)	Shift+Ctrl+U
匹配颜色(M)...	
替换颜色(R)...	
色调均化(Q)	

图 14-12 "调整"子菜单

⑨ 照片滤镜命令：可以通过模拟相机镜头前滤镜的效果进行颜色参数调整，还可以选择预设的颜色以便向图像应用色相调整。

⑩ 通道混合器命令：可以利用图像内现有颜色通道的混合来修改目标颜色通道，从而实现调整图像颜色的目的。

⑪ 颜色查找命令：可以对图像色彩进行校正。

⑫ 反相命令：用来反转图像中的颜色。在对图像进行反相时，通道中每个像素的亮度值都会转换为 256 级颜色值刻度上相反的值。例如值为 255 时，正片图像中的像素会被转换为 0，值为 5 的像素会被转换为 250。效果类似于普通彩色胶卷冲印后的底片效果。

⑬ 色调分离命令：可以指定图像中每个通道的色调级或者亮度值的数目，然后将像素映射为最接近的匹配级别。

⑭ 阈值命令：可以将灰度或者彩色图像转换为高对比度的黑白图像，其效果可用来制作漫画或版刻画。

⑮ 渐变映射命令：可以将设置好的渐变模式映射到图像中，从而改变图像的整体色调。

⑯ 可选颜色：可以校正偏色图像，也可以改变图像颜色。一般情况下，该命令用于调整单个颜色的色彩比重。

⑰ 阴影/高光命令：可以使照片内的阴影区域变亮或变暗，常用于校正照片内因光线过暗而形成的暗部区域，也可校正因过于接近光源而产生的发白焦点。

⑱ 变化命令：可以通过显示替代物的缩览图，通过单击缩览图的方式，直观地调整图像的色彩平衡、对比度和饱和度。

⑲ 去色命令：可以将彩色图像转换为灰色图像，但图像的颜色模式保持不变。去色之后，选择"编辑"→"渐隐"命令，可控制去色的程度。

⑳ 匹配颜色命令：可以将一个图像的颜色与另一个图像中的色调相匹配，也可使同一文档不同图层之间的色调保持一致。

㉑ 替换颜色命令：可以先选定颜色，然后改变选定区域的色相、饱和度和亮度值。

㉒ 色调均化命令：可以按照灰度重新分布亮度，将图像中最亮的部分提升为白色，最暗部分降低为黑色。

调整图像的色彩与色调，也可创建调整图层。单击"图层"面板下方的"创建新的填充或调整图层"按钮即可。

四、修饰图像

1. 修饰图像

单击模糊/锐化工具、减淡/加深工具，对图像进行处理，即可达到对图像的修饰作用。

模糊/锐化工具可以使图像的色彩变柔和或强烈，减淡/加深工具可以使图像的亮度提高或降低。

2. 修补图像

污点修复画笔工具、修复画笔工具、修补工具、红眼工具用于对图像的细微部分进行修整，可以快速地修复污点、把有缺陷的图像修复完整。

仿制图章工具可以指定的像素点为复制基准点，将其周围的图像复制到其他地方。

操作实战 美化人物照片

1. 操作任务

选择人物素材中人物移入风景素材中。修饰人物及背景，对图像进行瑕疵处理、亮度及色彩等调整。最后为图像加上画框。

① 打开人物素材、风景素材。

② 选择人物。

③ 将人物移入风景素材。

④ 修饰人物。人物亮度、对比度调整，人物面部修饰。

⑤ 修饰背景。调整背景亮度、颜色等，去除不需要的部分。

⑥ 为图像加画框。

⑦ 保存修改后图像。

2. 操作步骤

① 打开人物素材、风景素材。选择"开始"→"程序"→Adobe Photoshop CS6→Adobe Photoshop CS6命令，启动 Photoshop CS6。双击工作区，选择"人物素材.jpg""风景素材.jpg"文件，单击

"打开"按钮打开文件。

② 选择人物。

步骤一：单击"人物素材.jpg"图像窗口标题栏，双击抓手工具将图像满屏显示。

步骤二：单击快速选择工具，在人物上拖动，大致选好人物。

步骤三：按 Ctrl++组合键，放大图像到合适大小，按住空格键的同时用鼠标拖动图像，检查图像是否按需要选好，重点检查边缘部分。需修改部分，在属性栏单击"添加到选区"或"从选区中减去"按钮，修改选区范围，如图 14-13 所示。

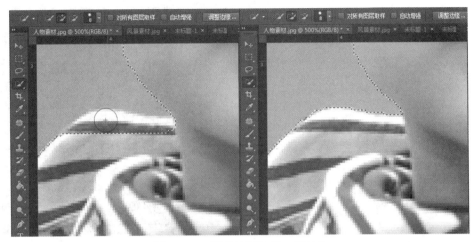

图 14-13　调整选区的前、后对比

步骤四：按 Ctrl+-组合键，缩小图像，再次检查选区是否建好。如有需要调整的，则补上未选部分，去除多选部分。

步骤五：按 Ctrl+J 组合键，复制选区内容到新图层"图层 1"，以保存选区图像。如果在后面的使用过程中发现选区还需修改，可在"图层 1"中再次修改，以便提高工作效率。

③ 将人物移入风景素材。

步骤一：单击"人物素材.jpg"图像窗口，按 F7 键，调出"图层"面板。按住 Ctrl 键的同时单击"图层"面板中"图层 1"图层缩览图，选择人物。

步骤二：选择"选择"→"修改"→"羽化"命令，在弹出的对话框中设置羽化参数为 5，如图 14-14 所示。羽化是为了将图像放入背景中更加自然。

步骤三：选择"窗口"→"排列"→"双联垂直"命令，将"人物素材.jpg""风景素材.jpg"两个图像窗口垂直并排显示。

步骤四：单击"人物素材.jpg"图像窗口标题栏，按 V 键，使用移动工具拖动人物至"风景素材.jpg"图像窗口中，Photoshop 自动将移入图像放入新的图层"图层 1"当中。在"图层"面板中双击文字"图层 1"，修改图层名称为"人物"。

步骤五：选择"窗口"→"排列"→"将所有内容合并到选项卡中"命令，单击"风景素材.jpg"图像窗口标题栏，双击抓手工具，将图像满屏显示。

步骤六：按快捷键 Ctrl+T 对人物进行自由变换。按住 Shift 键的同时用鼠标拖动自由变换框左上角的控点，按比例缩放图像。缩放完成后，在自由变换框内双击确定完成变换。

步骤七：单击移动工具，移动人物到合适位置。

④ 修饰人物。

a. 增加图像亮度。

步骤一：按 F7 键，调出"图层"面板。

步骤二：单击"图层"面板下方的"创建新的填充或调整图层"按钮，选择"亮度/对比度"命令，设置参数，完成人物调整，参数设置如图 14-15 所示，并单击面板下方的"此调整剪切到此图层"按钮，使该设置只针对下面一个图层起调整作用。

图 14-14   选区羽化

图 14-15   调整图像的亮度/对比度

b. 修复人物面部瑕疵。

步骤一：在"图层"面板中选中"人物"，单击缩放工具，单击属性栏中的"放大"按钮，单击图像脸部瑕疵部位，进行图像放大。

步骤二：单击修补工具，在瑕疵部位绘制选区，拖动选区到合适的皮肤部位，释放鼠标，完成修补。选择"选择"→"取消选择"命令，取消选区。双击抓手工具，将图像满屏显示。修补工作如图 14-16 所示。

图 14-16   修补工作

⑤ 修饰背景。

a. 调整背景亮度、颜色等。

步骤一：在"图层"面板中选中"背景"图层，拖动至"图层"面板下方的"创建新图层"按钮上，复制得到"背景 副本"图层。

步骤二：单击"图层"面板下方的"创建新的填充或调整图层"→"色阶"按钮，拖动输入色阶第三个滑块，修改参数，将图像中亮色部分加亮，并单击面板下方的"此调整剪切到此图层"图层，如图 14-17 所示。

步骤三：在"图层"面板中选中"背景 副本"图层，选择"图像/调整"→"阴影/高光"命令，修改参数，调整图像的阴影及高光范围。参数设置如图 14-18 所示。

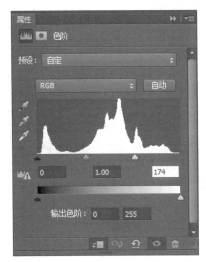

图 14-17　调整色阶

图 14-18　"阴影/高光"对话框

b. 去除不需要的部分。

步骤一：单击"图层"面板中"人物"图层前的眼睛，暂时不显示该图层。

步骤二：单击"图层"面板中的"背景 副本"图层，使用缩放工具在图像上最大的浮标处多次单击，放大图像到合适大小。

步骤三：单击污点修复画笔工具，在属性栏中设置画笔大小及硬度，单击最大的浮标，如图 14-19 所示。

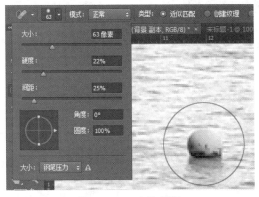

图 14-19　去除浮标

步骤四：按住空格键，拖动图像显示其他浮标，在属性栏中修改画笔大小，依次单击需要修复的浮标。

步骤五：单击椭圆选框工具，选中左侧小山旁的小船，使用修补工具拖动选区到合适的水天相接部位，释放鼠标，完成修补，按 Ctrl+D 组合键取消选区。修补工作如图 14-20 所示。

步骤五：单击修补工具，在图像左侧沙滩杂物位置绘制选区，拖动选区到合适的波纹部位，释放鼠标，完成修补，按 Ctrl+D 组合键取消选区。

步骤六：单击仿制图章工具，属性栏设置合适画笔大小，不透明度与流量均设置为 100%。按住 Alt 键，单击天空白色部分后，再释放 Alt 键，即定义好了原点。按住鼠标在红旗部分涂抹，仿制白色天空。依据需要，多次定义原点，仿制天空、云彩、海水。仿制工作如图 14-21 所示。

图 14-20　去除小船　　　　　　　　　　　图 14-21　仿制天空

⑥ 为图像加画框。

步骤一：单击"图层"面板下方的"创建新图层"按钮，双击新图层名称修改为"画框"。拖动画框图层，移动到所有图层最上方。

步骤二：单击矩形选框工具，按 Ctrl+A 组合键全选整个画布，右击画布，选择"变换选区"命令。按住 Alt 键，并拖动选区右侧控点，向中心同步收缩。按住 Alt 键，并拖动选区下侧控点，向中心同步收缩。双击选区，确定变换。建立的选区如图 14-22 所示。

步骤三：选择"选择"→"反向"命令，进行选区的反选，设定好边框范围，如图 14-23 所示。

图 14-22　收缩选区　　　　　　　　　　　图 14-23　反向选择选区

步骤四：单击"默认前景色和背景色"按钮，恢复默认的白色背景色、黑色背景色。单击"设置前景色"按钮，选用合适前景色，如图 14-24 所示。

图 14-24　前景色参数设置

步骤五：选择"滤镜"→"渲染/云彩"命令，为边框添加云彩效果，如图 14-25 所示。

步骤六：按 Ctrl+D 组合键，取消选择。单击"图层"面板下方的"添加图层样式"按钮，选择"斜面和浮雕"命令，设置图层样式，如图 14-26 所示。

图 14-25 云彩效果边框

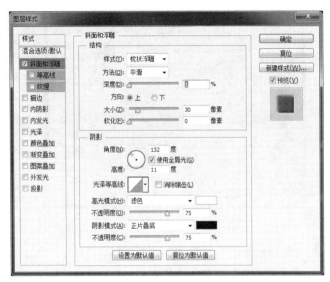

图 14-26 斜面与浮雕的图层样式设置

步骤七：单击"图层"面板中"人物"图层前的眼睛，显示该图层。单击移动工具，移动人物至合适位置。

⑦ 保存修改后图像。选择"文件"→"存储"命令，在"存储为"对话框中输入文件名"美化结果"，文件默认存为 PSD 格式，该格式为 Photoshop 默认格式，包含有图层信息，便于再次修改。

选择"文件"→"存储为"命令，在"存储为"对话框中输入文件名"美化结果"，格式选择"JPG"，文件存为 JPG 格式，该格式不包含图层信息，可用其他看图或画图软件打开该类型文件。

◎注意

对图像的修改会破坏原图像，所以可以复制图层，在复制后的图层上操作，这样就可以保护原图像不受破坏。

课堂实践 绘制插画

1. 操作要求

① 新建文件：宽度 1 366 像素，高度 768 像素，分辨率 72 像素/英寸，颜色模式 RGB 颜色 8位，背景内容白色。

② 填充背景色：单击渐变填充工具，在上方属性栏中选择线性渐变方式，并单击编辑渐变按钮。在"渐变编辑器"对话框中，选择预设中的"铬黄渐变"，将中间黄色色标和最后的白色色标向下拖动丢掉，移动其他色标到合适位置后，确定编辑，如图 14-27 所示。按住 Shift 键，在图像上从上向下拖动鼠标填充渐变，如图 14-28 所示。

图 14-27　"渐变编辑器"对话框

③ 绘制太阳：按 F7 键，打开"图层"面板，单击面板下方的"创建新图层"按钮。双击"图层 1"，将新图层命名为"太阳"。单击椭圆选框工具，按住 Shift 键，在图层中拖动，绘制圆形选区。按 Alt+Delete 组合键，以前景色填充选区；按 Ctrl+D 组合键，取消选区，因为太阳的颜色在后面会有修改，因此颜色可以随意填充。

④ 为太阳添加光晕：单击"图层"面板下方的"添加图层样式"按钮，选择"外发光"命令，设置参数如图 14-29 所示。勾选"内发光"与"渐变叠加"，渐变叠加为红色（255，0，0）到黄色（255，255，0）的渐变，其他参数设置如图 14-30 所示。使用移动工具移动太阳到合适位置，效果如图 14-31 所示。

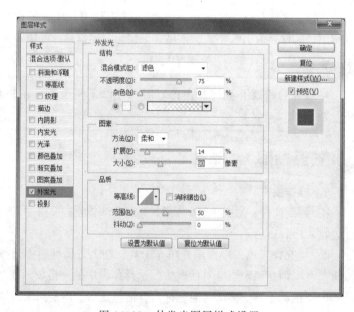

图 14-28　渐变填充

图 14-29　外发光图层样式设置

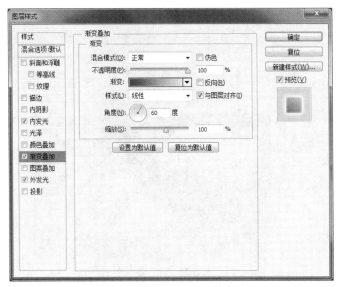

图 14-30 渐变叠加图层样式设置

图 14-31 太阳设置效果

⑤ 绘制白云：恢复默认的白色背景色、黑色背景色。单击"切换前景色和背景色"按钮，将前景色切换为白色。单击"图层"面板下方的"创建新图层"按钮，新建"图层 1"。使用椭圆选框工具绘制椭圆。单击油漆桶工具，单击选区填充前景色。创建"图层 2""图层 3"，并绘制椭圆填充白色，如图 14-32 所示。单击"移动工具"，勾选属性栏中的"自动选择图层"复选框，移动 3 个椭圆的位置，组成白云形状，如图 14-33 所示。如果对所绘制椭圆不满意，可使用 Ctrl+T 组合键调整椭圆形状与大小。在"图层"面板中选择"图层 1"，按住 Shift 键的同时选择"图层 3"，将图层 1、图层 2、图层 3 选中，按住鼠标左键拖动选中图层至面板下方的"创建新组"按钮上，则将 3 个椭圆图层放入"组 1"中，将"组 1"重命名为"云 1"。拖动面板中"云 1"至面板下方的"创建新图层"按钮，生成"云 1 副本"，重命名为"云 2"。"图层"面板如图 14-34 所示。单击"云 1"或"云 2"，使用快捷键 Ctrl+T 自由变换，调整组合白云大小及位置，结果如图 14-35 所示。单击组"云 1"，单击面板下方的"添加图层样式"→"内阴影"按钮，设置不透明度为 20%。在"图层"面板的"云 1"上右击，选择"拷贝图层样式"命令；在"云 2"上右击，选择"粘贴图层样式"命令，

图 14-32 绘制 3 个椭圆

图 14-33 组合椭圆

图 14-34 "图层"调板

图 14-35 复制白云

⑥ 移入人物。单击组"云 1""云 2"前的三角形,折叠组。打开素材中的"卡通人物素材.psd"文件,使用移动工具将卡通人物拖动到蓝色天空下。

⑦ 绘制蝴蝶。创建新图层"蝴蝶"。单击画笔工具,在属性栏中打开"画笔预设"选取器,如图 14-36 所示。单击选取器右上角的❄️·按钮,追加"特殊效果画笔"。在选取器中,选取最后的"缤纷蝴蝶"画笔。单击属性栏中的"切换画笔面板"按钮,打开"画笔"面板。选择"画笔笔尖形状",修改直径为 80,间距为 230%;选择"形状动态",设置大小抖动为 42%,角度抖动为 11%,圆度抖动为 20%;选择"散布",设置两轴分散 900%,数量抖动 47%;选择"颜色动态",勾选"应用每笔尖"复选框,设置前景/背景抖动 79%,色相抖动 45%,饱和度抖动 19%。设置前景色为红色,背景色为黄色,如图 14-37 所示。在图像下方拖动鼠标绘制蝴蝶。不满意绘制结果,可以在"历史记录"面板中撤销"名称更改"步骤后的"画笔工具"步骤,之后再重新绘制蝴蝶。

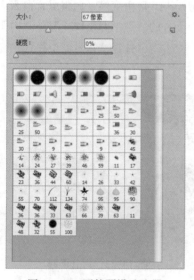

图 14-36 画笔预设选取器

图 14-37 "画笔"面板设置

⑧ 调整图层顺序。打开"图层"面板,将太阳、卡通人物图层调整至上方,调整之后"图层"面板如图14-38所示。

2．效果展示

绘制插画完成后的效果图如图14-39所示。

图14-38　调整后的图层顺序

图14-39　插画效果图

疑难解析

问题1：如何才能加快图形处理的速度？

答：使用快捷键就可以节省时间。选择"窗口"→"工作区/键盘快捷键和菜单"命令,在弹出时对话框的"键盘快捷键"选项卡中的"快捷键用于"下拉列表中选择相应项目,即可查看相应项目中的各种快捷键。

问题2：打开Photoshop后,计算机反应特别慢,应该怎么办？

答：选择"编辑"→"首选项/性能"命令,调整"允许Photoshop使用内存:",加大Photoshop的可使用内存容量;勾选空闲较多磁盘作为可用虚拟内存复选框,并调整其顺序,以便优先使用。

课外拓展

有3张婚纱照,如图14-40所示,利用它们制作婚纱照相册,效果如图14-41所示。

图 14-40　艺术照

图 14-41　艺术照相册效果图

✿项目小结

　　本项目通过"美化人物照片"，详细介绍了 Photoshop 对图像的修饰、修补与调整操作。在课外拓展中需要学习使用剪贴蒙板、图层样式等内容。通过此项目的学习可掌握一定的 Photoshop 图像处理功能，具备简单的动手操作能力。

模块六　IT 新 技 术

信息化迅速发展的今天，都有哪些"高、大、上"的名词和技术呢？大数据、物联网、移动互联、云计算、VR 技术这些名词每天都出现在我们的工作和生活中，在信息化高度发达的今天，数据无处不在，大数据带来的信息风暴正在改变人们的生活、工作和思维。连上互联网，"我"就是世界的中心，给"我"一个 IP 地址，"我"能漫游世界。接入物联网，"我"就是世界的眼睛，物联网将以人们想不到的方式，以人们想不到的速度，改变人们的世界。

项目 十五

物联网与智能化生活

物联网把人们的生活拟人化了，万物成了人的同类。在这个物物相联的世界中，物品（商品）能够彼此进行"交流"，而无须人的干预。物联网利用射频自动识别（RFID）技术，通过计算机互联网实现物品（商品）的自动识别和信息的互联与共享。可以说，物联网描绘的是充满智能化的世界。在物联网的世界里，物物相连、天罗地网。

项目描述

当你不在家时，你可以在到家之前就打开家里空调；你回到家时，你家的大门会自动为你打开；空调已在工作，原来处于通风状态而打开的窗户也随着空调的启动而自动关闭，室内刚好达到了你所喜欢的温度；你进家门后，只要按一下"回家"键，家中的安防系统自动解除室内警戒，灯光自动点亮，背景音乐自动响起；你的冰箱会将你最需要的食物下单通知商家，为你配送到家；你家里的甲醛、一氧化碳、二氧化碳等有毒有害气体超标时，空调、新风系统会自动启动，手机也会接到报警短信提醒；你用一个遥控器就能控制家中所有的电器；你要外出时，只要按一下"离家"键，家中所有需要关闭的灯和电器自动关闭，安防系统会自动开启；你家里没人时，有园艺系统自动帮你洒水、施肥、喷药；如果家中的电器有了故障，维修公司会主动联系你何时来上门修理，这就是物联网的家居应用。

教学导航

知识目标	① 了解物联网的概念。 ② 掌握物联网体系框架。 ③ 了解物联网各层关键技术。 ④ 了解物联网的应用领域。

续表

技能目标	① 熟悉物联网的体系架构。 ② 熟练掌握物联网的应用领域。
态度目标	① 培养学生的自主学习能力和知识应用能力。 ② 培养学生勤于思考、认真做事的良好作风。 ③ 培养学生具有良好的职业道德和较强的工作责任。 ④ 培养学生掌握物联网基本知识的能力。
本章重点	物联网的应用领域。
本章难点	物联网各层关键技术。
教学方法	讲授。
课时建议	2 课时。

知识准备

一、初识物联网

国际电信联盟 2005 年一份报告曾描绘"物联网"时代的图景：

公文包会提醒主人忘带来什么东西；

衣服会"告诉"洗衣机对颜色和水温的要求；

不住在医院，只要通过一个小小的仪器，医生就能 24 小时监控病人的体温、血压、脉搏；

下班了，只要用手机发出一个指令，家里的电饭煲就会自动加热做饭，空调开始降温；

1. 什么是物联网

物联网是新一代信息技术的重要组成部分，其英文名称是 The Internet of things。顾名思义，物联网就是物物相连的互联网。它有两层意思：其一，物联网的核心和基础仍然是互联网，是在互联网基础上的延伸和扩展的网络；其二，其用户端延伸和扩展到了任何物品与物品之间，进行信息交换和通信。物联网就是"物物相连的互联网"。物联网通过智能感知、识别技术与普适计算、广泛应用于网络的融合中，也因此被称为继计算机、互联网之后世界信息产业发展的第三次浪潮。物联网是互联网的应用拓展，与其说物联网是网络，不如说物联网是业务和应用。因此，应用创新是物联网发展的核心，以用户体验为核心的创新 2.0 是物联网发展的灵魂，物联网关键技术如图 15-1 所示。

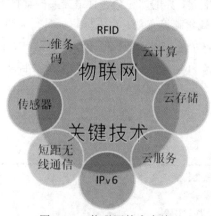

图 15-1　物联网技术家族

也许有人会说：这也太多字了，我不想看，你能一句话告诉我这是什么吗？

物联网就是：利用局部网络或互联网等通信技术把传感器、控制器、机器、人员和物等通过新的方式联在一起，形成人与物、物与物相联，实现信息化、远程管理控制和智能化的网络。物联网是互联网的延伸，它包括互联网及互联网上所有的资源，兼容互联网所有的应用，但物联网中所有的元素（所有的设备、资源及通信等）都是个性化和私有化的。

再简化一点：物联网就是给物体加上一些装置，让其能联网，并能告诉别的物品信息也能读取别的物品的信息。

再简单点：你家的空调可以告诉你家的窗帘，我要工作了，你赶紧关上。你家的煤气灶可以告诉你家的抽油烟机"我要炒菜了你赶紧工作"。

物联网把新一代 IT 技术充分运用在各行各业之中，具体地说，就是把感应器嵌入和装备到电网、铁路、桥梁、隧道、公路、建筑、供水系统、大坝、油气管道等各种物体中，然后将"物联网"与现有的互联网整合起来，实现人类社会与物理系统的整合，在这个整合的网络中，存在能力超级强大的中心计算机群，能够对整合网络内的人员、机器、设备和基础设施实施实时的管理和控制，在此基础上，人类可以更加精细和动态的方式管理生产和生活，达到"智慧"状态，提高资源利用率和生产力水平，改善人与自然间的关系。

2．物联网与互联网

总有人把物联网和互联网混为一谈，认为它们是相同的说法，下面就列出它们的不同之处，如表 15-1 所示。

表 15-1　物联网与互联网的区别

内　　容	互　联　网	物　联　网
起源点在哪里	（1）计算机技术的出现 （2）技术的传播速度加快	（1）传感技术的创新 （2）云计算
面向的对象是谁	人	人和物质
发展的过程	技术的研究到人类的技术共享使用	芯片多技术的平台和应用过程
谁是使用者	所用的人	人和物质，人即信息体，物即信息体
核心的技术在谁手里	主流的操作系统和语言开发商	芯片技术开发商和标准制定者
创新的空间	主要内容的创新和体验的创新	技术就是生活，想象就是科技，让一切事物都有智能
文化属性	精英文化，无序世界	草根文化，"活信息"世界
技术手段	网络协议，Web2.0	数据采集，传输介质，后台计算

3．物联网与传感网

传感器网可以看成是传感模块加组网模块共同构成的一个网络。传感器仅仅感知到信号，并不强调对物体的标识。例如可以让温度传感器感知到森林的温度，但并不一定需要标识哪根树木。物联网的概念相对比传感器网大一些。这主要是因为人感知物、标识物的手段，除了有传感器网，还可以有二维码、RFID 等。

4．物是什么样的物

物联网的"物"要满足以下条件才能够被纳入"物联网"的管理范围：

① 要有相应信息的接收器。

② 要有数据传输通路。

③ 要有一定的存储功能。

④ 要有 CPU。

⑤ 要有操作系统。

⑥ 要有专门的应用程序。

⑦ 要有数据发送器。

⑧ 要遵循物联网的通信协议。

⑨ 要在世界网络中有可被识别的唯一编号。

5. 物是什么样的物

由各种私有网络、互联网、有线和无线通信网、网络管理系统和云计算平台等组成，如图 15-2 所示，相当于人的神经中枢和大脑，负责传递和处理感知层获取的信息。

图 15-2　四大网络技术支撑

二、物联网体系架构

1. 分层架构更方便

从技术架构上来看，物联网可分为三层：感知层、网络层和应用层，如图 15-.3 所示。

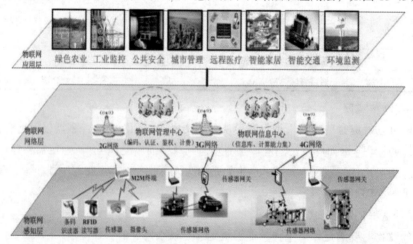

图 15-3　物联网体系架构

（1）感知层由各种传感器以及传感器网关构成，包括二氧化碳浓度传感器、温度传感器、湿度传感器、二维码标签、RFID 标签和读写器、摄像头、GPS 等感知终端。感知层的作用相当于人的眼耳鼻喉和皮肤等神经末梢，它是物联网获识别物体，采集信息的来源，其主要功能是识别物体，采集信息，并且将信息传递出去。

（2）网络层由各种私有网络、互联网、有线和无线通信网、网络管理系统和云计算平台等组成，相当于人的神经中枢和大脑，负责传递和处理感知层获取的信息。

（3）应用层是物联网和用户（包括人、组织和其他系统）的接口，它与行业需求结合，实现物联网的智能应用。

2．三大特征

物联网三大特征的各层功能与人体功能的对应关系如图 15-4 所示。

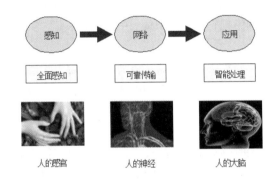

图 15-4　物联网各层功能与人体功能对应关系图

全面感知：利用 RFID、传感器、二维码，及其他各种的感知设备随时随地的采集各种动态对象，全面感知世界。

可靠的传送：利用以太网、无线网、移动网将感知的信息进行实时的传送。

智能控制：利用云计算、数据挖掘以及模糊识别等人工智能技术，及时地对海量的数据进行分析处理，对物体实现智能化的控制和管理，真正达到了人与物的沟通、物与物的沟通。

3．感知层主要功能

主要用于采集物理世界中发生的物理事件和数据，包括各类物理量、标识、音频、视频数据。物联网的数据采集涉及传感器、RFID、多媒体信息采集、二维码和实时定位等技术。由于是完成信息采集和信号处理工作，这类设备中多采用嵌入式系统软件与之适应。由于需要感知的地理范围和空间范围比较大，包含的信息也比较多，该层中的设备还需要通过自组织网络技术，以协同工作的方式组成一个自组织的多结点网络进行数据传递。

4．网络层的主要功能

网络层的主要功能是直接通过现有互联网（IPv4/IPv6 网络）、移动通信网（如 GSM、TD-SCDMA、WCDMA、CDMA2000、无线接入网、无线局域网等）、卫星通信网等基础网络设施，对来自感知层的信息进行接入和传输。

5．应用层主要功能

应用层包括各类用户界面显示设备以及其他管理设备等，这也是物联网体系结构的最高层。应用层根据用户的需求可以面向各类行业实际应用的管理平台和运行平台，并根据各种应用的特点集成相关的内容服务。

三、物联网核心关键技术

云计算还处于萌芽阶段，有庞杂的各类厂商在开发不同的云计算服务。云计算的表现形式多种多样，简单的云计算在人们日常网络应用中随处可见，如腾讯 QQ 空间提供的在线制作 Flash 图片、Google 的搜索服务、Google Docs、 Google Apps 等。

1．RFID 技术

无线射频识别技术（Radio Frequency Identification，RFID）又称电子标签，是一种通信技术，可通过无线电讯号识别特定目标并读写相关数据，而无须在识别系统与特定目标之间建立机械或光学接触。

物联网中让物品"开口说话"的关键技术，物联网中，RFID 标签上存储着规范而具有互用性的信息，通过无线数据通信网络把它们自动采集到中央信息系统，实现物品（商品）的识别。

2．传感器技术

在物联网中，传感技术主要负责接收物品"讲话"的内容。传感技术是关于从自然信源获取信息，并对之进行处理、变换和识别的一门多学科交叉的现代科学与工程技术，它涉及传感器、信息处理和识别的规划设计、开发、制造、测试、应用及评价改进等活动。

3．无线网络技术

物联网中，物品与人的无障碍交流，必然离不开高速、可进行大批量数据传输的无线网络。无线网络既包括允许用户建立远距离无线连接的全球语音和数据网络，也包括近距离的蓝牙技术和红外技术。

Zigbee 是 IEEE 802.15.4 协议的代名词。根据这个协议规定的技术是一种短距离、低功耗的无线通信技术。这一名称来源于蜜蜂的八字舞，由于蜜蜂（bee）是靠飞翔和"嗡嗡"（zig）地抖动翅膀的"舞蹈"来与同伴传递花粉所在方位信息，也就是说蜜蜂依靠这样的方式构成了群体中的通信网络。其特点是近距离、低复杂度、自组织、低功耗、低数据速率、低成本。主要适合用于自动控制和远程控制领域，可以嵌入各种设备。简而言之，ZigBee 就是一种便宜的，低功耗的近距离无线组网通讯技术。

4．人工智能技术

人工智能是研究使计算机来模拟人的某些思维过程和智能行为（如学习、推理、思考、规划等）的技术。在物联网中，人工智能技术主要负责将物品"讲话"的内容进行分析，从而实现计算机自动处理。

5．云计算技术

物联网的发展离不开云计算技术的支持。物联网中终端的计算和存储能力有限，云计算平台可以作为物联网的"大脑"，实现对海量数据的存储、计算。

四、物联网典型应用

1．智能家居

应用物联网技术的智能家居，依照人体工程学原理，融合个性需求，将与家居生活有关的各个子系统如安防、照明控制、窗帘控制、煤气阀控制、多媒体、家用电器、地板采暖等有机地结合在一起，通过网络化综合智能控制和管理，实现"以人为本"的全新家居生活体验，如图 15-5 所示。

海尔卡萨帝物联网冰箱在外观上，搭载了一块液晶触摸屏，不仅可以播放音乐、图片、视频短片，而且还可以上网获取互联网和嫁接在物联网上的各类信息，如天气、超市货物储备等。

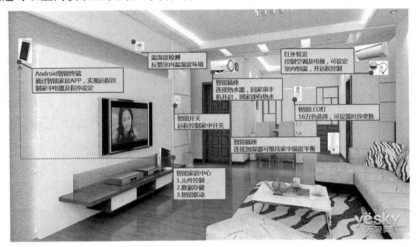

图 15-5　智能家居

海信推出了智能"蓝媒"冰箱，解决了不少家庭主妇的难题。她们可以通过冰箱上的液晶显示屏观看视频资料，还可以一边播放菜谱一边做菜，增加了都市女性下厨的乐趣。

美的、海尔、松下等空调厂家推出的变频空调，能够自动感知人体温度，如果主人长时间不在，空调会自动关机。空调还具备多种舒适睡眠模式，开启后用户便可放心休息，空调自动进行智能室内控温。

2. 智慧健康

应用物联网技术的智慧健康，将数字健康档案、动态健康管理、医疗服务平台三者有机结合，通过自我健康管理（健康教育、健康记录等）、健康监测（包括智能健康指标检测、健康预警、健康指导等）、远程医疗协助（包括用药指导、膳食指导、运动指导、慢性康复指导等），相互作用，环环相扣，实现对个体健康的全程智能管理，如图 15-6 所示。

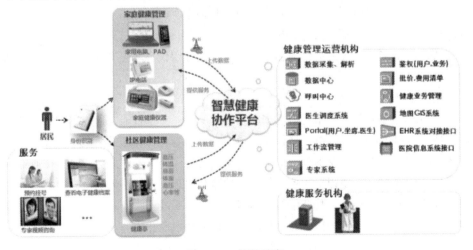

图 15-6　智慧健康

如果拥有了智慧健康系统，可以随时用电子秤、人体脂肪分析仪、电子体温计、血压计和心率监测仪等人体状况传感设备，自动测量自己的血压、血糖、血氧、心电等与健康有关的数据，管理自己的健康记录；也可以选择让健康数据自动传送到位于到健康控制中心，健身教练将根据健康数据帮助你制订下一步的健身计划和健康食谱，特约医生将根据健康数据了解你的健康状况，必要时可以对你进行远程会诊，再提出医疗意见；家有老人如果发生摔倒，信息会自动发送给子女，或传递给值班医生……

3. 智能出行

应用物联网技术的智能出行，利用交通信息系统、交通监控系统、旅行信息系统、智能旅游系统、车载智能信息设备等，提供实时的交通路况和停车信息，进行智能的分析、控制与引导，提高出行者的方便、舒适度，如图 15-7 所示。

图 15-7 智能出行

如果拥有了智能出行系统，开车出门时，智能手机和车载智能导航仪能显示实时路况、自动帮你选择最近或最快路径；要停车时，可以查到附近停车场的位置和路径，现在还剩下多少车位、你进入该停车场时还有空车位的概率是多少等信息，你还可以预定车位；你停车时万一忘了锁车门，你离开 20 米以外的时间超过 30 秒，车子将会自动把车门锁好，有人动你的车子，你的手机会收到告警；想在附近吃个饭，打开手机，输入"饭店"，搜索引擎就将所在位置附近的酒家的网页呈现在你的手机屏幕上；到某个著名区旅游，智能导游仪自动图文并茂地讲解你看到的每个景点……

4. 智能交通

安全是交通管理最重要的环节之一，如图 15-8 所示。对于智能交通规划和管理来说，交通安全也是在规划中不可或缺的部分。要保障交通安全，需要各种各样的手段进行综合配套管理，包括对酒驾行为的严厉打击、交通设施的完善、交通行为的规范等。疲劳驾驶是交通事故、交通意外的最重要的诱因之一，所以对于疲劳驾驶的预防和管理一直都得到了很高的重视。原有的手段一般是从管理制度上去要求，如持续行驶高速 4 小时需要进入服务站休息、更换司机等。随着物联网感知技术的发展，基于智能视频分析的疲劳检测技术也开始进入实用阶段。

基于智能视频分析的疲劳检测技术，通过对人眼、面部细微特征进行分析，并结合车辆行驶速度等要素，对处于疲劳状态的驾驶员实现本地的声光提醒，使驾驶员一直处于良好的精神状态，防止安全事故的发生。通过智能视频分析技术，普通视频采集设备将变身为智能物联网感知器，可以感知很多关键信息。在智能交通系统中，通过对客流统计数据、违规车牌照片、司机疲劳状态等关键信息的再利用，为智能交通中的交通调度、交通规划、交通行为管理以及交通安全预防都提供了非常优秀的应用。

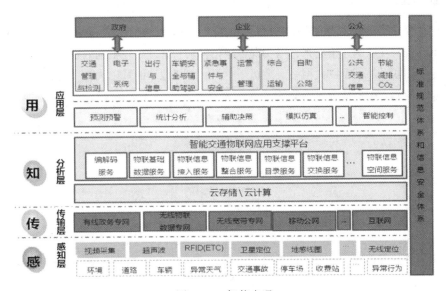

图 15-8　智能交通

5.智能农业

如果说互联网将全世界几十亿人连接在一起，那么物联网带来的更多的是人与物、物与物间的关联。当物联网的触角开始蔓延到农业领域，曾经田间地头全凭经验、靠感觉浇水、施肥、打药，变成了另外一番景象。原本看似又"土"又辛苦的农业生产因为物联网而瞬间变得别有一番模样，如图 15-9 所示。

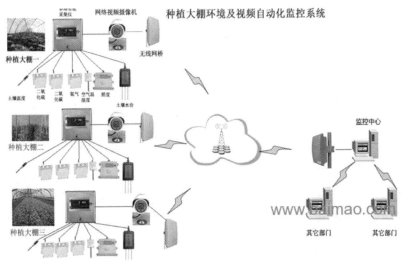

图 15-9　智能农业

在稻田里装上传感器，就能感知庄稼生长环境温度、湿度及光照指数；坐在家里，可以远程控制浇水、施肥；在鱼塘中放入传感器，就可以记录水体的溶氧量，农业物联网正在向我们走来。

随着物联网的普遍使用，农业应用物联网技术将成为未来农业发展的主流，并将颠覆传统农业，开启物联网时代下新型农业的新发展。

✦ 项目小结

本项目主要介绍了物联网的概念和物联网的应用，用一句话理解物联网，就是把所有物品通过信息传感设备与互联网连接起来，以实现智能化识别和管理。在不远的将来，物联网将形成人与物、物与物相联系的一个巨大网络，是感知中国、感知地球的基础设施。物联网与人们生活密切相关，并将推动人类生活方式的变革。

项目  十六

想用就用的云计算

在信息化高度发达的今天，云、云计算、云盘、云应用这些概念围绕在我们身边，云计算在十年之前就已经能够出现在人们的生活中，虽然在今天它已经拓展到多个维度，但是追根溯源，人们所说的云计算是伴随着 1999 年 Saleforce.com 的上线以及 2004 年 Amazon Web Services 开始提供服务而出现在大众面前的。

项目描述

老师急需学生的通讯录，班长张帅进入 Google Docs 页面，直接将此文档的 URL 分享给老师，老师打开浏览器即可直接访问 URL，解决了老师的燃眉之急。

教学导航

知识目标	① 了解云计算的概念。 ② 常见云计算有哪些？。 ③ 掌握云计算的特点。 ④ 了解云计算的主要服务形式和典型应用。 ⑤ 了解国内知名的六大云平台。
技能目标	熟悉云计算的特点。 熟练掌握云计算的主要服务形式和典型应用。
态度目标	① 培养学生的自主学习能力和知识应用能力。 ② 培养学生勤于思考、认真做事的良好作风。 ③ 培养学生具有良好的职业道德和较强的工作责任心。 ④ 培养学生掌握云计算基本知识的能力。
本章重点	① 云计算的特点。 ② 云计算的主要服务形式和典型应用。
本章难点	云计算的主要服务形式和典型应用。
教学方法	讲授。
课时建议	2 课时。

知识准备

一、什么是云计算

什么叫做云计算？用户的手机、PC、笔记本式计算机统称为端；网络的服务称为云。端和云

的网络格局，可以从"端"通过"云"（网络）获得强大的计算能力、数据处理能力及其他。每个端也可以为整个云贡献自己的计算能力。狭义云计算指 IT 基础设施的交付和使用模式，指通过网络以按需、易扩展的方式获得所需资源；广义云计算指服务的交付和使用模式，指通过网络以按需、易扩展的方式获得所需服务。这种服务可以是 IT 和软件、互联网相关，也可是其他服务。云计算的核心思想，是将大量用网络连接的计算资源统一管理和调度，构成一个计算资源池向用户按需服务。提供资源的网络被称为"云"。"云"中的资源在使用者看来是可以无限扩展的，并且可以随时获取，按需使用，随时扩展，按使用付费。

1. 云计算确实管用

在过去的十几年中，不论何种规模的公司，从福布斯 500 强巨头到小小夫妻店都使用云计算来实现功能，可以说云计算模式是行之有效的。某些云计算服务供应商突然中止服务的消息确实也曾被广泛报道，但是与那些本地数据中心丢失的数据相比来说，这些只是沧海一粟。

2. 云计算只是将你的工作移到网上

云计算并不是什么充满未知风险的新型计算方法，它只是意味着将你的数据处理过程、数据系统以及常用数据搬到网上，而不是让它们放置在服务器中（即使使用了云计算服务，还是有一部分工作内容要放在本地服务器中。）。

3. 云计算服务是相对安全的

很多企业并不敢放开手脚使用云计算服务，因为他们总担心将数据存储在云端会有潜在的风险，尤其是那些公共云端服务，就更不敢用。但是有不少企业的 CIO 也表示云计算服务供应商的团队能够比本企业的技术团队掌握更多最新的安全措施。同时，当谈及数据的安全问题时，云计算服务的使用者也应该做好对云计算服务供应商的尽职调查，督促供应商兑现他们按照一定的安全标准存储数据并提供最好服务的承诺。说到底，不论是依靠内部团队处理数据还是借助外力，企业都应该为自己的系统与数据安全负责。

4. 我们仍然在探索云端数据的所有权归属

当一个企业的数据生成与数据维护工作都是由云计算服务供应商来完成时，人们就很难说清到底是谁拥有使用这些数据的权利并对这些数据负责。这里再次强调，做好尽职调查是很有必要的，可以使用云服务备份自己的数据，但同时也要留个副本。

5. 中止云计算服务仍然是让人焦头烂额的事情

云计算服务商总是会承诺你与其合作会存在很大的灵活性，尤其是当你的基础建设已经与云计算供应商所提供的服务密不可分时，他们就会更加如此给出承诺。然而当你的业务深陷于云计算服务供应商所提供的互相联系的环境中，一旦想要停用该服务就会特别的痛苦。

6. 它需要解决十年前遗留下来的供应商锁定问题

根据需要在不同的云计算服务商之间进行转换相当缺乏灵活性，这种状况在很多方面来说都是一种倒退。云计算服务商既然做出承诺保证通过其服务搭建的架构、流程能够持续顺利地运转，那么无论用户之后换了哪一家云计算服务商，它都应该无缝对接所有的数据与系统流程。可是现实却是一旦使用了某一家供应商的云计算服务，想要再换成别家就相当困难。

7. 有了云计算，你的公司仍然需要具备专业能力

使用云计算服务不代表你的公司就可以完全摆脱编程、集成与系统配置的工——你的企业仍然需要具备完成这些工作能力，并且要确保工作表现和能力能够维持公司的正常运转。

8. 使用云计算不一定比依靠内部系统更便宜

从长期来看，节省公司的运营成本并不是使用云计算服务的最好理由。

9. 云计算并没有抢走 IT 人员的饭碗

从另一个角度来看，云计算创造了新的就业机会。在选择何种技术去服务内外部的顾客时，IT 专业人员仍然需要帮助企业拿主意。对于建筑师、分析师、运营人员以及开发人员来说，有很多即用即聘的岗位在等待着他们，他们可以帮助公司更好地使用云计算服务。

10. 云计算提升了 IT 人员在组织中的地位

很多 IT 部门的领导现在都已经进入了高管的行列。IT 人员现在在公司中的角色更倾向于是技术顾问或者是内部咨询师，他们能够提供高水平的业务指导，并且以此在公司中占据了重要的地位。现在企业中的技术主管不再需要写代码或者搭建系统，他们应该为公司采用哪一种技术发展方向指明道路。公司是选择依靠内部系统还是立足于云端，这才是技术主管要考虑的问题。

二、常见的云计算

1. "云下载"

"云下载"是云计算的一种，云计算是一种基于网络的架构，它的特点是利用网络使多台计算机共享信息以处理相同或相似的任务，使得计算变得方便快捷。可是，云计算在这个挂念被提出来前就已经存在了，所以也算是故弄玄虚。云下载最明显的例子——迅雷，如图 16-1 所示。

可以抛弃 U 盘等移动设备，只需要进入 Google Docs 页面，新建文档，编辑内容，然后，直接将文档的 URL 分享给你的朋友或者上司，他可以直接打开浏览器访问 URL。我们再也不用担心因 PC 硬盘的损坏而发生资料丢失事件。

图 16-1　迅雷云

2. 云存储

云存储是通过网络提供可配置的虚拟化的存储及相关数据的服务，云存储的内涵是存储虚拟化和存储自动化，如图 16-2 所示。

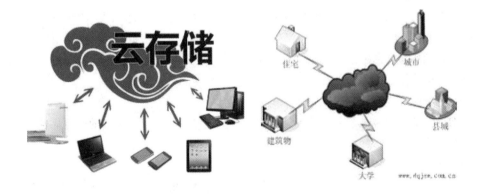

图 16-2　云存储示意图

3．云平台——百花齐放，百家争鸣

在云平台上开发，在云平台上出售，在云平台上消费，正在成为又一个云计算应用的竞争焦点，它也将改变普通用户对于应用的消费习惯。平台将开发环境作为服务来提供给用户，用户可以在平台上创建应用，并通过平台将应用分发给其他用户。谷歌、Facebook、苹果都是这一领域的先行者，如图 16-3 所示。

4．云办公——谷歌和微软的用户争夺战

借助微软、谷歌等提供的"云办公"系统，如图 16-4 所示，只要有一台可接入网的设备（电脑、移动设备），我们就拥有了一个移动的办公室，文字处理、表格计算、演示文档编辑这些统统都可以搬到网络上进行，不用关心本地是否安装了办公套件，也无须担心设备的计算能力不足。

图 16-3 云平台示意图

图 16-4 云办公示意图

三、云计算的特点

1．超大规模

"云"具有相当大的规模，Google 云计算已经拥有 100 多万台服务器，Amazon、IBM、微软、Yahoo 等的"云"均拥有几十万台服务器。企业私有云一般拥有数百上千台服务器。"云"能赋予用户前所未有的计算能力。

2．虚拟化

云计算支持用户在任意位置、使用各种终端获取应用服务。所请求的资源来自"云"，而不是固定的有形的实体。应用在"云"中某处运行，但实际上用户无需了解，也不用担心应用运行的具体位置。只需要一台计算机或者一部手机，就可以通过网络服务来实现需要的一切，甚至包括超级计算这样的任务。

3．高可靠性

"云"使用了数据多副本容错、计算结点同构可互换等措施来保障服务的高可靠性，使用云计算比使用本地计算机可靠。

4．通用性

云计算不针对特定的应用，在"云"的支撑下可以构造出千变万化的应用，同一个"云"可以同时支撑不同的应用运行。

5．高可扩展性

"云"的规模可以动态伸缩，满足应用和用户规模增长的需要。

6．按需服务

"云"是一个庞大的资源池，按需购买；云可以象来自水、电、煤气那样计费。

7．极其廉价

由于"云"的特殊容错措施可以采用极其廉价的结点来构成云，"云"的自动化集中式管理使大量企业无需负担日益高昂的数据中心管理成本，"云"的通用性使资源的利用率较之传统系统大幅提升，因此用户可以充分享受"云"的低成本优势，花费几百美元、几天时间就能完成以前需要数万美元、数月时间才能完成的任务。

云计算可以彻底改变人们未来的生活，但同时也要重视环境问题，这样才能真正为人类进步做贡献，而不是简单的技术提升。

8．潜在的危险性

云计算服务除了提供计算服务外，还必然提供了存储服务。但是云计算服务当前垄断在私人机构（企业）手中，而他们仅仅能够提供商业信用。对于政府机构、商业机构（特别象银行这样持有敏感数据的商业机构）对于选择云计算服务应保持足够的警惕。一旦商业用户大规模使用私人机构提供的云计算服务，无论其技术优势有多强，都不可避免地让这些私人机构以"数据（信息）"的重要性挟制整个社会。对于信息社会而言，"信息"是至关重要的。另一方面，云计算中的数据对于数据所有者以外的其他用户云计算用户是保密的，但是对于提供云计算的商业机构而言确实毫无秘密可言。这就象常人不能监听别人的电话，但是在电信公司内部，他们可以随时监听任何电话。所有这些潜在的危险，是商业机构和政府机构选择云计算服务、特别是国外机构提供的云计算服务时，不得不考虑的一个重要的前提。

四、云计算的主要服务形式和典型应用

云计算还处于萌芽阶段，有庞杂的各类厂商在开发不同的云计算服务。云计算的表现形式多种多样，简单的云计算在人们日常网络应用中随处可见，如腾讯 QQ 空间提供的在线制作 Flash 图片、Google 的搜索服务、Google Doc、Google Apps 等。目前，云计算的主要服务形式有 SaaS（Software as a Service）、PaaS（Platform as a Service）、IaaS（Infrastructure as a Service）。

1．软件即服务（SaaS）

SaaS 服务提供商将应用软件统一部署在自己的服务器上，用户根据需求通过互联网向厂商订购应用软件服务，服务提供商根据客户所定软件的数量、时间的长短等因素收费，并且通过浏览器向客户提供软件的模式。这种服务模式的优势是，由服务提供商维护和管理软件、提供软件运行的硬件设施，用户只需拥有能够接入互联网的终端，即可随时随地使用软件。这种模式下，客户不再像传统模式那样花费大量资金在硬件、软件、维护人员，只需要支出一定的租赁服务费用，通过互联网就可以享受到相应的硬件、软件和维护服务，这是网络应用最具效益的营运模式。对于小型企业来说，SaaS 是采用先进技术的最好途径。

以企业管理软件来说，SaaS 模式的云计算 ERP 可以让客户根据并发用户数量、所用功能多少、数据存储容量、使用时间长短等因素不同组合按需支付服务费用，既不用支付软件许可费用，也不需要支付采购服务器等硬件设备费用，也不需要支付购买操作系统、数据库等平台软件费用，也不用承担软件项目定制、开发、实施费用，也不需要承担 IT 维护部门开支费用，实际上云计算 ERP 正是继承了开源 ERP 免许可费用只收服务费用的最重要特征，是突出了服务的 ERP 产品。

目前，Salesforce.com 是提供这类服务最有名的公司，Google Doc，Google Apps 和 Zoho Office 也属于这类服务。

2. 平台即服务（PaaS）

把开发环境作为一种服务来提供。这是一种分布式平台服务，厂商提供开发环境、服务器平台、硬件资源等服务给客户，用户在其平台基础上定制开发自己的应用程序并通过其服务器和互联网传递给其他客户。PaaS 能够给企业或个人提供研发的中间件平台，提供应用程序开发、数据库、应用服务器、试验、托管及应用服务。

Google App Engine、Salesforce 的 force.com 平台、八百客的 800APP 是 PaaS 的代表产品。以 Google App Engine 为例，它是一个由 Python 应用服务器群、BigTable 数据库及 GFS 组成的平台，为开发者提供一体化主机服务器及可自动升级的在线应用服务。用户编写应用程序并在 Google 的基础架构上运行就可以为互联网用户提供服务，Google 提供应用运行及维护所需要的平台资源。

3. 基础设施服务（IaaS）

IaaS 即把厂商的由多台服务器组成的"云端"基础设施，作为计量服务提供给客户。它将内存、I/O 设备、存储和计算能力整合成一个虚拟的资源池为整个业界提供所需要的存储资源和虚拟化服务器等服务。这是一种托管型硬件方式，用户付费使用厂商的硬件设施。例如 Amazon Web 服务（AWS）、IBM 的 BlueCloud 等均是将基础设施作为服务出租。

IaaS 的优点是用户只需低成本硬件，按需租用相应计算能力和存储能力，大大降低了用户在硬件上的开销。

目前，以 Google 云应用最具代表性，如 Google Docs、Google Apps、Google Sites、Google App Engine。

Google Docs 是最早推出的云计算应用，是软件即服务思想的典型应用。它是类似于微软的 Office 的在线办公软件。它可以处理和搜索文档、表格、幻灯片，并可以通过网络和他人分享并设置共享权限。Google 文件是基于网络的文字处理和电子表格程序，可提高协作效率，多名用户可同时在线更改文件，并可以实时看到其他成员所做的编辑。用户只需一台接入互联网的计算机和可以使用 Google 文件的标准浏览器即可在线创建和管理、实时协作、权限管理、共享、搜索能力、修订历史记录功能，以及随时随地访问的特性，大大提高了文件操作的共享和协同能力。

Google APPs 是 Google 企业应用套件，使用户能够处理日渐庞大的信息量，随时随地保持联系，并可与其他同事、客户和合作伙伴进行沟通、共享和协作。它集成了 Cmail、Google Talk、Google 日历、Google Docs，以及最新推出的云应用 Google Sites、API 扩展以及一些管理功能，包含了通信、协作与发布、管理服务三方面的应用，并且拥有云计算的特性，能够更好地实现随时随地协同共享。另外，它还具有低成本的优势和托管的便捷，用户无须自己维护和管理搭建的协同共享平台。

Google Sites 是 Google 最新发布的云计算应用，作为 Google Apps 的一个组件出现。它是一个侧重于团队协作的网站编辑工具，可利用它创建一个各种类型的团队网站，通过 Google Sites 可将所有类型的文件包括文档、视频、相片、日历及附件等与好友、团队或整个网络分享。

Google App Engine 是 Google 在 2008 年 4 月发布的一个平台，使用户可以在 Google 的基础架构上开发和部署运行自己的应用程序。目前，Google App Engine 支持 Python 语言和 Java 语言，每个 Google App Engine 应用程序可以使用达到 500 MB 的持久存储空间及可支持每月 500 万综合浏览量的带宽和 CPU。并且，Google App Engine 应用程序易于构建和维护，并可根据用户的访问量和数据存储需要的增长轻松扩展。同时，用户的应用可以和 Google 的应用程序集成，Google App Engine 还推出了软件开发套件（SDK），包括可以在用户本地计算机上模拟所有 Google App Engine 服务的网络服务器应用程序。

五、国内知名的云平台有哪些？

1．百度云

百度云 APP 图标如图 16-5 所示。

网址：yun.baidu.com；云服务器：无；应用程序引擎：BAE；开发环境：Node.js、PHP、Python、Java、Static；云数据库：MySQL、MongoDB、Redis；其他服务：语音识别、人脸识别、百度翻译、百度地图、云推送。

2．阿里云

阿里云 APP 图标如图 16-6 所示。

网址：www.aliyun.com；云服务器：有；应用程序引擎：ACE；开发环境：PHP、Java；云数据库：MySQL、SQL Serve；其他服务：阿里系应用的良好对接。

图 16-5　百度云手机 APP 图标

图 16-6　阿里云手机 APP 图标

3．腾讯云

腾讯云 APP 图标如图 16-7 所示。

网址：www.qcloud.com；云服务器：有；应用程序引擎：即将推出；开发环境（预计）：PHP、Java；云数据库：MySQL；其他服务：腾迅系应用的良好对接。

4．新浪云

新浪云 APP 图标如图 16-8 所示。

网址：sae.sina.com.cn；云服务器：无；应用程序引擎：SAE；开发环境：PHP、Java、Python；云数据库：MySQL；其他服务：短信服务、邮件群发、分词、人脸检测、有道翻译、地理信息、语音识别、音频二维码。

图 16-7　腾讯云手机 APP 图标

图 16-8　新浪云手机 APP 图标

5．盛大云

盛大云 APP 图标如图 16-9 所示。

网址：www.grandcloud.cn；云服务器：有；应用程序引擎：CAE（Beta）；开发环境：PHP、Ruby、Java、Python、.net；云数据库：MySQL、MongoDB；其他服务：暂无；基于：Cloud Foundry。

6．微软云

微软云 APP 图标如图 16-10 所示。

网址：www.windowsazure.com；云服务器：有；应用程序引擎：Windows Azure；开发环境：Node.js、PHP、Python、.Net；云数据库：SQL Server。

图 16-9　盛大云手机 APP 图标

图 16-10　微软云手机 APP 图标

课堂实践 金山快盘和有道云笔记

1．操作要求

（1）使用金山快盘把文件存在网端。

（2）有道云笔记的应用。

2．操作步骤

（1）使用金山快盘把文件存在网端。

金山快盘是金山软件基于云存储推出的免费同步网盘服务，具备文件同步、文件备份和文件共享功能，平台覆盖 Windows/Mac/Android/iPhone/iPad/Web 六大平台，只要安装快盘各客户端，计算机、手机、平板、网站之间都能够直接跨平台互通互联，彻底抛弃 U 盘、移动硬盘和数据线，随时随地轻松访问个人文件。

步骤一：Windows 客户端。

双击桌面金山快盘快捷方式，打开登录窗口，如图 16-11 所示。金山快盘除了可以使用自己注册账号登录外，还可以使用 QQ、新浪和小米账号登录，第一次登录时需要设置快盘文件夹。

在快盘文件夹中存取文件就如同在本地磁盘上操作文件一样简单。平常在操作文件的过程中，凡是复制到该目录下的文件，将会在网络空闲时段自动上传到服务器中，从而保证本地和远程服务器上的文件之间的同步，这也从另一方面保证了文件的安全。

步骤二：Web 页面。

打开浏览器，在地址栏输入 http://www.kuaipan.cn 并按 Enter 键，登录快盘网站，如图 16-12 所示。

输入账户密码，登录自己的快盘，即可上传和下载文件，如图 16-13 所示。

图 16-11　金山快盘登录窗口

图 16-12　金山快盘登录界面

图 16-13　金山快盘界面

步骤三：手机客户端。

下载并安装快盘手机客户端，启动登录界面，如图 16-14 所示，要求登录以便访问快盘资源。

（2）有道云笔记的应用

有道云笔记是网易旗下有道搜索推出的笔记类应用，通过云存储技术帮助用户建立一个可以轻松访问、安全存储的云笔记空间，解决个人资料和信息跨平台跨地点的管理问题。

步骤一：登录。

有道云笔记支持网易通行证、新浪微博账号、QQ 账号和腾讯微博账号登录四种登录方式在 Windows 客户端、手机客户端、网页登录。

图 16-14　金山快盘

登录界面如图 16-15 所示。

步骤二：新建笔记

点击左上角的"新建笔记"按钮，如图 16-16 所示，就可以在界面的右侧看到一篇空白的笔记，如图 16-17 所示。

图 16-15　登录界面

图 16-16　新建笔记

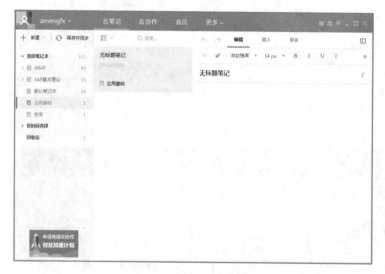

图 16-17　有道云笔记

输入笔记标题后，可以在编辑框中输入内容，有道云笔记支持丰富的笔记格式。还可以在笔记中插入图片，或者 PDF、TXT、Word、Excel、PowerPoint 等格式的附件。当前笔记的缩略图会自动生成并展现在界面的中部。

步骤三：同步。

有道云笔记及时地将笔记同步到云端，无须任何手动操作，有道云笔记自动帮用户完成同步。如有急事需要立即同步，也可通过单击界面上方的"保存并同步"按钮得到更快的同步体验。当右下角出现"同步成功"提示时，笔记已经安全保存。默认快捷键为 F5。

步骤四：分享。

笔记有多种分享方式，PC 端包括分享链接、发送邮件、分享笔记给指定账号、分享笔记到新浪微博、腾讯微博、网易微博。选择一篇笔记后右击，选择分享即可，如图 16-18 所示。

步骤五：云协作。

有道云协作是一款基于资料管理和沟通的团队协作工具，与个人笔记无缝连接；团队成员可以对同篇文档共同编辑，让多人协作成为现实；移动、PC 原生客户端全覆盖，随时、随地进行团队协同办公。

单击"云协作"标签进入"云协作"界面，如图 16-19 所示。

图 16-18　笔记分享　　　　　　　　图 16-19　"云协作"界面

课外拓展

学习了有关"云"的相关知识，想想身边的"360 云盘""百度云管家"等工具，该如何利用云来管理自己的数据呢？

① 下载一个云盘管理工具。

② 注册一个云管理账号。

③ 试着把自己的信息上传到云盘中，让它为你服务。

④ 听说过"微云"吗，尝试上传个文件。

⑤ "通讯录安全助手"真是个不错的工具，如图 16-20 所示，可以将手机通讯录上传云端，好好利用下这个工具吧。

项目小结

图 16-20　"通讯录安全助手"

本项目主要介绍了云计算的特点和典型应用，通过本项目的学习，了解了生活中都有哪些典型的云计算及知名的六大云平台。"云"的通用性使资源的利用率较之传统系统大幅提升，因此用户可以充分享受"云"的低成本优势。

项目 十七
VR 虚拟现实技术

Virtual Reality（VR，虚拟现实）是由美国 VPL 公司创建人拉尼尔（Jaron Lanier）在 20 世纪 80 年代初提出的。其具体内涵是：综合利用计算机图形系统和各种现实及控制等接口设备，在计算机上生成的、可交互的三维环境中提供沉浸感觉的技术。其中，计算机生成的、可交互的三维环境称为虚拟环境（Virtual Environment，VE）。虚拟现实技术实现的载体是虚拟现实仿真平台，即（Virtual Reality Platform，VRP）。VR（虚拟现实）技术可广泛的应用于城市规划、室内设计、工业仿真、古迹复原、旅游教学、水利电力、地质灾害、教育培训等众多领域，为其提供切实可行的解决方案。

项目描述

洛杉矶购物中心 Westfield Century City 推出了一个虚拟现实体验景点——Alien Zoo，为购物者提供沉浸式体验，通过放置在鞋子、手套、背包和耳机上的 VR 传感器，购物者和他们的朋友将化身为阿凡达进入外太空，在此过程比如看到一件心怡的衣服，无须亲自试穿，便可轻松虚拟完成，在镜中就可以欣赏到试穿在身上的效果。购物是一种视觉体验，虚拟现实正在将其推向新的高度，虚拟现实技术能够让零售商将网购的便利与三维体验相结合，为消费者提供身临其境的体验。

教学导航

知识目标	① 了解 VR 的概念。 ② 了解 VR 的关键技术。 ③ 了解 VR 技术的应用。
技能目标	① 熟悉 VR 的技术。 ② 熟悉 VR 技术的应用。
态度目标	① 培养学生的自主学习能力和知识应用能力。 ② 培养学生勤于思考、认真做事的良好作风。 ③ 培养学生具有良好的职业道德和较强的工作责任心。 ④ 培养学生掌握云计算基本知识的能力。
本章重点	VR 技术的应用。
本章难点	VR 的关键技术。
教学方法	讲授。
课时建议	2 课时。

知识准备

一、VR 是什么？

体验过 VR 设备的都感觉 VR 观感是很难用语言来描述，我们从上面对 VR 的描述中提取出三个关键词，即可交互的、三维（3D）的、沉浸的进行解释。

1．VR 虚拟现实场景是可交互的而非单向的。

通过人机界面、控制设备等实现人机交互这一点不难理解，比如人们通过触控操作实现了与智能手机的交互，通过鼠标键盘实现了与 PC 的交互，VR 设备目前比较常见的交互主要有以下几种：

手势控制：戴上一副手套就能在 VR 场景中看到自己的手。

头部追踪：场景跟随头部视角移动所变换。

触觉反馈：穿上一件 VR 护具，它会帮你实现 VR 场景中的触觉反馈，比如在玩射击游戏的时候会模拟出中弹的感觉。

其他如动作捕捉、眼球追踪以及各类传感器技术目前都正在完善，未来也逐渐会推出更多的消费级产品。

2．视觉效果是 3D 的，但又和 3D 电影不是一个概念

人眼在固定视角下的视角范围通常为 120°，这个视角范围也通常是人们在电影院观影时的最佳范围，如果超过这个范围，你抬头看到的可能是天花板，低头可能是鞋。

而 VR 与 3D 最直观的区别就在于 VR 实现了 720 度全景无死角 3D 沉浸观感。720 度全景，即指在水平 360 度的基础上，增加垂直 360 度的范围，能看到"天"和"地"的全景。这样一来，配合 VR 头盔的陀螺仪传感器，当你的头部转动时，所观看到的画面也会同步切换场景，这就是所谓融入虚拟场景的"沉浸感"。

3．沉浸感，渐渐让你分不清虚拟与现实。

沉浸感是衡量一台 VR 设备优劣的重要指标，沉浸感越强的设备，用户就越相信自己所处的虚拟场景为真实的，理论上来讲，当达到完全沉浸时，用户便无法区分自己处于虚拟世界还是现实世界。当然以目前的技术想要达到完全沉浸还为时尚早，真正的完全沉浸不只是视觉与听觉，包括触觉甚至嗅觉、味觉都实现与虚拟场景的交互。

二、VR 关键技术

虚拟技术是多种技术的综合，包括实时三维计算机图形技术，广角（宽视野）立体显示技术，对观察者头、眼和手的跟踪技术，以及触觉/力觉反馈、立体声、网络传输、语音输入输出技术等。

1．实时三维计算机图形

相比较而言，利用计算机模型产生图形图像并不是太难的事情。如果有足够准确的模型，又有足够的时间，我们就可以生成不同光照条件下各种物体的精确图像，但是这里的关键是实时。例如在飞行模拟系统中，图像的刷新相当重要，同时对图像质量的要求也很高，再加上非常复杂的虚拟环境，问题就变得相当困难。

2. 立体显示

虚拟现实人看周围的世界时，由于两只眼睛的位置不同，得到的图像略有不同，这些图像在
脑子里融合起来，就形成了一个关于周围世界的整体景
象，这个景象中包括了距离远近的信息。在 VR 系统中，
用户的两只眼睛看到的不同图像是分别产生的，显示在
不同的显示器上。有的系统采用单个显示器，但用户带
上特殊的眼镜后，一只眼睛只能看到奇数帧图像，另一
只眼睛只能看到偶数帧图像，奇、偶帧之间的不同也就
是视差就产生了立体感，如图 17-1 所示。

图 17-1　虚拟现实

3. 声音

人能够很好地判定声源的方向。在水平方向上，我们靠声音的相位差及强度的差别来确定声
音的方向，因为声音到达两只耳朵的时间或距离有所不同。常见的立体声效果就是靠左右耳听到
在不同位置录制的不同声音来实现的，所以会有一种方向感。现实生活中，当头部转动时，听到
的声音的方向就会改变。但目前在 VR 系统中，声音的方向与用户头部的运动无关。

4. 感觉反馈

在一个 VR 系统中，用户可以看到一个虚拟的杯子。你可以设法去抓住它，但是你的手没有
真正接触杯子的感觉，并有可能穿过虚拟杯子的"表面"，而这在现实生活中是不可能的。解决
这一问题的常用装置是在手套内层安装一些可以振动的触点来模拟触觉。

5. 语音

在 VR 系统中，语音的输入输出也很重要。这就要求虚拟环境能听懂人的语言，并能与人实
时交互。而让计算机识别人的语音是相当困难的，因为语音信号和自然语言信号有其"多边性"
和复杂性。例如，连续语音中词与词之间没有明显的停顿，同一词、同一字的发音受前后词、字
的影响，不仅不同人说同一词会有所不同，就是同一人发音也会受到心理、生理和环境的影响而
有所不同。

使用人的自然语言作为计算机输入目前有两个问题，首先是效率问题，为便于计算机理解，
输入的语音可能会相当啰嗦。其次是正确性问题，计算机理解语音的方法是对比匹配，而没有人
的智能。

三、VR 技术应用

1. 医学应用

VR 在医学方面的应用具有十分重要的现实意义。在虚拟环境中，可以建立虚拟的人体模型，
借助于跟踪球、HMD、感觉手套，学生可以很容易了解人体内部各器官结构，这比现有的采用教科
书的方式要有效得多。Pieper 及 Satara 等研究者在 20 世纪 90 年代初基于两个 SGI 工作站建立了一
个虚拟外科手术训练器，用于腿部及腹部外科手术模拟。这个虚拟的环境包括虚拟的手术台与手术
灯，虚拟的外科工具（如手术刀、注射器、手术钳等），虚拟的人体模型与器官等。借助于 HMD
及感觉手套，使用者可以对虚拟的人体模型进行手术。但该系统有待进一步改进，如需提高环境的
真实感，增加网络功能，使其能同时培训多个使用者，或可在外地专家的指导下工作等。手术后果
预测及改善残疾人生活状况，乃至新型药物的研制等方面，VR 技术都有十分重要的意义。

在医学院校，学生可在虚拟实验室中，进行"尸体"解剖和各种手术练习。用这项技术，由于不受标本、场地等的限制，所以培训费用大大降低。一些用于医学培训、实习和研究的虚拟现实系统，仿真程度非常高，其优越性和效果是不可估量和不可比拟的。例如，导管插入动脉的模拟器，可以使学生反复实践导管插入动脉时的操作；眼睛手术模拟器，根据人眼的前眼结构创造出三维立体图像，并带有实时的触觉反馈，学生利用它可以观察模拟移去晶状体的全过程，并观察到眼睛前部结构的血管、虹膜和巩膜组织及角膜的透明度等。还有麻醉虚拟现实系统、口腔手术模拟器等。

外科医生在真正动手术之前，通过虚拟现实技术的帮助，能在显示器上重复地模拟手术，移动人体内的器官，寻找最佳手术方案并提高熟练度。在远距离遥控外科手术，复杂手术的计划安排，手术过程的信息指导，手术后果预测及改善残疾人生活状况，乃至新药研制等方面，虚拟现实技术都能发挥十分重要的作用。

2．娱乐应用

丰富的感觉能力与 3D 显示环境使得 VR 成为理想的视频游戏工具。由于在娱乐方面对 VR 的真实感要求不是太高，故近些年来 VR 在该方面发展最为迅猛。如 Chicago（芝加哥）开放了世界上第一台大型可供多人使用的 VR 娱乐系统，其主题是关于 3025 年的一场未来战争；英国开发的称为 Virtuality 的 VR 游戏系统，配有 HMD，大大增强了真实感；1992 年的一台称为 Legeal Qust 的系统由于增加了人工智能功能，使计算机具备了自学习功能，大大增强了趣味性及难度，使该系统获该年度 VR 产品奖。另外在家庭娱乐方面 VR 也显示出了很好的前景。

作为传输显示信息的媒体，VR 在未来艺术领域方面所具有的潜在应用能力也不可低估。VR 所具有的临场参与感与交互能力可以将静态的艺术（如油画、雕刻等）转化为动态的，可以使观赏者更好地欣赏作者的思想艺术。另外，VR 提高了艺术表现能力，如一个虚拟的音乐家可以演奏各种各样的乐器，手足不便的人或远在外地的人可以在他生活的居室中去虚拟的音乐厅欣赏音乐会等。

3．室内设计

虚拟现实不仅仅是一个演示媒体，而且还是一个设计工具。它以视觉形式反映了设计者的思想，如装修房屋之前，首先要做的事是对房屋的结构、外形做细致的构思，为了使之定量化，还需要设计许多图纸，当然这些图纸只能内行人读懂，虚拟现实可以把这种构思变成看得见的虚拟物体和环境，使以往只能借助传统的设计模式提升到数字化的即看即所得的完美境界，大大提高了设计和规划的质量与效率。运用虚拟现实技术，设计者可以完全按照自己的构思去构建装饰"虚拟"的房间，并可以任意变换自己在房间中的位置，去观察设计的效果，直到满意为止。既节约了时间，又节省了做模型的费用。

4．房产开发

随着房地产业竞争的加剧，传统的展示手段如平面图、表现图、沙盘、样板房等已经远远无法满足消费者的需要。因此敏锐把握市场动向，果断启用最新的技术并迅速转化为生产力，方可以领先一步，击溃竞争对手。虚拟现实技术是集影视广告、动画、多媒体、网络科技于一身的最新型的房地产营销方式，在国内的广州、上海、北京等大城市，国外的加拿大、美国等经济和科技发达的国家都非常热门，是当今房地产行业一个综合实力的象征和标志，其最主要的核心是房地产销售。同时在房地产开发中的其他重要环节包括申报、审批、设计、宣传等方面都有着非常迫切的需求。

5．三维游戏

三维游戏既是虚拟现实技术重要的应用方向之一，也为虚拟现实技术的快速发展起了巨大的需求牵引作用。尽管存在众多的技术难题，虚拟现实技术在竞争激烈的游戏市场中还是得到了越来越多的重视和应用。可以说，电脑游戏自产生以来，一直都在朝着虚拟现实的方向发展，虚拟现实技术发展的最终目标已经成为三维游戏工作者的崇高追求。从最初的文字 MUD 游戏，到二维游戏、三维游戏，再到网络三维游戏，游戏在保持其实时性和交互性的同时，逼真度和沉浸感正在一步步地提高和加强。我们相信，随着三维技术的快速发展和软硬件技术的不断进步，在不远的将来，真正意义上的虚拟现实游戏必将为人类娱乐、教育和经济发展做出新的更大的贡献。

6．教育

虚拟现实应用于教育是教育技术发展的一个飞跃。它营造了"自主学习"的环境，由传统的"以教促学"的学习方式代之为学习者通过自身与信息环境的相互作用来得到知识、技能的新型学习方式。

（1）虚拟实训基地

虚拟实训利用虚拟现实技术建立起来的虚拟实训基地，其"设备"与"部件"多是虚拟的，可以根据随时生成新的设备。教学内容可以不断更新，使实践训练及时跟上技术的发展。同时，虚拟现实的沉浸性和交互性，使学生能够在虚拟的学习环境中扮演一个角色，全身心地投入到学习环境中去，这非常有利于学生的技能训练。包括军事作战技能、外科手术技能、教学技能、体育技能、汽车驾驶技能、电器维修技能等各种职业技能的训练，由于虚拟的训练系统无任何危险，学生可以不厌其烦地反复练习，直至掌握操作技能为止。例如，在虚拟的飞机驾驶训练系统中，学员可以反复操作控制设备，学习在各种天气情况下驾驶飞机起飞、降落，通过反复训练，达到熟练掌握驾驶技术的目的。

（2）虚拟仿真校园

虚拟校园也是虚拟现实技术在教育培训中最早的具体应用，适应学校不同程度的需求，简单的虚拟校园环境供游客浏览，基于教学、教务、校园生活，功能相对完整的三维可视化虚拟校园以虚拟现实技术作为远程教育基础平台，可为高校扩大招生后设置的分校和远程教育教学点提供可移动的电子教学场所，通过交互式远程教学的课程目录和网站，由局域网工具做校园网站的链接，可对各个终端提供开放性的、远距离的持续教育，还可为社会提供新技术和高等职业培训的机会，创造更大的经济效益与社会效益。随着虚拟现实技术的不断发展和完善，以及硬件设备价格的不断降低，我们相信，虚拟现实技术以其自身强大的教学优势和潜力，将会逐渐受到教育工作者的重视和青睐，最终在教育培训领域广泛应用并发挥其重要作用。

项目小结

本项目主要介绍了 VR 的关键技术以及 VR 技术在一些领域的应用，虚拟现实技术未来将会发展成一种改变人们生活方式的新突破。但是从目前来看，虚拟现实技术想要真正进入消费级市场，还有一段很长的路要走，还需要不断地对虚拟现实技术面对的问题寻找解决方法。